高等职业教育土木建筑类专业新形态教材

# 装配式混凝土建筑施工技术

主　编　魏宝兰　郭晓芳　魏　军
副主编　王　博　袁　源　张晓强
参　编　郭亚丽　刘航天　田　蓉
　　　　崔路苗　刘　聪

北京理工大学出版社
BEIJING INSTITUTE OF TECHNOLOGY PRESS

# 内 容 提 要

　　本书结合国家大力发展绿色制造、智能建造的发展战略，以高职土建类专业人才培养目标为依据，按照行业发展的新技术、新工艺、新规范完成工作手册式教材的编写工作。本书内容以装配式建筑的施工流程为主线，包括装配式混凝土建筑概述、装配式混凝土建筑材料、装配式混凝土建筑预制构件生产制作、装配式混凝土预制构件的存储和运输、装配式混凝土建筑施工前准备工作、预制构件的安装施工、预制构件的连接、装配式混凝土建筑施工质量与安全、装配式混凝土建筑虚拟仿真、装配式建筑施工案例分析等。通过装配式混凝土建筑虚拟仿真操作、工程案例分析，为使用者提供虚实结合、理实一体的指导价值。

　　本书可作为高等院校智能建造技术、建筑工程技术、建设工程管理、工程造价等土建类专业的教学用书，也可作为职业本科、中职、职业技能培训及土建类工程技术人员的参考用书。

## 图书在版编目（**CIP**）数据

　　装配式混凝土建筑施工技术 / 魏宝兰，郭晓芳，魏军主编 . -- 北京：北京理工大学出版社，2024.4（2024.10 重印）
　　ISBN 978-7-5763-3964-2

　　Ⅰ . ①装… 　Ⅱ . ①魏… ②郭… ③魏… 　Ⅲ . ①装配式混凝土结构—混凝土施工—高等学校—教材 　Ⅳ . ① TU755

　　中国国家版本馆 CIP 数据核字（2024）第 093859 号

| | |
|---|---|
| 责任编辑：江　立 | 文案编辑：江　立 |
| 责任校对：周瑞红 | 责任印制：王美丽 |

| | |
|---|---|
| 出版发行 / | 北京理工大学出版社有限责任公司 |
| 社　　址 / | 北京市丰台区四合庄路 6 号 |
| 邮　　编 / | 100070 |
| 电　　话 / | （010）68914026（教材售后服务热线） |
| | （010）63726648（课件资源服务热线） |
| 网　　址 / | http://www.bitpress.com.cn |
| 版 印 次 / | 2024 年 10 月第 1 版第 2 次印刷 |
| 印　　刷 / | 河北鑫彩博图印刷有限公司 |
| 开　　本 / | 787 mm × 1092 mm　1/16 |
| 印　　张 / | 18 |
| 字　　数 / | 426 千字 |
| 定　　价 / | 49.00 元 |

装配式建筑可大大缩短建造工期，全面提升工程质量，在节能、节水、节材等方面效果显著，并且可以大幅度减少建筑垃圾和施工扬尘，更加有利于保护环境。区别于传统建筑模式，装配式建筑大大减少了人工作业和现场湿法作业，且融合了大量数字化技术，符合建筑业产业现代化、智能化、绿色化的发展方向。2016 年通过的《关于大力发展装配式建筑的指导意见》中提出，10 年内我国新建建筑中，装配式建筑比例将达到 30%，发展新型建造模式，大力推广装配式建筑，是实现建筑产业转型升级的必然选择，是推动建筑业在"十四五"和今后一个时期跨越发展的重要途径。

本书坚持"以必需、够用为度，以岗课赛证相结合"的原则，在深入装配式生产企业和施工一线进行调研的基础上编写而成。根据 2022 年 1 月住建部发布的《住房和城乡建设部关于印发"十四五"建筑业发展规划的通知》（建市〔2022〕11 号）对建筑业转型升级的最新要求，结合高等职业教育土木建筑专业特点，突出科学性、时代性、工程实践性。

本书主要特点如下。

1. 注重提高学生素质，弘扬劳动精神

为了培养新一代建筑业技术技能型人才，强化学生的担当意识、责任意识，本书在编写过程中将"知识讲授、技能训练、价值观培养"的理念融入教学目标，强化价值引领，结合具体项目提出工匠精神、创新精神、质量意识、环境意识的要求，实现素质提升与专业教学的深度融合，使学生在学习过程中，体会到我国建筑业的蓬勃发展，增强专业自信心，培养实践能力，做到学以致用，解决实际工程中遇到的问题。

2. 编写主体双元，校企合作

本书编者分别来自学院和企业，编写人员都是双师型教师，有注册结构师、一级建造师、监理工程师、高级工程师、装配式考评员等资格，双元主体在编写过程中优势互补，紧密结合工程实际共同开发课程教学资源。

3. 坚持"以必需、够用为度，以岗课赛证相结合"的原则

本书以装配式建筑施工流程为主线，紧密结合企业一线生产、施工实际，从内容的选

择和组织上做到图文并茂，以装配式混凝土建筑施工岗位所需知识、技能确定内容，并融入全国职业院校技能大赛（高职组）装配式建筑智能建造赛项和"1+X"装配式建筑构件制作与安装职业技能等级证书的知识点，在体例编排上有应知应会、实训操作、虚拟仿真、实际案例等，能够满足不同层次人员的学习要求。

4. 形式上采用新形态工作手册式教材

随着新修订的职业教育法的实施，职业教育作为一种类型教育稳步推进，工作手册式教材能够为学生提供完成学习项目的指导信息，学习化工作任务的安排体现了"做中学"的特点，编写体例上突出学生的本位，教师的作用由"教"变为"导"，教材留有足够的空白，安排了"任务思考""想一想""练一练"等环节促使学生主动思考，培养学生在工作情境下解决问题的能力。教材中教学资源丰富，装配式构件制作安装图纸、任务清单、实训工单、授课 PPT、施工操作视频等为教师教学和学生学习提供了资源保障。

本书由太原城市职业技术学院魏宝兰、郭晓芳，中铁三局第三分公司魏军担任主编；由太原城市职业技术学院王博、袁源，山西建投云数智科技有限公司张晓强担任副主编；太原城市职业技术学院郭亚丽、刘航天、田蓉，长治职业技术学院崔路苗，广联达科技股份有限公司刘聪参与编写。具体编写分工如下：项目一由田蓉编写，项目二由袁源编写，项目三由魏宝兰编写，项目四由刘航天编写，项目五由郭亚丽编写，项目六、项目七由郭晓芳编写，项目八由王博编写，项目九由刘聪编写，项目十由崔路苗编写，全书的实训案例由魏军、张晓强进行指导把关。

本书在编写过程中参考了国内外同类教材和相关资料，在此一并表示感谢，并对为本书付出辛勤劳动的编辑及中铁三局第三分公司、山西建投云教智科技有限公司、山西建投建筑产业有限公司、广联达科技股份有限公司提供的技术支持表示衷心的感谢。

由于编者水平有限，书中难免存在不足之处，敬请广大读者批评指正。

编　者

# CONTENTS 目录

# CONTENTS

# 项目一 装配式混凝土建筑概述

全国首个混凝土模块化高层建筑——深圳市龙华樟坑径保障房 EPC 项目

龙华樟坑径保障房项目集标准化设计、工厂化生产、一体化装修、便捷化施工和信息化管理"五化一体"，是全国首个 BIM（建筑信息模型）全生命周期数字化交付模块化装配式建筑项目（图 1-1）。

图 1-1　深圳市龙华樟坑径保障房 EPC 项目

该项目采用中建海龙科技原创研发的混凝土模块化集成建筑（Modular Integrated Construction，MiC）技术，将 5 栋建筑拆分为 6 028 个独立模块单元。每个空间单元90% 以上的建筑元素——结构、电气、给水排水、暖通和装修在工厂完成。施工现场将模块单元像"搭积木"一样精细化组装。项目总建筑面积为 17.3 万平方米，建成后将提供 2 740 套保障性住房。所有的混凝土 MiC 技术从生产、吊装到结构封顶仅需25 周。从开工到交付使用整个项目建设周期为一年。

## 知识目标

1. 熟悉装配式混凝土建筑的概念、特点和分类。
2. 掌握装配式混凝土建筑常用的预制构件。
3. 了解国内外装配式建筑的发展。

1. 熟知装配式建筑的特点及分类。
2. 能说出装配式混凝土建筑常用的预制构件。
3. 熟悉国内外装配式建筑的发展现状。

1. 通过装配式混凝土建筑基础知识的学习，理解装配式建筑发展的意义，养成节约能源和环保的意识。
2. 通过国内外装配式现状的学习，激发勤学苦练、深入钻研的精神。

思维导图

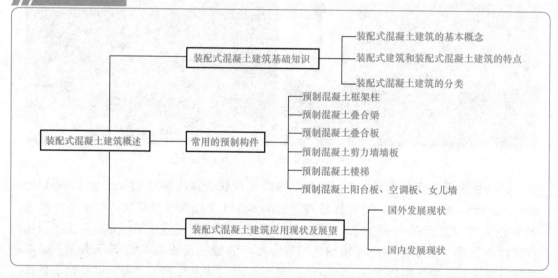

## 任务一 装配式混凝土建筑基础知识

任务描述

新时期新形势下，国家提出要大力发展建筑产业现代化，全面推进装配式建筑，以优化产业结构，加快建设速度，改善劳动条件，提高劳动生产率，使建筑业走上集约型、效益型的道路。

**任务思考**

1. 装配式混凝土建筑是什么？
2. 装配式建筑的主要特征是什么？
3. 装配式混凝土建筑技术体系按结构形式分有哪些？
4. 装配式建筑的"六化"分别指什么？

**应知应会**

## 一、装配式混凝土建筑的基本概念

### （一）装配式建筑

装配式建筑是指"结构系统、外围护系统、内装系统、设备与管线系统的主要部分采用预制部品部件集成的建筑"。这个定义强调装配式建筑是四个系统（而不仅是结构系统）的主要部分采用预制部品部件集成。

### （二）装配式混凝土建筑

装配式混凝土建筑是指"建筑结构系统由混凝土部件（预制构件）构成的装配式建筑"。

建筑结构系统是指在装配式建筑中，将部件通过各种可靠的连接方式装配完成，用来承受各种荷载或作用的空间受力体。

### （三）PC

PC是英语 Precast Concrete 的缩写，是预制混凝土的意思。

国际装配式建筑领域把装配式混凝土建筑简称为 PC 建筑。把预制混凝土构件简称为 PC 构件。把制作混凝土构件的工厂简称为 PC 工厂。

### （四）工业化建筑

工业化建筑指采用以标准化设计、工厂化生产、装配化施工、信息化管理等为主要特征的工业化生产方式建造的建筑。

### （五）预制率

预制率指在工业化建筑室外地坪以上主体结构和围护结构中，预制构件部分的混凝土用量占对应部分混凝土总用量的体积比。

### （六）装配率

装配率指工业化建筑中预制构件、建筑部品的数量（或面积）占同类构件或部品总数量（或面积）的概率。

练一练

1. 装配式建筑是哪四个系统的主要部分采用预制部品部件集成的建筑？

2. 装配式建筑与装配式混凝土建筑的关系是什么？

## 二、装配式建筑和装配式混凝土建筑的特点

### （一）装配式建筑的特点

装配式建筑的主要特点可概括为"六化"，即标准化设计、工厂化生产、装配化施工、信息化管理、一体化装修、智能化应用。

1. 标准化设计

装配式建筑标准化设计的核心是建立标准化的部品部件单元。当装配式建筑所有的设计标准、手册、图集建立起来以后，建筑物的设计不再像现在一样要对从宏观到微观的所有细节进行逐一计算、绘图，而是可以像机械设计一样选择标准件，满足建筑功能的要求。

2. 工厂化生产

工厂化生产是推进装配式建筑的主要环节。工厂化生产通过采用机械化手段，运用先进的管理方法，从而降低成本，提高工程施工精度。将大量作业内容转移到工厂里，不仅改善了建筑工人的劳动条件，对于实现节能、节地、节水、节材、环境保护的"四节一环保"目标也具有非常重要的促进作用。

3. 装配化施工

装配化施工是通过一定的施工方法及工艺，将预先制作好的部品部件可靠地连接成所需要的建筑结构造型的施工方式。装配化施工可以加快施工进度，提供劳动生产率，减少施工现场作业人员，同时降低模板工程量，减少施工现场的污染排放。

4. 信息化管理

对于装配式建筑，信息技术的广泛应用会集成各种优势并互补，实现标准化和集约化发展。加之信息的开放性，可以调动人们的积极性并促使工程建设各阶段、各专业主体之间的信息、资源共享，有效避免各行业、各专业之间不协调问题，以及解决设计与施工脱节、部品与建造技术脱节等中间环节的问题，提高效率。

5. 一体化装修

一体化装修将装修功能条件前置，管线安装、墙面装饰、部品安装一次完成到位，通过事先统一进行建筑构件上的孔洞预留和装修面层固定件的预埋，避免在装修施工阶段对已有建筑构件打凿、穿孔，在避免重复浪费的同时，保证了结构的安全性，减少了噪声和建筑垃圾，实现了装饰装修与主体结构的一体化。

6. 智能化应用

装配式建筑智能化应用是指以建筑为平台，兼备建筑设备、办公自动化及通信网络系统，集结构、系统、服务、管理及它们之间的最优化组合，向人们提供一个安全、

高效、舒适、便利的建筑环境。初级起步阶段主要应用于安全防护系统和通信及控制系统。

## （二）装配式混凝土建筑的特点

与传统现浇混凝土建筑相比，装配式混凝土建筑具有以下特点。

1. 提升建筑质量和性能

装配式混凝土建筑并不是单纯地将工艺从工地现场现浇变为工厂预制，而是对建筑体系和运作方式的变革，使建筑质量和性能得到提升，主要表现为构件质量、精度的提高，以及现场施工质量更易于有效控制。

2. 节省劳动力、改善劳动条件

（1）装配式混凝土建筑劳动力节省率主要取决于预制率大小、生产工艺自动化程度和连接节点的难易程度。

（2）预制率高、自动化程度高和安装节点简单的工程，可节省50%以上的劳动力。

（3）装配式建筑将很多繁杂的现场作业转移到工厂进行，高处或高空作业转移到平地进行，风吹日晒雨淋的室外作业转移到工厂车间进行，使建筑工人的工作环境和劳动条件得到大幅度改善。

3. 提高生产和施工效率

（1）装配式建筑是一种集约生产方式。

（2）预制构件可实现机械化、自动化和智能化，从而大幅度提高生产效率。

（3）预制构件可在准确位置设置预留孔洞及预埋件，在施工现场易于利用可靠的连接技术，将预制构件与已有建筑构件进行有效连接，机械化水平高、劳动强度低。

（4）预制构件不仅可减少施工现场作业，而且可实现多工序同步一体化施工，加快施工进度，缩短工期。

4. 节约建材，减少建筑垃圾和扬尘

（1）装配式混凝土建筑材料利用率高，可减少模具，特别是木材消耗；预制构件表面光洁平整，可以取消找平层和抹灰层。

（2）工地不用满搭脚手架，可以减少脚手架材料消耗。

（3）装配式建筑的精细化和集成化有助于降低各个环节（如围护、保温、装饰等）的材料与能源消耗，减少碳排放量。

（4）装配式建筑会大幅度减少工地建筑垃圾及混凝土现浇量，从而减少工地养护用水和冲洗混凝土罐车的污水排放。工厂化生产容易实现对废水、废料的控制和再生利用。

（5）由于装配式混凝土建筑目前尚处于发展初期，规模效应尚未完全发挥，与现浇混凝土建筑相比，现阶段成本偏高。

## 三、装配式混凝土建筑的分类

随着装配式建筑的发展，根据《装配式混凝土建筑技术标准》（GB/T 51231—2016）中的分类，装配式混凝土建筑的主要结构体系有装配整体式混凝土框架结构、装配整体式剪力墙结构、装配整体式框架 – 剪力墙结构。

## （一）装配整体式混凝土框架结构

装配整体式混凝土框架结构（图 1-2）是指全部或部分框架梁、柱采用预制构件建成的装配整体式混凝土结构。其特点是布置灵活、连接可靠、施工便捷，可满足多种建筑功能需求，空间利用率较高。在我国，装配整体式混凝土框架结构的适用高度较低，其最大适用高度低于装配整体式剪力墙结构或装配整体式框架 – 剪力墙结构，适用于低层、多层和高度适中的高层建筑中，如厂房、仓库商场、停车场、办公楼、教学楼、医院等建筑。

## （二）装配整体式剪力墙结构

装配整体式剪力墙结构是由全部或部分经整体或叠合预制的混凝土剪力墙构件或部件，通过各种可靠方式进行连接并现场浇筑混凝土共同构成的装配整体式预制混凝土剪力墙结构（图 1-3）。其构件之间采用湿式连接，结构性能和现浇结构基本一致，主要按照现浇结构的设计方法进行设计。

图 1-2　装配整体式混凝土框架结构

图 1-3　装配整体式剪力墙结构

## （三）装配整体式框架 – 剪力墙结构

装配整体式框架 – 剪力墙结构是由框架和剪力墙共同承受竖向与水平作用的结构，兼有框架结构和剪力墙结构的特点，体系中剪力墙和框架的布置灵活，较易实现大空间和较高的适用高度，其可广泛应用于居住建筑、商业建筑、办公建筑等。目前，装配整体式框架 – 剪力墙结构仍处于研究、完善阶段，国内应用不多。

1. 装配式混凝土建筑的主要结构体系有哪些？

2. 简述装配整体式混凝土框架结构的主要特点。

# 任务二 常用的预制构件

**任务描述**

装配式混凝土结构包括多种类型，不同类型表现为不同的结构体系，各结构体系的预制构件不尽相同，常用的装配式混凝土预制构件主要有预制柱、预制梁、预制板、预制墙、预制楼梯、预制阳台板等，那么，这些构件具有哪些特点？

**任务思考**

1. 列举五种以上装配式混凝土预制构件，并说明是否属于受力构件。
2. 常用的预制构件中哪些是水平构件？哪些是垂直构件？

**应知应会**

装配式混凝土结构常用的预制构件有预制柱（图1-4）、预制叠合梁、预制剪力墙外墙板、预制剪力墙内墙板、预制叠合板、预制混凝土楼梯、预制阳台板、预制空调板、预制女儿墙、预制混凝土外墙挂板等。这些主要受力构件通常在工厂预制加工完成，待强度符合规定要求后，再进行现场装配施工。

图1-4 预制柱

## 一、预制混凝土框架柱

预制混凝土框架柱是建筑物的主要竖向结构受力构件，一般采用矩形截面。矩形预制柱截面边长不宜小于400 mm，圆形预制柱截面直径不宜小于450 mm，且不宜小于同方向梁宽的1.5倍。

## 二、预制混凝土叠合梁

预制混凝土叠合梁是由预制混凝土底梁和后浇混凝土组成，分两阶段成型的整体水平结构受力构件（图1-5）。其下半部分在工厂预制、上半部分在工地叠合现浇混凝土。

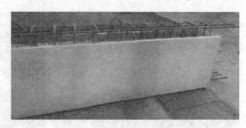

图1-5 预制混凝土叠合梁

## 三、预制混凝土叠合板

预制混凝土叠合板常见的有两种：一种是预制混凝土钢筋桁架叠合板；另一种是预制

带肋底板混凝土叠合楼板。

（1）预制混凝土钢筋桁架叠合板（图1-6）属于半预制构件，下部为预制混凝土板，外露部分为桁架钢筋。预制混凝土叠合板的预制部分最小厚度为3 cm，叠合楼板在工地安装到位后应进行二次浇筑，从而成为整体实心楼板。钢筋桁架的主要作用是将后浇筑的混凝土层与预制底板形成整体，并在制作和安装过程中提供刚度。伸出预制混凝土层的钢筋桁架和粗糙的混凝土表面保证了叠合板预制部分与现浇部分能有效地结合成整体。

（2）预制带肋底板混凝土叠合楼板（图1-7）一般为预应力带肋混凝土叠合楼板（简称PK板）。

图1-6 预制混凝土钢筋桁架叠合板

图1-7 预制带肋底板混凝土叠合楼板

## 四、预制混凝土剪力墙墙板

### （一）预制混凝土剪力墙内墙板

预制混凝土剪力墙内墙板是指在工厂预制成的混凝土剪力墙构件（图1-8）。其板侧面在施工现场通过预留钢筋与剪力墙现浇区段连接，底部通过钢筋灌浆套筒和坐浆层与下层预制剪力墙连接。

### （二）预制混凝土剪力墙外墙板

预制混凝土剪力墙外墙板是指在工厂预制的，内叶板为预制混凝土剪力墙、中间夹有保温层、外叶板为钢筋混凝土保护层的预制混凝土夹芯保温剪力墙墙板，简称预制混凝土剪力墙外墙板（图1-9），内叶板侧面在施工现场通过预留钢筋与现浇剪力墙边缘构件连接，底部通过钢筋灌浆套筒与下层预制剪力墙预留钢筋相连。

图1-8 预制混凝土剪力墙内墙板　　　　图1-9 预制混凝土剪力墙外墙板

### 五、预制混凝土楼梯

预制混凝土楼梯（图 1-10）是装配式混凝土建筑重要的预制构件，具有受力明确、外形美观等特点，避免了现场支模板，安装后可作为施工通道，节约工期。通常预制混凝土楼梯构件会在踏步上预制防滑条，并在楼梯临空一侧预制扶手预埋件。

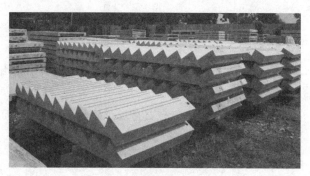

图 1-10　预制混凝土楼梯

### 六、预制混凝土阳台板、空调板、女儿墙

预制混凝土阳台板（图 1-11）是集承重、维护、保温、防水、防火等为一体的重要装配式构件，能够克服现浇阳台支模复杂，现场高空作业费时、费力，以及高空作业时的施工安全问题。

预制混凝土空调板（图 1-12）通常采用预制实心混凝土板，板顶预留钢筋与叠合板的现浇层相连。作为典型的悬挑类构件，主要应用在多层及高层的民用建筑中。

图 1-11　预制混凝土阳台板

图 1-12　预制混凝土空调板

预制混凝土女儿墙（图 1-13）处于屋顶处外墙的延伸部位，通常有立面造型，采用预制混凝土女儿墙的优势是安装快速，节省工期。

图 1-13　预制混凝土女儿墙

练一练

1. 装配整体式混凝土建筑的结构形式有哪些？

2. 装配整体式混凝土剪力墙结构常用的预制构件有哪些？

3. 什么是双面叠合剪力墙？双面叠合剪力墙的优点有哪些？

## 任务三　装配式混凝土建筑应用现状及展望

### 任务描述

2016年，国务院办公厅发布《关于大力发展装配式建筑的指导意见》，明确指出发展装配式建筑是建造方式的重大变革，是推进供给侧结构性改革和新型城镇化发展的重要举措。借力国家政策导向，我国装配式建筑新开工面积连年增加，2020年达到新高，为6.3亿平方米，占新建建筑面积约为20.5%，顺利达成《"十三五"装配式建筑行动方案》确定的15%以上的工作目标。

### 任务思考

1. 试列举装配式混凝土建筑应用的实例。
2. 装配式混凝土建筑的应用优势有哪些？
3. 对于装配式混凝土建筑的应用展望，你有哪些期待？

### 应知应会

#### 一、国外发展现状

西方发达国家的装配式混凝土建筑经过几十年甚至上百年的发展，已经处于相对成熟、完善的阶段。美国、德国、日本等国家和地区按照各自的经济、社会、工业化程度、自然条件等特点，选择了不同的发展道路和方式。

#### （一）美国发展现状

美国的装配式混凝土住宅起源于20世纪30年代，经过长期发展，在装配式混凝土结构建筑中比例达到35%左右，有30多家专门生产单元式建筑的公司。在美国同一地点，相比用传统方式建造的同样房屋，只需花不到50%的费用就可以购买一栋装配式混凝土住宅。

基于美国建筑业强大的生产施工能力，美国装配式混凝土建筑的构件连接以干式连接为主，可以实现部品部件在质量保证年限之内的重复组装使用（图1-14）。

## （二）德国发展现状

德国是世界上工业化发展水平最高的国家之一，经过数十年的发展，目前德国的装配式混凝土建筑产业链处于世界领先水平。建筑、结构、水暖电专业协作配套，施工企业与机械设备供应商合作密切，机械设备、材料和物流先进，高校、研究机构和企业不断为行业提供研发支持。

此外，德国是在降低建筑能耗方面发展最快的国家。20世纪末，德国在建筑节能方面提出了"3升房"的概念，即每平方米建筑每年的能耗不超过3 L汽油。近些年，德国提出零能耗的"被动式建筑"的理念，被动式建筑除保温性、气密性绝佳外，还充分考虑对室内电器和人体热量的利用，可以用非常小的能耗将室内调节到合适的温度，非常节能环保（图1-15）。

图1-14　美国装配式建筑施工现场　　　　图1-15　德国被动式建筑

## （三）日本发展现状

日本关于装配式建筑技术的研究是从1955年日本住宅公团成立时开始的，目前日本建筑业的工厂化水平高，预制构件与装修、保温、门窗等集成化程度高，并通过严格的立法和生产与施工管理保证装配式混凝土构件和建筑的质量。

目前，在日本的装配式混凝土建筑中，柱、梁、板构件的连接尚以湿式连接为主，但强大的构件生产、储运和现场安装能力为结构质量提供了强有力的保证，并且为设计方案的制订提供了更多可行的空间。

## （四）总结与启示

总结以上国家在发展装配式混凝土建筑历程中的经验，可以得到以下启示：

（1）应结合自身的地理环境、经济与科技水平、资源供应水平选择装配式建筑的发展方向。

（2）政府应在发展装配式混凝土建筑过程中发挥积极的作用。

（3）完善装配式混凝土建筑产业链是发展装配式混凝土建筑的关键。

## 二、国内发展现状

### （一）国家政策支持

我国政府和建设行业行政主管部门对推进建筑产业现代化、推动新型建筑工业化、发展装配式建筑给予了大力支持，国家对建筑行业转型升级的决心和重视程度不言而喻。

2016 年 2 月 6 日，中共中央 国务院印发《关于进一步加强城市规划建设管理工作的若干意见》指出：大力推广装配式建筑，减少建筑垃圾和扬尘污染，缩短建造工期，提升工程质量，力争用 10 年左右时间，使装配式建筑占新建建筑的比例达到 30% 等。

### （二）国家级规范标准

为规范装配式建筑的推广，指导行业企业和从业人员合理应用装配式技术，我国相继出台了若干装配式领域的规范、规程和标准图集。

1.《装配式混凝土结构技术规程》（JGJ 1—2014）

新标准扩大了适用范围，适用于居住建筑和公共建筑；加强了装配式结构整体性的设计要求；增加了装配整体式剪力墙结构、装配整体式框架结构和外挂墙板的设计规定；修改了多层装配式剪力墙结构的有关规定；增加了钢筋套筒灌浆连接和浆锚搭接连接的技术要求；补充、修改了接缝承载力的验算要求。

2.《装配式混凝土建筑技术标准》（GB/T 51231—2016）

《装配式混凝土建筑技术标准》是对《装配式混凝土结构技术规程》的有效补充，在一些条文上对《装配式混凝土结构技术规程》进行了修改。另外，《装配式钢结构建筑技术标准》（GB/T 51232—2016）、《装配式木结构建筑技术标准》（GB/T 51233—2016）也同时施行。

3.《预制混凝土剪力墙外墙板》（15G365-1）等 9 项国家建筑标准设计图集

装配式混凝土建筑标准设计系列图集（图 1-16）自 2015 年 3 月起实施，是在国家建筑标准设计的基础上，依据《装配式混凝土结构技术规程》（JGJ 1—2014）编制的，对规范内容进行了细化和延伸，内容涵盖了表示方法、设计示例、连接节点构造及常用的构件等。

图 1-16 装配式混凝土建筑标准设计系列图集

4.《装配式建筑评价标准》（GB/T 51129—2017）

新标准的发布，对进一步促进装配式建筑的发展和规范装配式建筑的评价起到了重要的作用。

此外，我国还发布了《钢筋连接用灌浆套筒》（JG/T 398—2019）、《钢筋套筒灌浆连接应用技术规程（2023 年版）》（JGJ 355—2015）、《钢筋连接用套筒灌浆料》（JG/T 408—2019）、《装配式混凝土剪力墙结构住宅施工工艺图解》（16G906）等规范、标准图集。

（三）各地保障政策

我国各省、自治区、直辖市均结合自身特点，提出各自的装配式建筑发展目标和保障政策。

北京市提出目标：到2025年，实现装配式建筑占新建建筑面积的比例达到55%以上。

《上海市装配式建筑"十四五"规划》提出，到2025年完善适应上海特点的装配式建筑制度体系、技术体系、生产体系、建造体系和监管体系，使装配式建筑成为上海地区的主要建设方式。

广东省确定目标：到2025年前，珠三角城市群装配式建筑占新建建筑面积比例达到35%以上，其中政府投资工程的装配式建筑面积占比达到70%以上；常住人口超过300万的粤东、西、北地区地级市中心城区，装配式建筑占新建建筑面积的比例达到30%以上，其中政府投资工程的装配式建筑面积占比达到50%以上，全省其他地区装配式建筑占新建建筑面积的比例达到20%以上，其中政府投资工程的装配式建筑面积占比达到50%以上。

《山西省建筑业"十四五"发展规划》要求：推广装配式混凝土生产体系，完善适用不同建筑类型装配式混凝土建筑结构体系，加大高性能混凝土、高强钢筋和消能减震、预应力技术集成应用；建立建筑部品体系，完善与装配式建筑相匹配、相协同的围护、装修和设备管线等系统推广集成化模块化建筑部品，提高建筑部品配套能力和装修品质，推动装配化全装修，降低运行维护成本。

练一练

1. 通过学习国外发达国家的装配式技术发展经验，可以得到哪些启示？

2. 我国现行的国家级装配式技术相关规范、图集有哪些？

考核评价

任务完成后，学生完成"自我评价"，教师完成"教师评价"，并整理课堂练习，完成任务评价表1-1。

表1-1 任务评价表

| 序号 | 评价内容 | 分值分配 | 学生自评 | 小组互评 | 教师评价 |
|---|---|---|---|---|---|
| 1 | 能提前进行课前预习、熟悉任务内容 | 10 | | | |
| 2 | 能熟练、多渠道地查找参考资料 | 10 | | | |
| 3 | 能认真听讲，勤于思考 | 20 | | | |
| 4 | 能正确回答问题和课堂练习 | 40 | | | |
| 5 | 能在规定时间内完成教师布置的各项任务 | 20 | | | |
| 6 | 合计 | 100 | | | |

基于装配式建筑概念的阐释，介绍了我国装配式混凝土建筑的概念、特点及分类，详细分析了装配式混凝土建筑主要的预制构件，展示了国内外装配式建筑的发展历程和发展现状，使学习者对装配式建筑形成全面系统的认识。

# 巩固提高

## 一、单选题

1. 在工厂或现场预先生产制作完成，构成建筑结构系统的结构构件称作（　　）。

    A. 结构系统　　　　　　　　　　　　B. 部品

    C. 部件　　　　　　　　　　　　　　D. 外围护系统

2. 建筑的结构系统由混凝土部件（预制构件）构成的装配式建筑属于（　　）。

    A. 装配式木结构建筑　　　　　　　　B. 装配式混凝土建筑

    C. 装配式混凝土 – 钢结构建筑　　　　D. 装配式钢结构建筑

3. 国务院办公厅《关于大力发展装配式建筑的指导意见》提出，力争用 10 年左右的时间，使装配式建筑占新建建筑面积的比例达到（　　）%。

    A. 20　　　　　　B. 30　　　　　　C. 40　　　　　　D. 50

4. 由结构构件通过可靠的连接方式装配而成，以承受或传递荷载作用的整体属于装配式建筑的（　　）。

    A. 结构系统　　　　　　　　　　　　B. 内装系统

    C. 外围护系统　　　　　　　　　　　D. 设备与管线系统

## 二、多选题

1. 装配式建筑是由（　　）集成的。

    A. 设备与管线系统　　　　　　　　　B. 结构系统

    C. 内装系统　　　　　　　　　　　　D. 外围护系统

2. 装配式建筑的特点有（　　）。

    A. 管理信息化　　　　　　　　　　　B. 施工装配化

    C. 设计标准化　　　　　　　　　　　D. 生产工厂化

3. 装配式建筑按主体结构材料不同可分为（　　）。

    A. 装配式剪力墙结构建筑　　　　　　B. 装配式钢结构建筑

    C. 装配式木结构建筑　　　　　　　　D. 装配式混凝土建筑

## 三、简答题

简述装配式建筑的概念。

# 项目二　装配式混凝土建筑材料

## 国内首例流水线式生产的万科新里程项目

2008 年，在上海诞生的国内首例采用流水线式生产的万科新里程项目如图 2-1 所示。该项目的外墙结构完全采用 PC（预制钢筋混凝土）结构，在工厂生产出墙板，在现场对每面墙拼装就可以组合出标准的模块式房屋，房子的建造过程恰似在流水线上进行生产，材料更是选用了无污染及弱挥发材料、保温隔热材料、超强混凝土及超强钢筋。

图 2-1　万科新里程项目

装配式的建造方式和新材料应用也带来了革命性的突破。据万科住宅产业化调查报告显示，实现大面积工厂化作业后，钢模板等重复利用率提高，建筑垃圾减少 83%，材料损耗减少 60%，可回收材料增加 66%，建筑节能达到 50% 以上；而由于传统的砌装隔墙改为轻钢龙骨隔墙，则扩大了房屋的使用面积（每 70 m² 可增加约 0.6 m² 的使用面积）。施工现场的作业工人明显减少，原来需要几百人，现在只需要 20～30 人，现场工人最多可减少 89%，大大降低了现场安全事故的发生率。万科在产业化工程中已经形成了一套较为全面的装配化建筑技术，并正从中获益。

### 知识目标

1. 了解材料组成和结构；理解影响材料性质的因素；熟悉有关国家标准或行业标准中规定材料的技术要求及技术性质。

2. 掌握常用建筑材料的品种、规格、特点及应用；根据工程要求能够合理、经济地选用材料；熟悉材料验收、保管和储存的基本要求。

3. 熟练掌握常用建筑材料的质量检测方法。

 **技能目标**

1. 根据工程实际情况和材料性质，能够正确、合理、经济地选用建筑材料。
2. 能进行建筑材料常规试验及数据处理，并能完成材料检验报告单的填写。
3. 能审核材料检测报告，正确评价材料的性能品质。
4. 能正确验收和保管建筑材料。
5. 能自主学习新知识、新技术。

**素质目标**

1. 培养自主学习、团结协作、科学严谨、开拓创新的职业态度。
2. 培养具有严谨的工作作风、严肃认真的工作态度。

**思维导图**

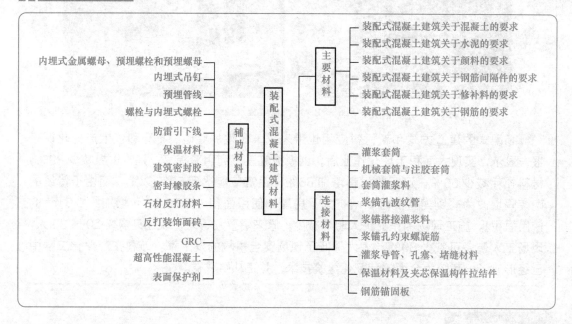

# 任务一  主要材料

**任务描述**

　　2020 年 1 月 24 日，武汉火神山医院相关设计方案完成；1 月 29 日，进入病房安装攻坚期，2 月 2 日上午正式交付；之后，雷神山医院也于 2 月 5 日建成。短短 10 天就建成一所医院，这是怎么做到的？两所医院又能否满足需求？

　　这两所医院都采用了装配式建筑技术，最大限度地采用拼装式工业化成品，火神山医院采用了箱式房结构，雷神山医院则是采用活动板房结构。这些"乐高"都在外面拼好后，再到现场整体吊装，可以与现场施工穿插进行，大大节省了时间。而这两所医院，对其建筑材料也有着更高的要求。对于临时建设的救援医院来说，隔离病毒是重中之重。因此，在建设过程中，应急医疗设施的关键是卫生安全。从外部环境到内部空间都需要特别注意医患、洁污分区分流。所有的建设工作都要围绕"安全、快速和有效"的目标展开，要耐久耐磨、抗菌抗腐蚀，还要容易清洗，同时也要符合卫生安全的标准。其中，ICU 病房建设标准要求高，全钢结构、大跨度，相较于普通集装箱病房工序更多，作业量更大。CT 室的施工则用砌体墙隔断，墙面采用铅板施工工艺，具有防辐射功能。火神山医院的建设并没有因为是应急设施而采用不合格材料，反而对建筑材料有着更严格的管控，对疫情的管控有重要的作用。

**任务思考**

　　1. 从火速＋神速＝火神山医院这个装配式建筑来看，大家有什么感想？

　　2. 这两所医院所用的建筑材料有什么不同？

　　3. 查阅相关资料，收集火神山医院所用的建筑材料有哪些？

**应知应会**

　　装配式混凝土建筑的结构主材包括混凝土及其原材料、钢筋、钢板等。

## 一、装配式混凝土建筑关于混凝土的要求

### （一）普通混凝土

　　混凝土是由胶凝材料将骨料胶结成整体工程复合材料的统称。通常，混凝土是指用水泥作胶凝材料，用砂、石做骨料，与水（可含外加剂和掺合料）按一定比例配合，经搅拌而得的水泥混凝土，也称普通混凝土，如图 2-2 所示。它是由水泥、粗骨料（碎

图 2-2　普通混凝土

石或卵石）、细骨料（砂）、外加剂和水拌和，经硬化而成的一种人造石材。

砂、石在混凝土中起骨架作用，并抑制水泥的收缩；水泥和水形成水泥浆，包裹在粗、细骨料表面并填充骨料之间的空隙。水泥浆体在硬化前起润滑作用，使混凝土拌合物具有良好的工作性能，硬化后将骨料胶结在一起，形成坚强的整体。

混凝土的相关要求

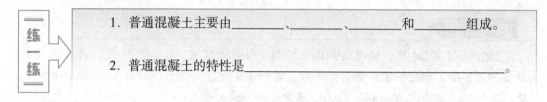

练一练

1. 普通混凝土主要由_____、_____、_____和_____组成。

2. 普通混凝土的特性是_____。

## （二）轻质混凝土

轻质混凝土可以减轻构件质量和结构自重荷载。质量是装配式混凝土建筑拆分的制约因素。例如，开间较大或层高较高的墙板，常常由于质量太大，超出了工厂或工地起重能力而无法做成整间板，而采用轻质混凝土就可以做成整间板。轻质混凝土为装配式混凝土建筑提供了便利性，如图 2-3 所示。

图 2-3　轻质混凝土

外国已经将轻质混凝土用于制作装配式混凝土建筑幕墙板，强度等级 C30 的轻质混凝土重度为 17 kN/m³，比普通混凝土质量减小 25% ～ 30%。轻质混凝土的"轻"主要依靠用轻质骨料替代砂石实现。用于装配式混凝土建筑轻质混凝土的轻质骨料必须是憎水型的。目前，国内已经有用憎水型陶粒配制的轻质混凝土，强度等级 C30 的轻质混凝土重度为 17 kN/m³，可用于装配式混凝土建筑。轻质混凝土有导热性能好的特点，用于外墙板或夹芯保温板的外叶板，可以减小保温层厚度。当保温层厚度较小时，也可以用轻质混凝土取代 EPS 保温层。

练一练

1. 轻质混凝土的特点有哪些？

2. 轻质混凝土与普通混凝土有何区别？

## （三）装饰混凝土

装饰混凝土是指具有装饰功能的水泥基材料。其包括清水混凝土、彩色混凝土、彩色砂浆。装饰混凝土用于装配式混凝土建筑表皮，包括直接裸露的柱梁构件、剪力墙外墙板、装配式混凝土建筑幕墙外挂墙板、夹芯保温构件的外叶板等，如图2-4所示。

图2-4　装饰混凝土

（1）清水混凝土。清水混凝土其实就是原貌混凝土，表面不做任何饰面，直接反映模具的质感，如图2-5所示。清水混凝土与结构混凝土在配制原则上没有区别，但为实现建筑师对色彩、颜色均匀和质感柔和的要求，需要选择色泽合意、质量稳定的水泥和合适的骨料，并进行相应的配合比设计、试验。

（2）彩色混凝土和彩色砂浆。彩色混凝土和彩色砂浆一般用于装配式混凝土建筑构件表面装饰层，色彩靠颜料、彩色骨料和水泥实现，深颜色用普通水泥，浅颜色用白水泥，如图2-6所示。

图2-5　清水混凝土

图2-6　彩色混凝土

1. 下面属于装饰混凝土的是（　　　）。
   A. 彩色混凝土　　　　　　　　　B. 清水混凝土
   C. 压模混凝土　　　　　　　　　D. 露石混凝土
2. 露出混凝土中彩色骨料的办法有（　　　）。
   A. 缓凝剂法　　　　　　　　　　B. 酸洗法
   C. 喷砂法　　　　　　　　　　　D. 冲洗法

## 二、装配式混凝土建筑关于水泥的要求

原则上讲，可用于普通混凝土结构的水泥都可以用于装配式混凝土建筑。装配式混凝土建筑工厂应使用质量稳定的优质水泥。水泥应选用普通硅酸盐水泥或硅酸盐水泥，质量应符合现行国家标准的有关规定。进场应有产品合格证等质量证明文件，并对其品种、级别、包装（散装仓号）、出厂日期等进行检查，分别按批次对其强度、安定性、凝结时间等性能指标进行复检。

装配式混凝土建筑工厂一般自设搅拌站，使用罐装水泥。表面装饰混凝土可能用到白水泥，一般是袋装。装配式混凝土结构建筑所用水泥应符合《通用硅酸盐水泥》（GB 175—2007）

的有关规定。白水泥应符合《白色硅酸盐水泥》（GB/T 2015—2017）的有关规定。装配式混凝土结构工厂生产不连续时，应避免过期水泥被用于构件制作。

## 三、装配式混凝土建筑关于颜料的要求

在制作装饰一体化装配式混凝土建筑构件时，可能会用到彩色混凝土，此时需要在混凝土中掺入颜料。混凝土所用颜料应符合《混凝土和砂浆用颜料及其试验方法》（JC/T 539—1994）的有关规定。装饰混凝土常用颜料见表2-1。

表2-1 装饰混凝土常用颜料

| 颜色 | 名称 | 俗称 | 说明 |
|---|---|---|---|
| 红色 | 氧化铁红 | 铁红、铁丹、铁朱、锈红等 | 遮盖力和着色力较强，耐光、耐高温、耐大气影响、耐碱、耐污浊气体 |
| 黄色 | 氧化铁黄 | 铁黄、茄门黄 | 遮盖力、着色力较强，耐光、耐大气影响、耐碱、耐污浊气体 |
| 蓝色 | 群青 | 云青、佛青、石头青、深蓝、洋蓝 | 半透明、鲜艳、耐光、耐热、耐碱，但不耐酸，耐风雨 |
| | 钴蓝 | | 带绿色蓝颜料，耐热、耐酸碱 |
| 绿色 | 群青+氧化铁黄 | | 具有群青及氧化铁黄性能 |
| 棕色 | 氧化铁棕 | 铁棕 | |
| 紫色 | 氧化铁紫 | 铁紫 | |
| 黑色 | 氧化铁黑 | 铁黑 | 遮盖力、着色力很强，耐光、耐碱，对大气作用稳定 |
| | 炭黑 | 墨灰、乌烟 | 性能与氧化铁黑基本相同 |
| | 松烟 | | 遮盖力及着色力均好 |

彩色混凝土颜料掺量不仅要考虑色彩需要，还要考虑颜料对强度等力学物理性能的影响。颜料配合比应通过力学物理性能的比较试验确定，颜料掺量不宜超过6%。颜料应储存在通风、干燥处，防止受潮，严禁与酸碱物品接触。

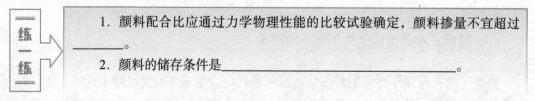

练一练

1. 颜料配合比应通过力学物理性能的比较试验确定，颜料掺量不宜超过_____。

2. 颜料的储存条件是_____。

## 四、装配式混凝土建筑关于钢筋间隔件的要求

钢筋间隔件即保护层垫块，是用于控制钢筋保护层厚度或钢筋间距的物件。其按材料不同可分为水泥基类、塑料类和金属类，如图2-7所示。

图 2-7　钢筋间隔件

装配式混凝土建筑无论是预制构件还是现浇混凝土，都应使用符合《混凝土结构用钢筋间隔件应用技术规程》(JGJ/T 219—2010)规定的钢筋间隔件，不得用石子、砖块、木块、碎混凝土块等作为间隔件。

1. 钢筋间隔件的作用是什么?

2. 钢筋间隔件按材料可分为哪几类?

### 五、装配式混凝土建筑关于修补料的要求

#### 1. 普通构件修补

装配式混凝土建筑构件生产、运输和安装过程中难免会出现磕碰、掉角、裂缝等情况，通常需要用修补料进行修补。常用的修补料有普通水泥砂浆、环氧砂浆和丙乳砂浆等。

（1）普通水泥砂浆的最大优点就是其力学性能与基底混凝土一致，对施工环境要求不高，成本低等；但也存在普通水泥砂浆与基层混凝土表面粘结、本身抗裂和密封等性能不足的缺点。

（2）环氧砂浆是以环氧树脂为主剂，配以促进剂等一系列助剂，经混合固化后形成一种高强度、高粘结力的固结体。其具有优异的抗渗、抗冻、耐盐、耐碱、耐弱酸、防腐蚀性能及修补加固性能。

（3）丙乳砂浆是丙烯酸酯共聚乳液水泥砂浆的简称，属于高分子聚合物乳液改性水泥砂浆。丙乳砂浆是一种新型混凝土建筑物的修补材料，具有优异的粘结性，以及抗裂、防水、防氯离子渗透、耐磨、耐老化等性能。与树脂基修补材料相比，丙乳砂浆具有成本低、耐老化、易操作、施工工艺简单及质量容易保证等优点，是修补材料中的上佳之选。

#### 2. 清水混凝土或彩色混凝土表面修补

清水混凝土或彩色混凝土表面修补通常要求颜色一致，无痕迹等。其修补料通常需要在普通修补料的基础上加入无机颜料来调制出色彩一致的浆料，削弱修补斑痕。待修补浆料达到强度后轻轻打磨，与周边过渡平滑顺畅。

练一练

1. 普通水泥砂浆的优点和缺点各是什么?

2. 丙乳砂浆的特点有哪些? 与树脂基修补材料相比, 丙乳砂浆有什么优点?

### 六、装配式混凝土建筑关于钢筋的要求

钢筋在装配式混凝土结构构件中除作为结构设计配筋外, 还可能用于制作浆锚连接的螺旋加强筋、构件脱模或安装用的吊环、预埋件或内埋式螺母的锚固"胡子筋"等。

在进行装配式混凝土建筑结构设计时, 考虑到连接套筒、浆锚螺旋筋、钢筋连接和预埋件相对现浇结构"拥挤", 宜选用大直径、高强度钢筋, 以减少钢筋根数, 避免间距过小对混凝土浇筑造成不利影响。在预应力装配式混凝土建筑结构构件中会用到预应力钢丝、钢绞线和预应力带肋钢筋等。其中以预应力钢绞线最为常用。装配式混凝土建筑结构构件不宜使用冷拔钢筋。当用冷拉法调直钢筋时, 必须控制冷拉率。光圆钢筋冷拉率小于4%, 带肋钢筋冷拉率小于1%。

练一练

1. 在装配式混凝土建筑结构设计时, 宜选用_____, 以减少钢筋根数, 避免_____对混凝土浇筑造成不利影响。

2. 装配式混凝土建筑结构构件不宜使用_____。当用冷拉法调直钢筋时, 必须控制_____。光圆钢筋冷拉率小于_____, 带肋钢筋冷拉率小于_____。

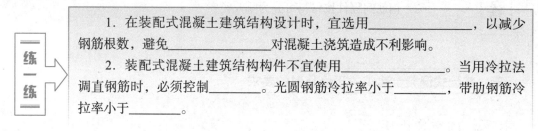

## 任务二 连接材料

任务描述

某项目总建筑面积为 30 295 m²，地下 1 层，地上 28 层，附有 3 层裙房，抗震设防烈度为 7 度（0.1g）。28 层的主体结构采用受力钢筋约束浆锚搭接连接的装配整体式剪力墙结构，其中预制构件包括预制剪力墙、叠合梁、叠合板、预制楼梯等；裙房为 3 层框架结构，其中预制构件包括叠合梁、叠合板等；地下室部分采用了预制的防水外墙、叠合梁、叠合板。该项目的竖向受力钢筋采用了 ×× 集团和 ×× 大学共同研发的，具有自主产权的螺旋箍筋约束的钢筋浆锚搭接连接接头，水平向受力钢筋采用钢筋环插筋连接，在水平接缝和竖向接缝处均采取了具体的措施，以满足抗震和接缝处受剪承载力的要求。

1. 你见过或能想到的连接件有哪些?
2. 思考连接件应具备哪些特点。
3. 查阅资料，收集某一种连接材料的相关特性，与小组成员分组讨论它的优劣或使用范围。

**应知应会**

装配式混凝土建筑结构连接材料包括钢筋连接用灌浆套筒、机械套筒、注胶套筒、套筒灌浆料、浆锚孔波纹管、浆锚搭接灌浆料、浆锚孔约束螺旋筋、灌浆导管、灌浆孔塞、灌浆堵缝材料、保温材料及夹芯保温构件拉结件和钢筋锚固板。除机械套筒和钢筋锚固板在混凝土建筑结构中也有应用外，其余材料都是装配式混凝土建筑的专用材料。

## 一、灌浆套筒

### 1. 原理

灌浆套筒是金属材质圆筒，用于钢筋连接。两根钢筋从套筒两端插入，套筒内注满水泥基灌浆料，通过灌浆料的传力作用实现钢筋对接。

灌浆套筒是装配式混凝土建筑最重要的连接构件，用于纵向受力钢筋的连接。

钢筋灌浆套筒是通过水泥基灌浆料的传力作用将钢筋对接连接所用的金属套筒，通常采用铸造工艺或机械加工工艺制造，包括全灌浆套筒和半灌浆套筒两种形式。前者两端均采用灌浆方式与钢筋连接，后者一端采用灌浆方式与钢筋连接，而另一端采用非灌浆方式与钢筋连接（通常采用螺纹连接）。

灌浆套筒如图 2-8 所示，灌浆套筒工作原理如图 2-9 所示。

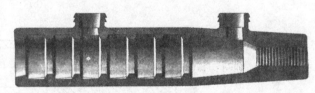

图 2-8　灌浆套筒

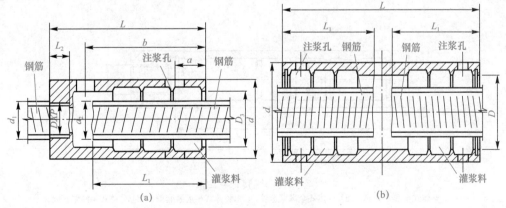

(a)　　　　　　　　　　　　　(b)

图 2-9　灌浆套筒工作原理
(a) 半灌浆套筒;(b) 全灌浆套筒

## 2. 构造

灌浆套筒的构造包括筒壁、剪力槽、灌浆口、排浆口、钢筋定位销。《钢筋连接用灌浆套筒》(JG/T 398—2019)给出了灌浆套筒的构造图,如图 2-10 所示。

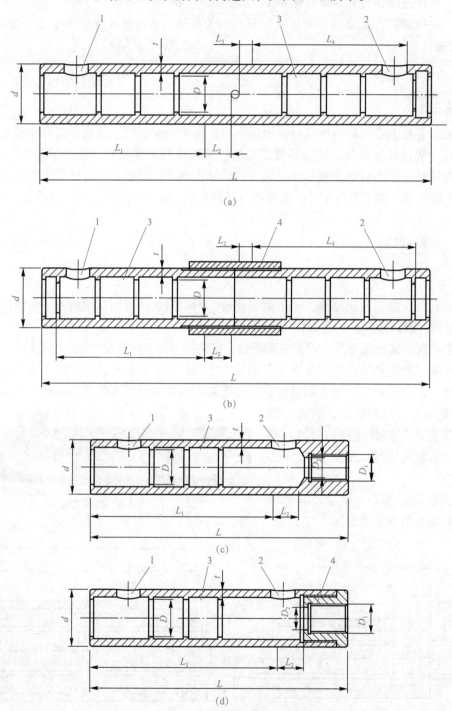

图 2-10　灌浆套筒构造

(a) 整体式全灌浆套筒;(b) 分体式全灌浆套筒;(c) 整体式半灌浆套筒;(d) 分体式半灌浆套筒

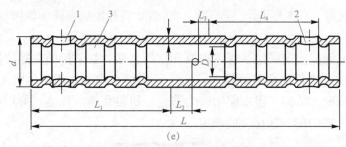

图 2-10　灌浆套筒构造（续）

（e）滚压型全灌浆套筒

说明：1—灌浆孔；2—排浆孔；3—剪力槽；4—连接套筒；$L$—灌浆套筒总长度；$L_1$—注浆端锚固长度；$L_2$—装配端预留钢筋安装调整长度；$L_3$—预制端预留钢筋安装调整长度；$L_4$—排浆端锚固长度；$t$—灌浆套筒名义壁厚；$d$—灌浆套筒外径；$D$—灌浆套筒最小内径；$D_1$—灌浆套筒机械连接端螺纹的公称直径；$D_2$—灌浆套筒螺纹端与灌浆端连接处的通孔直径。

注 1：$D$ 不包括灌浆孔、排浆孔外侧因导向、定位等比锚固段环形突起内径偏小的尺寸。

注 2：$D$ 可为非等截面。

注 3：图（a）和图（e）中间虚线部分为竖向全灌浆套筒设计的中部限位挡片或挡杆。

注 4：当灌浆套筒为竖向连接套筒时，套筒注浆端锚固长度 $L_1$ 为从套筒端面至挡销圆柱面深度减去调整长度 20 mm；当灌浆套筒为水平连接套筒时，套筒注浆端锚固长度 $L_1$ 为从密封圈内侧端面位置至挡销圆柱面深度减去调整长度 20 mm。

### 3. 材质

灌浆套筒的材质有碳素结构钢、合金结构钢和球墨铸铁。碳素结构钢和合金结构钢套筒采用机械加工工艺制造；球墨铸铁套筒采用铸造工艺制造。我国目前应用的套筒既有机械加工制作的碳素结构钢或合金结构钢套筒，也有铸造工艺制作的球墨铸铁套筒。日本用的灌浆套筒材质为球墨铸铁，大都由我国工厂制造。

### 4. 钢筋锚固深度

《钢筋套筒灌浆连接应用技术规程（2023 年版）》（JGJ 355—2015）规定，灌浆套筒的套筒设计锚固长度不宜小于插入钢筋公称直径的 8 倍。

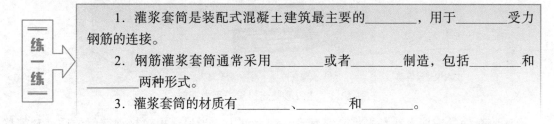

练一练

1. 灌浆套筒是装配式混凝土建筑最主要的_____，用于_____受力钢筋的连接。

2. 钢筋灌浆套筒通常采用_____或者_____制造，包括_____和_____两种形式。

3. 灌浆套筒的材质有_____、_____和_____。

---

## 二、机械套筒与注胶套筒

装配式混凝土建筑结构连接节点后浇筑混凝土区域的纵向钢筋连接会用到金属套筒，后浇区受力钢筋采用对接连接方式，连接套筒先套在一根钢筋上，与另一根钢筋对接就位后，套筒移到两根钢筋中间，采用螺纹方式或注胶方式将两根钢筋连接，如图 2-11 所示。

机械套筒和注胶套筒不是预埋在混凝土中，而是在浇筑混凝土前连接钢筋，与焊接、搭接的作用相同。

图 2-11　后浇区受力钢筋连接

国内多采用机械套筒；日本多采用注胶套筒。机械套筒和注胶套筒的材质与灌浆套筒一样。

1. 机械套筒

机械套筒与钢筋连接方式包括螺纹连接和挤压连接，最常用的是螺纹连接。对接连接的两根受力钢筋的端部都制成有螺纹的端头，将机械套筒旋在两根钢筋上，如图 2-12 所示。机械套筒在混凝土结构工程中应用较为普遍。机械套筒的性能和应用应符合《钢筋机械连接技术规程》(JGJ 107—2016) 的规定。

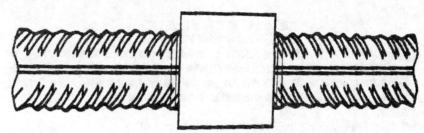

图 2-12　机械套筒示意

2. 注胶套筒

注胶套筒是日本应用较多的钢筋连接方式，用于连接后浇区受力钢筋，特别适用于连接梁的纵向钢筋，如图 2-13 所示。

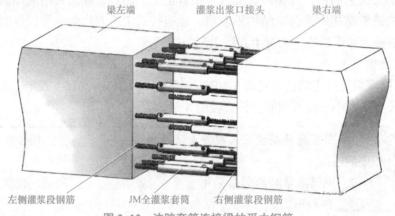

图 2-13　注胶套筒连接梁的受力钢筋

注胶套筒的连接方法是先将套筒套到一根钢筋上，当另一根对接钢筋就位后，套筒移到其一半长度位置，即两根钢筋插入套筒的长度相同，然后从灌胶口注入胶。注胶套筒与灌浆料套筒的区别有三点：一是注胶空间小，连接同样直径的钢筋，注胶套筒的外径比灌浆套筒的外径要小；二是只有一个灌浆口，浆料从套筒两端排出；三是用树脂类胶料取代灌浆料。注胶套筒内部构造如图 2-14 所示。

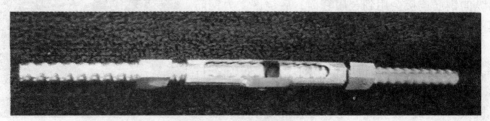

图 2-14　注胶套筒内部构造

练一练

1. 机械连接套筒与钢筋连接方式包括_____和_____，常用的是_____。

2. 注胶套筒是_____应用较多的钢筋连接方式，用于连接_____，特别适用于_____。

### 三、套筒灌浆料

钢筋连接用套筒灌浆料以水泥为基本材料，并配以细骨料、外加剂及其他材料混合成干混料，按照规定比例加水搅拌后，具有良好的流动性、早强、高强及硬化后微膨胀的特点。套筒灌浆料的使用和性能应符合《钢筋套筒灌浆连接应用技术规程（2023年版）》（JGJ 355—2015）和《钢筋连接用套筒灌浆料》（JG/T 408—2019）的规定。

套筒灌浆料应与套筒配套选用；应按照产品设计说明所要求的用水量进行配制；按照产品说明进行搅拌；灌浆料使用温度不宜低于 5 ℃。以水泥为基本材料，配以适当的细骨料，以及混凝土外加剂和其他材料组成的干混料，加水搅拌后具有良好的流动性、早强、高强、微膨胀等性能，填充于套筒和带肋钢筋的间隙内，如图 2-15 所示。

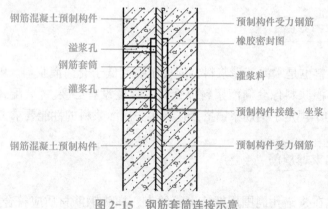

**图 2-15 钢筋套筒连接示意**

（1）钢筋套筒连接接头由带肋钢筋、套筒和灌浆料三个部分组成。

（2）连接原理：带肋钢筋插入套筒，向套筒内灌注无收缩或微膨胀的水泥基灌浆料，充满套筒与钢筋之间的间隙，灌浆料硬化后与钢筋的横肋和套筒内壁凹槽或凸肋紧密啮合，钢筋连接后所受外力能够有效传递，其类似钢筋机械连接。

练一练

1. 钢筋连接用套筒灌浆料以_____为基本材料，并配以_____、_____及其他材料混合成干混料。

2. 钢筋连接用套筒灌浆料按照规定比例加水搅拌后，具有_____、_____、_____及_____的特点。

## 四、浆锚孔波纹管

浆锚孔波纹管是浆锚搭接连接方式用的材料，预埋于装配式混凝土建筑构件中，形成浆锚孔内壁，如图2-16所示。在钢筋浆锚搭接连接中，当采用预埋金属波纹管时，金属波纹管性能除应符合《预应力混凝土用金属波纹管》（JG/T 225—2020）的规定外，还应符合下列规定：

图2-16 浆锚孔波纹管

（1）宜采用软钢带制作，性能应符合《碳素结构钢冷轧钢板及钢带》（GB/T 11253—2019）的规定；当采用镀锌钢带时，其双面镀锌层质量不宜小于60 g/m²，性能应符合《连续热镀锌和锌合金镀层钢板及钢带》（GB/T 2518—2019）的规定。

（2）金属波纹管的波纹高度不应小于3 mm，壁厚不宜小于0.4 mm。

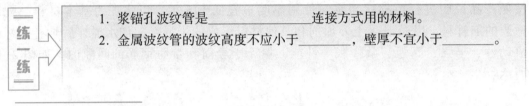

练一练

1. 浆锚孔波纹管是_____连接方式用的材料。
2. 金属波纹管的波纹高度不应小于_____，壁厚不宜小于_____。

## 五、浆锚搭接灌浆料

浆锚搭接灌浆料也是水泥基灌浆料，但抗压强度低于套筒灌浆料。因为浆锚孔壁的抗压强度低于套筒，灌浆料像套筒灌浆料那么高的强度没有必要。《装配式混凝土结构技术规程》（JGJ 1—2014）规定了钢筋浆锚搭接连接接头用灌浆料的性能要求。

## 六、浆锚孔约束螺旋筋

浆锚搭接方式在浆锚孔周围用螺旋钢筋约束，螺旋钢筋材质应符合要求。钢筋直径、螺旋圈直径和螺旋间距根据设计要求确定。

## 七、灌浆导管、孔塞、堵缝材料

### 1. 灌浆导管

当灌浆套筒或浆锚孔距离混凝土边缘较远时，需要在装配式混凝土建筑构件中埋置灌浆导管。灌浆导管一般采用PVC中型（M型）管，壁厚为1.2 mm，即电气用套管，外径应为套筒或浆锚孔灌浆出浆口的内径，一般是16 mm。

### 2. 灌浆孔塞

灌浆孔塞用于封堵灌浆套筒和浆锚孔的灌浆口与出浆孔，避免孔道被异物堵塞。灌浆孔塞可用橡胶塞或木塞。橡胶灌浆孔塞如图2-17所示。

### 3. 灌浆堵缝材料

灌浆堵缝材料用于封堵灌浆构件的接缝，如图 2-18 所示，可采用橡胶条、木条和封堵速凝砂浆等。日本有用充气橡胶条的。灌浆堵缝材料要求封堵密实，不漏浆，作业便利。

封堵速凝砂浆是一种高强度水泥基砂浆，强度大于 50 MPa，应具有可塑性好、成型后不塌落、凝结速度快和干缩变形小的性能。

图 2-17　橡胶灌浆孔塞

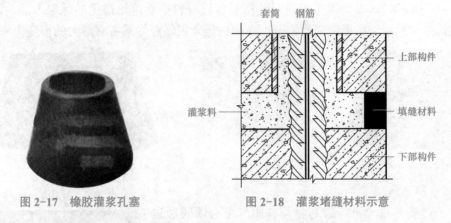

图 2-18　灌浆堵缝材料示意

练一练

1. 灌浆导管一般采用_____管，壁厚为_____，即电气用套管，外径应为套筒或浆锚孔灌浆出浆口的内径，一般是_____。

2. 封堵速凝砂浆是一种高强度水泥基砂浆，强度大于_____，应具有_____、成型后不塌落、_____和干缩变形小的性能。

## 八、保温材料及夹芯保温构件拉结件

### （一）保温材料的种类

保温材料依据材料性质大体可分为有机材料、无机材料和复合材料。不同的保温材料性能各异，材料导热系数的大小是衡量保温材料的重要指标，寿命为 20 年左右。

#### 1. 聚苯板

聚苯板全称聚苯乙烯泡沫板，又称泡沫板或 EPS 板，是由含有挥发性液体发泡剂的可发性聚苯乙烯珠粒，经加热预发后在模具中加热成型的具有微细闭孔结构的白色固体，导热系数为 0.035 ～ 0.052 W/（m·K），如图 2-19 所示。聚苯板的主要性能指标应符合《绝热用模塑聚苯乙烯泡沫塑料（EPS）》（GB/T 10801.1—2021）的要求。与挤塑聚苯板（XPS板）相比，膨胀聚苯板的吸水率偏高，容易吸水，这是该材料的一个缺点。其保温板的吸水率对其热传导性的影响很明显，随着吸水量的增大，其导热系数也增大，保温效果也随之变差。

#### 2. 挤塑聚苯板

挤塑聚苯板是聚苯板的一种，但其生产工艺是挤塑成型，导热系数为 0.030 W/（m·K），如图 2-20 所示。挤塑聚苯板简称 XPS 板，是以聚苯乙烯树脂或其共聚物为主要成分，添加少量添加剂，通过加热挤塑成型而制得的具有闭孔结构的硬质泡沫塑料制品。挤塑聚苯板集防水和保温作用于一体，刚度大，抗压性能好，导热系数低。

### 3. 石墨聚苯板

石墨聚苯板是膨胀聚苯板的一种，也是化工巨头巴斯夫公司的经典产品。在聚苯乙烯原材料里添加了红外反射剂，这种物质可以反射热辐射，并将 EPS 的保温性能提高 30%，如图 2-21 所示。同时，防火性能很容易实现 $B_2$ 级到 $B_1$ 级的跨越，石墨聚苯板的导热系数为 0.033 W/（m·K）。石墨聚苯板是目前所有保温材料中性价比最优的保温产品，因为聚苯板保温产品在保温领域里应用最广泛，在国内聚苯板保温体系占有最大的市场份额。

图 2-19　聚苯板

图 2-20　挤塑聚苯板

图 2-21　石墨聚苯板

### 4. 真空绝热板

真空绝热板是由无机纤维芯材与高阻气复合薄膜通过抽真空封装技术，外覆专用界面砂浆制成的一种高效保温板材，它的导热系数为 0.008 W/（m·K），如图 2-22 所示。空气的导热系数大约是 0.023 W/（m·K），比空气还低的导热系数只有真空，所以，真空绝热板的导热系数是现有保温材料中最低的。其最大的优势就是保温性能绝佳。但是该板材也有致命的缺陷，例如，真空度难以保持，若发生破损，板材的保温性能即会骤降。目前，国内产品有青岛科瑞新型环保材料有限公司生产的 STP 真空绝热板。

图 2-22　真空绝热板

提示：扫描二维码，了解其他保温材料。

其他保温材料

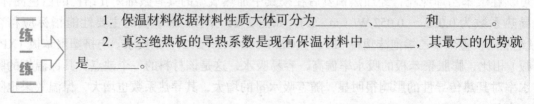
练一练

1. 保温材料依据材料性质大体可分为_____、_____和_____。
2. 真空绝热板的导热系数是现有保温材料中_____，其最大的优势就是_____。

## （二）外墙保温拉结件

外墙保温拉结件是用于连接预制保温墙体内外层混凝土墙板，传递墙板剪力，以使内外层墙板形成整体的连接器。拉结件宜选用纤维增强复合材料或不锈钢薄钢板加工制成。供应商应提供明确的材料性能和连接性能技术标准要求。当有可靠依据时，也可以采用其他类型连接件。

拉结件是涉及建筑安全和正常使用的连接件，须具备以下性能：

（1）在内叶板和外叶板中锚固牢固，在荷载的作用下不能被拉出。

（2）有足够的强度，在荷载的作用下不能被拉断、剪断。

（3）有足够的刚度，在荷载的作用下不能发生过大变形，导致外叶板位移。

（4）导热系数尽可能小，减少热桥。

（5）具有耐久性。

（6）具有防锈蚀性。

（7）具有防火性能。

（8）埋设方便。

拉结件有非金属和金属两类，如图 2-23 所示。

(a)　　　　　　　　(b)

图 2-23　拉结件
(a) FRP 拉结件；(b) 金属拉结件

（1）非金属拉结件。非金属拉结件由高强度玻璃纤维和树脂制成（FRP），导热系数低，应用方便，在美国应用较多。美国 Thermomass 公司的产品较为著名，国内南京斯贝尔公司也有类似的产品。

Thermomass 公司的拉结件可分为 MS 和 MC 型两种。MS 型有效嵌入混凝土中 38 mm；MC 型有效嵌入混凝土中 52 mm。南京斯贝尔 FRP 墙体拉结件由 FRP 拉结板（杆）和 ABS 定位套环组成。其中，FRP 拉结板（杆）为拉结件的主要受力部分，采用高性能玻璃纤维（GFRP）无捻粗纱和特种树脂经拉挤工艺成型，并经后期切割形成设计所需的形状；ABS 定位套环主要用于拉结件施工定位，其长度一般与保温层厚度相同，采用热塑工艺成型，如图 2-24 所示。

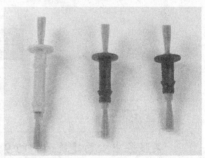

图 2-24　FRP 拉结件

FRP 材料最突出的优点在于它有很高的比强度（极限强度 / 相对密度），即通常所说的轻质高强。FRP 的比强度是钢材的 20 ～ 50 倍。另外，FRP 还具有良好的耐腐蚀性、良好的隔热性和优良的抗疲劳性。

（2）金属拉结件。欧洲"三明治"板较多使用金属拉结件。德国"哈芬"公司的产品采用不锈钢制成，包括不锈钢杆、不锈钢板和不锈钢圆筒，该金属拉结件在力学性能、耐久性和确保安全性方面有优势；但导热系数比较高，埋置麻烦，价格也比较高。

拉结件选用
注意事项

提示：扫描二维码，了解拉结件选用注意事项。

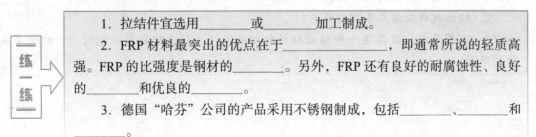

练一练

1. 拉结件宜选用_____或_____加工制成。

2. FRP 材料最突出的优点在于_____，即通常所说的轻质高强。FRP 的比强度是钢材的_____。另外，FRP 还有良好的耐腐蚀性、良好的_____和优良的_____。

3. 德国"哈芬"公司的产品采用不锈钢制成，包括_____、_____和_____。

### 九、钢筋锚固板

钢筋锚固板简称锚固板，是为减少钢筋锚固长度或避免钢筋弯曲锚固而采取的一种机械锚固端部接头，主要用于梁或柱端部钢筋的锚固。钢筋锚固板是设置于钢筋端部，用于锚固钢筋的承压板，在装配式混凝土建筑中用于后浇区节点受力钢筋的锚固，如图2-25所示。钢筋锚固板的材质有球墨铸铁、钢板、锻钢和铸铁四种，具体材质牌号和力学性能应符合《钢筋锚固板应用技术规程》（JGJ 256—2011）的相关规定。

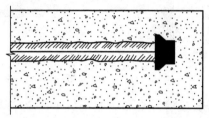 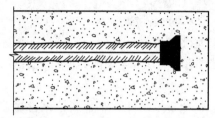

图2-25　钢筋锚固板

# 任务三　辅助材料

**任务描述**

某服务中心总建筑面积约9万平方米，其中酒店和公寓采用了装配式结构体系。酒店建筑高度为77.6 m，从±0.000开始装配，除核心筒外，所有的结构构件均为工厂化预制，主要预制构件包括预制柱、预制梁、预制叠合板、预制楼梯和预制清水混凝土外挂板，建筑内部采用一体化内装的装配式轻质内墙板，整体预制装配率达到56%。公寓采用框架结构，公寓地上建筑面积为41 347.07 m²，地下1层，地上11层，高度为42.90 m，部分构件采用预制装配式，构件总类包括叠合板、预制楼梯，预制装配率20%。集中商业采用框架结构，地下2层，地上5层，地上建筑面积为6 609.1 m²；公交场站1层，高度为6 m，建筑面积为1 815.3 m²。

**任务思考**

1. 你见过的装配式辅助材料有哪些？
2. 辅助材料应该具备哪些特点？
3. 查阅资料，收集某一种辅助材料的相关特性，与小组成员分组讨论它的优劣或使用范围。

装配式混凝土建筑的辅助材料是指与预制构件有关的材料和配件，包括内埋式螺母、内埋式吊钉、内埋式螺栓、螺栓、密封胶、反打在构件表面的石材、瓷砖、表面漆料等。

**提示**：扫描二维码，了解预埋件及门窗框的基本要求。

预埋件及门窗框
的基本要求

## 一、内埋式金属螺母、预埋螺栓和预埋螺母

内埋式金属螺母在装配式混凝土建筑构件中应用较多，如吊顶悬挂、设备管线悬挂、安装临时支撑、吊装和翻转吊点、后浇区模具固定等。内埋式金属螺母预埋便利，避免了后锚固螺栓可能与受力钢筋"打架"或对保护层的破坏，也不会像内埋式螺栓那样探出混凝土表面容易导致挂碰。内埋式金属螺母的材质为高强度的碳素结构钢或合金结构钢，锚固类型有螺纹形、丁字形、燕尾形和穿孔插入钢筋型。

预埋螺栓是将螺栓预埋在预制混凝土构件中，留出的螺栓丝扣用来固定构件，可起到连接固定作用，如图2-26所示。常见的做法是预制挂板通过在构件内预埋螺栓与预制叠合板（装配整体式楼板）或阳台板进行连接，还有为固定其他构件而预埋螺栓。与预埋螺栓相对应的另一种方式是预埋螺母。该方法的优势是构件的表面没有凸出物，便于运输和安装，如内丝套筒属于预埋螺母，如图2-27所示。对于小型预制混凝土构件，预埋螺栓和预埋螺母在不影响正常使用与满足起吊受力性能的前提下也可当作吊钉使用。

图2-26　预埋螺栓　　图2-27　预埋螺母

## 二、内埋式吊钉

内埋式吊钉是专用于吊装的预埋件，吊钩卡具连接非常方便，被称作快速起吊系统，如图2-28、图2-29所示。

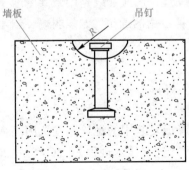

图2-28　内埋式吊钉

图2-29　内埋式吊钉与卡具

预制混凝土构件的预埋吊件以前主要为吊环，现在多采用圆头吊钉、套筒吊钉、平板吊钉，如图2-30所示。

图2-30  圆头吊钉、套筒吊钉、平板吊钉

（1）圆头吊钉适用于所有预制混凝土构件的起吊，如墙体、柱子、横梁、水泥管道。其特点是无须加固钢筋，拆装方便，性能卓越，操作简便。还有一种是带眼圆头吊钉。通常在尾部的孔中拴上锚固钢筋，以增强圆头吊钉在预制混凝土中的锚固力。

（2）套筒吊钉适用于所有预制混凝土构件的起吊。其优点是预制混凝土构件表面平整；缺点是采用螺纹接驳器时，需要将接驳器的丝杆完全拧入套筒，如果接驳器的丝杆没有拧到位或接驳器的丝杆受到损伤，可能降低其起吊能力，因此，较少在大型构件中使用套筒吊钉。

（3）平板吊钉适用于所有预制混凝土构件的起吊，尤其是墙板类薄型构件。平板吊钉的种类繁多，应根据厂家的产品手册和指南来选用。其优点是起吊方式简单，安全可靠，也得到越来越广泛的运用。

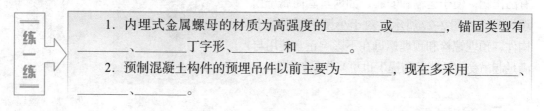

练一练

1. 内埋式金属螺母的材质为高强度的_____或_____，锚固类型有_____、_____丁字形、_____和_____。

2. 预制混凝土构件的预埋吊件以前主要为_____，现在多采用_____、_____。

## 三、预埋管线

预埋管线是指在预制构件中预先留设的管道、线盒。预埋管线是用来穿管或留洞口为设备服务的通道。例如，在建筑设备安装时穿各种管线用的通道（如强弱电、给水、燃气等）。预埋管线通常为钢管、铸铁管或PVC管。

## 四、螺栓与内埋式螺栓

装配式混凝土建筑用到的螺栓包括楼梯和外挂墙板安装用的螺栓，宜选用高强度螺栓或不锈钢螺栓。高强度螺栓应符合《钢结构高强度螺栓连接技术规程》（JGJ 82—2011）的有关要求。

内埋式螺栓是预埋在混凝土中的螺栓，螺栓端部焊接锚固钢筋。焊接焊条应选用与螺栓和钢筋适配的焊条。

## 五、防雷引下线

防雷引下线埋置在外墙装配式混凝土建筑构件中，通常用 25 mm×4 mm 镀锌扁钢、圆钢或镀锌钢绞线等。日本用直径为 10 ～ 15 mm 的铜线。防雷引下线应满足《建筑物防雷设计规范》(GB 50057—2010) 的有关要求。

## 六、保温材料

"三明治"夹芯外墙板夹芯层中的保温材料宜采用挤塑聚苯乙烯板 (XPS)、硬泡聚氨酯 (PUR)、酚醛等轻质高效保温材料。保温材料应符合现行国家有关标准的规定。

## 七、建筑密封胶

装配式混凝土建筑外墙板和外墙构件接缝需用建筑密封胶，有如下要求：

（1）建筑密封胶应与混凝土具有相容性。没有相容性的密封胶粘不住，容易与混凝土脱离。国外装配式混凝土结构密封胶特别强调这一点。

（2）密封胶性能应满足《混凝土接缝用建筑密封胶》(JC/T 881—2017) 的规定。

（3）《装配式混凝土结构技术规程》( JGJ 1—2014 ) 要求：硅酮、聚氨酯聚硫密封胶应分别符合《硅酮和改性硅酮建筑密封胶》(GB/T 14683—2017 )、《聚氨酯建筑密封胶》(JC/T 482—2022 ) 和《聚硫建筑密封胶》(JC/T 483—2022 ) 的规定。

（4）应当具有较好的弹性，可压缩比率大。

（5）具有较好的耐候性、环保性及可涂装性。

（6）接缝中的背衬可采用发泡氯丁橡胶或聚乙烯塑料棒。

**提示：** 扫描二维码，了解 MS 胶介绍。

MS 胶介绍

MS 胶具有哪些特点？

## 八、密封橡胶条

装配式混凝土建筑所用密封橡胶条用于板缝节点处，与建筑密封胶共同构成多重防水体系。密封橡胶条是环形空心橡胶条，应具有较好的弹性、可压缩性、耐候性和耐久性，如图 2-31、图 2-32 所示。

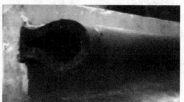

图 2-31　密封橡胶条　　　　　　图 2-32　不同形状的密封橡胶条

## 九、石材反打材料

石材反打是将石材反铺到装配式混凝土建筑构件模板上，用不锈钢挂钩将其与钢筋连接，然后浇筑混凝土，装饰石材与混凝土构件结合为一体。

1. 石材

用于反打工艺的石材应符合《金属与石材幕墙工程技术规范》(JGJ 133—2001）的要求。石材厚度为 25 ～ 30 mm。

2. 不锈钢挂钩

反打石材背面安装的不锈钢挂钩，直径不小于 4 mm，如图 2-33、图 2-34 所示。

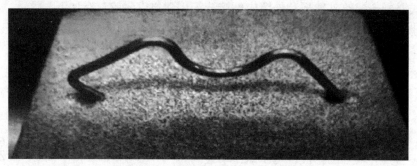

图 2-33　安装中的反打石材挂钩

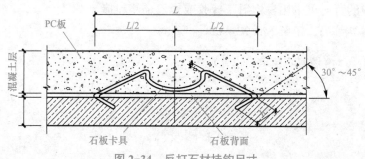

图 2-34　反打石材挂钩尺寸

3. 隔离剂

反打石材工艺须在石材背面涂刷一层隔离剂，该隔离剂是低黏度的，具有适应温差、抗污染、附着力强、抗渗透、耐酸碱等特点。用在反打石材工艺的一个目的是防止泛碱，避免混凝土中的"碱"析出石材表面；另一个目的是防水；还有一个目的是减小石材与混凝土因温度变形不同而产生的应力。

## 十、反打装饰面砖

外墙瓷砖反打工艺如图 2-35 所示。反打瓷砖与其他外墙装饰面砖没有区别。日本装配式混凝土建筑应用非常多。其做法是在瓷砖订货时将瓷砖布置详图发送给瓷砖厂，瓷砖厂按照布置图供货，特殊构件定制。如图 2-36 所示，瓷砖反打的装配式混凝土建筑板，瓷砖就是供货商按照设计要求配置的，转角瓷砖是定制的。

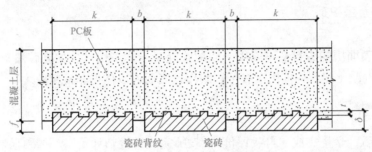

图 2-35　装配式混凝土建筑构件外墙瓷砖反打工艺

$\delta$—瓷砖厚度；$k$—瓷砖宽度；$b$—瓷砖间隙；$t$—瓷砖背纹深度；$f$—瓷砖外露深度

表面不做乳胶漆、真石漆、氟碳漆处理的装饰性装配式混凝土建筑墙板或构件，如清水混凝土质感、彩色混凝土质感、剔凿质感等，应涂刷透明的表面保护剂，以防止污染或泛碱，提高耐久性。

表面保护剂按照工作原理可分为涂膜和浸渍两类。涂膜就是在装配式混凝土建筑构件表面形成一层透明的保护膜；浸渍是将保护剂渗入装配式混凝土建筑构件表面层，使之密致。这两种方法也可以同时采用。表面

图 2-36　装配式混凝土建筑构件瓷砖反打工艺实例

保护剂多为树脂类，包括丙烯酸硅酮树脂、聚氨酯树脂、氟树脂等。表面防护剂需要保证防护效果，不影响色彩与色泽，有较高的耐久性。

## 十一、GRC

非夹芯保温的装配式混凝土建筑外墙板保温层的保护板可以采用 GRC 装饰板。GRC 为 Glass Fibre Reinforced Concrete 的缩写，即玻璃纤维增强混凝土，是由水泥、砂子、水、玻璃纤维、外加剂，以及其他骨料与混合物组成的复合材料。GRC 装饰板厚度为 15 mm，抗弯强度可达 18 N/mm²，是普通混凝土的 3 倍，具有壁薄体轻、造型随意、质感逼真的特点，GRC 板表面可以附着 5 ～ 10 mm 厚的彩色砂浆面层。

## 十二、超高性能混凝土

非夹芯保温的装配式混凝土建筑外墙板保温层的保护板可以采用超高性能混凝土墙板。

超高性能混凝土（Ultra-High Performance Concrete，UHPC）也称为活性粉末混凝土（Reactive Powder Concrete，RPC），是最新的水泥基工程材料，主要材料有水泥、石英砂、硅灰和纤维（钢纤维或复合有机纤维）等。板厚为 10 ～ 15 mm，抗弯强度可达 20 N/mm²，是普通混凝土的 3 倍以上，具有壁薄体轻、造型随意、质感逼真、强度高、耐久性好的特点，表面可以附着 5 ～ 10 mm 厚的彩色砂浆面层。

### 十三、表面保护剂

建筑抹灰表面用的漆料都可以用于装配式混凝土建筑构件，如乳胶漆、氟碳漆、真石漆等。装配式混凝土建筑构件由于在工厂制作，表面可以做得非常精致。

🔊 **考核评价**

任务完成后，学生完成"自我评价"，教师完成"教师评价"，并整理课堂练习，完成任务评价表 2-2。

表 2-2　任务评价表

| 序号 | 评价内容 | 分值分配 | 学生自评 | 小组互评 | 教师评价 |
|------|----------|----------|----------|----------|----------|
| 1 | 能提前进行课前预习、熟悉任务内容 | 10 | | | |
| 2 | 能熟练、多渠道地查找参考资料 | 10 | | | |
| 3 | 能认真听讲，勤于思考 | 20 | | | |
| 4 | 能正确回答问题和课堂练习 | 40 | | | |
| 5 | 能在规定时间内完成教师布置的各项任务 | 20 | | | |
| 6 | 合计 | 100 | | | |

## 小　结

预制混凝土构件中常用的材料和配件主要包括混凝土、钢筋、保温材料、拉结件、埋螺栓、吊钉、灌浆套筒、线盒等。本项目对常用材料和配件作出简单介绍，让学生对装配式材料有了初步的认知和了解。

## 巩固提高

### 一、单选题

1.（　　）是由水泥、粗骨料（碎石或卵石）、细骨料（砂）、外加剂和水拌和，经硬化而成的一种人造石材。

　　A．混凝土　　　　　B．砖　　　　　C．水泥　　　　　D．石子

2.（　　）具有较好的抗拉、抗压强度，同时与混凝土之间具有很好的握裹力，两者结合在一起共同工作。

　　A．木材　　　　　　B．砌块　　　　　C．水泥　　　　　D．钢筋

3．不同的保温材料性能各异，材料的（　　）大小是衡量保温材料的重要指标。

　　A．密度　　　　　　B．厚度　　　　　C．价格　　　　　D．导热系数

## 二、多选题

1．常用的保温材料有（　　）。

　　A．聚苯板　　　　　B．挤塑聚苯板　　C．石墨聚苯板　　D．真金板

2．常用的外墙保温连接件有（　　）。

　　A．玻璃纤维拉结件　　　　　　　　　B．限位拉结件

　　C．不锈钢平面保温拉结件　　　　　　D．不锈钢筒状拉结件

3．预埋吊钉的形式有（　　）。

　　A．套筒吊钉　　　　　　　　　　　　B．圆头吊钉

　　C．平板吊钉　　　　　　　　　　　　D．玻璃纤维拉结件

4．预制构件之间纵向受力钢筋的连接形式有（　　）和（　　）两种。

　　A．焊接　　　　　　　　　　　　　　B．浆锚搭接连接

　　C．钢筋套筒灌浆连接　　　　　　　　D．绑扎搭接连接

5．预制混凝土表面粗糙面处理的方法有（　　）。

　　A．缓凝水冲　　　　B．键槽处理　　　C．机械凿毛　　　D．人工凿毛

## 三、判断题

1．人工凿毛法是使用专门的小型凿岩机配置梅花平头钻，剔除结合面混凝土的表皮，增加结合面的粘结粗糙度。　　　　　　　　　　　　　　　　　　　（　　）

2．直径大于20 mm的钢筋不宜采用浆锚搭接连接。直接承受动力荷载构件的纵向钢筋不应采用浆锚搭接连接。　　　　　　　　　　　　　　　　　　　（　　）

3．钢筋灌浆套筒依据传力形式可分为全灌浆套筒和半灌浆套筒两种形式。（　　）

4．当保温拉结件与预制构件中的钢筋、预埋件等碰撞时，允许在50 mm范围内移动拉结件，避开钢筋和预埋件。　　　　　　　　　　　　　　　　　　　（　　）

## 四、填空题

1．_____是指在预制构件中预先留设的管道、线盒。

2．_____是将螺栓预埋在预制混凝土构件中，留出的螺栓丝扣用来固定构件，可起到连接固定作用。

# 项目三  装配式混凝土建筑预制构件生产制作

## 港珠澳大桥沉管预制的"世界级工厂"

港珠澳大桥是我国境内一座连接香港、珠海和澳门的桥隧工程，位于广东省珠江口伶仃洋海域内，全长 55 km。为了确保沉管预制质量可靠，建设者需要采用工厂化预制的方法，在当时"工厂法"预制仅是世界第二例，而且港珠澳大桥的沉管规模大、设计复杂，每节重约为 8 万吨，排水量甚至超过了"辽宁"舰，这就需要一座世界级的沉管预制厂。2010 年 12 月 28 日，随着第一声爆破声从桂山牛头岛响起，四航局建设者开始了预制厂的爆破开挖作业，在连续鏖战的 14 个月里，厂区爆破开挖量约为 200 万立方米，混凝土浇筑量约为 13 万立方米，建设者在牛头岛平地建起一座面积超过 10 个足球场的"世界级工厂"，为岛隧工程建设全面转入沉管预制打下了坚实的基础。图 3-1 所示为港珠澳大桥沉管预制工厂。

图 3-1  港珠澳大桥沉管预制工厂

国家领导人称赞："港珠澳大桥的建设创下多项世界之最，非常了不起，体现了一个国家逢山开路、遇水架桥的奋斗精神，体现了我国综合国力、自主创新能力，体现了勇创世界一流的民族志气"。

## 知识目标

1. 了解装配式建筑构件生产环境，熟悉装配式构件制作的设备、模具及工具。

2. 掌握装配式混凝土预制叠合板、预制框架梁、预制剪力墙、预制柱、预制楼梯的制作工艺。

1. 能进行预制构件制作图纸识读，根据图纸选择模具和组装工具，完成预制构件制作的准备工作。
2. 能进行画线操作与模具组装、校准。
3. 能进行模具清理与脱模剂涂刷，以及模具的清污、除锈、维护保养。
4. 能初步进行预制叠合板、框架梁、剪力墙、预制柱、预制楼梯的制作。
5. 能在生产线上进行构件养护、脱模、构件存放及防护的构件制作相关操作。

素质目标

1. 具有良好的职业道德精神，精益求精的工作态度，良好的沟通协调能力，热爱劳动，情绪稳定。
2. 在构件生产过程中严格遵守规范标准，有守法意识、节能意识、环保意识，实训操作过程中安全意识高，协作能力强。

思维导图

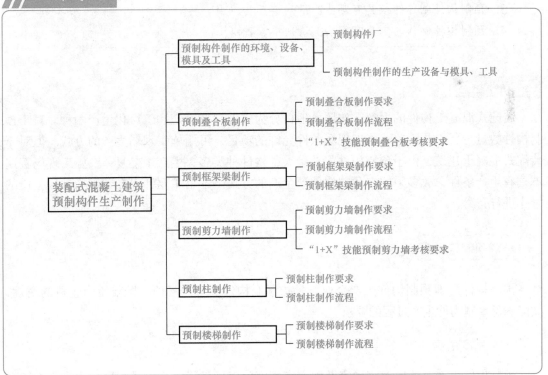

　　某园区一期综合楼 A 栋拟采用钢支撑—装配式钢筋混凝土框架结构，地下一层，地上九层，首层现浇，二层以上预制。结构上采用预制叠合板、预制叠合梁、预制柱、预制楼梯等组成装配式建筑结构体系。

　　外围护结构采用玻璃幕墙、铝板幕墙、漫反射玻璃等，满足装配式建筑要求。

　　内隔墙主要部分采用蒸压加气混凝土条板、轻钢龙骨墙体、玻璃隔断等，装修采用装配式全装修设计，且结构和机电管线分离。

　　该建筑物的装配率为 50% 以上，其中主体结构部分的预制构件包括预制叠合板、预制叠合梁、预制墙、预制柱、预制楼梯。

　　1. 预制构件在哪里制作？有什么要求？收集本地两家有影响力的预制构件制造厂的相关情况。

　　2. 预制构件制作的设备主要有哪些？请列举 5 种以上。

　　3. 预制构件制作的模具有哪些？请列举 5 种以上。

　　4. 预制构件制作的工具有哪些？请列举 5 种以上。

　　装配式混凝土构件的生产，按照场地可分为施工现场生产和工厂化生产两种。对于预制构件数量少、工艺简单、施工现场条件允许的项目，可用施工现场生产的方式。但对于装配式混凝土建筑，由于预制构件需求量大，构件种类多，生产工艺复杂，施工现场普遍不具有生产条件，故多采用在预制构件厂生产的方式。本书主要针对在预制构件厂生产的方式进行介绍。

### 一、预制构件厂

　　预制构件厂即预制构件生产企业，是指预制构件的生产场所，既要符合企业的属性，又能满足预制构件生产过程的要求。

#### （一）生产企业

　　预制构件生产企业应遵守国家及地方有关部门对硬件设施、人员配置、质量管理体系和质量检测手段等的规定。

（1）生产单位应具备保证产品质量要求的生产工艺设施、试验检测条件，建立完善的质量管理体系和制度。完善的质量管理体系和制度是质量管理的前提条件与企业质量管理水平的体现。质量管理体系中应建立并保持与质量管理有关的文件形成和控制工作程序。该程序应包括文件的编制（获取）、审核、批准、发放、变更和保存等。

（2）生产单位宜建立质量可追溯的信息化管理系统。生产单位宜采用现代化的信息管理系统，并建立统一的编码规则和标志系统。信息化管理系统应与生产单位的生产工艺流程相匹配，贯穿整个生产过程，并应与构件 BIM 模型有接口，有利于在生产全过程中控制构件生产质量，精确算量，并形成生产全过程记录文件及影像。预制构件表面预埋带无线射频芯片的标志卡（RFID 卡），有利于实现装配式建筑质量全过程控制和追溯，芯片中应存入生产过程及质量控制的全部相关信息。

（3）生产单位的检测、试验、张拉、计量等设备及仪器仪表均应检定合格，并应在有效期内使用。不具备试验能力的检验项目，应委托第三方检测机构进行试验。在预制构件生产质量控制中需要进行有关钢筋、混凝土和构件成品等的日常试验和检测。预制构件企业应配备开展日常试验检测工作的实验室。通常，生产单位实验室应满足产品生产用原材料必试项目的试验检测要求，其他试验检测项目可委托有资质的检测机构。

（4）重视人员培训，逐步建立专业化的施工队伍。根据装配式混凝土构件生产技术特点和管理要求，对管理人员及作业人员培训，严禁未培训上岗及培训不合格者上岗。同时，要建立完善的内部教育和考核制度，通过定期培训考核和劳动竞赛等形式提高职工素质。

练一练

1. 预制构件生产企业应遵守国家及地方有关部门对硬件设施、_____、质量管理体系和_____等的规定。

2. 预制构件表面预埋_____，有利于实现装配式建筑质量全过程控制和追溯，芯片中应存入生产过程及质量控制全部相关信息。

## （二）厂址建设

预制构件生产企业在进行构件厂建设时，应充分考虑以下因素。

### 1. 生产规模

生产规模就是构件生产企业每单位时间内可生产出符合国家规定质量标准的量。生产规模大的企业可以为更多的建设项目提供预制构件，更好地为建设行业和广大人民服务，同时，也能为企业创造更多的效益。但是，如果生产规模超过了当时装配式项目的市场占有率，就非常容易造成订单不饱满、生产线闲置的现象，造成企业资源的浪费。

### 2. 厂址定位

在确定厂址时，应充分考虑其与主要供货市场的运输距离。运输距离的增加往往会造成运输成本的增加，对生产企业不利。此外，还应考虑构件厂与主要生产原料供应企业的关系，便于企业购进原材料。由于预制构件生产具有较强的污染性，建议将构件厂的厂址选择在郊区或远离人们生活聚居区的地点。预制构件厂外景如图 3-2 所示。

图 3-2　预制构件厂外景

### 3. 良性发展

预制构件生产企业应积极吸纳先进的生产工艺，提高构件厂生产的机械化水平。构件厂应有符合标准的环保和节能的设备与技术，以及有符合相关标准要求的试验检验设备。

### （三）厂区规划

#### 1. 规划设计的原则

（1）总平面设计必须执行国家的方针政策，按设计任务书进行。

（2）总平面设计必须以所在城市的总体规划、区域规划为依据，并应符合总体布局规划要求，如场地出入口位置、建筑体形、层数、高度、公建布置、绿化、环境等都应满足规划要求，与周围环境协调统一。同时，建设项目内的道路、管网应与市政道路与管网合理衔接，以满足生产要求，方便生活。

（3）总平面设计应结合地形、地质、水文、气象等自然条件，依山就势，因地制宜。

（4）建筑物之间的距离应满足生产、防火、日照、通风、抗震及管线布置等各方面要求。

（5）结合地形，合理地进行用地范围内的建筑物、构筑物、道路及其他工程设施之间的平面布置。

#### 2. 主要建设内容

（1）生产车间。

（2）成品堆场。

（3）办公及生活配套设施。

（4）锅炉房、搅拌站等生产配套设施。

（5）园区综合管网。

（6）成品展示区。

#### 3. 工厂设施布置

预制构件工厂设计的核心内容之一是厂内设施布置，即合理选择厂内设施（如混凝土搅拌、钢筋加工、预制、存放等生产设施，以及实验室、锅炉、配电室、生活区、办公室等辅助设施）的合理位置及关联方式，使各种物资资源高效组合为产品服务。

按照系统工程的观点，设施布置在提高设施系统整体功能上的意义比设备先进程度更大。在进行设施布置时，尽可能考虑遵守以下原则并考虑搬运要求：

（1）系统性原则。整体优化，不追求个别指标先进。

（2）近距离原则。在环境与条件允许的情况下，设施之间距离最短，减少无效运输，降低物流成本。

（3）场地与空间有效利用原则。空间充分利用，有利于节约资金。

（4）机械化原则。既要有利于自动化的发展，还要留有适当的余地。

（5）安全、方便原则。保证安全，不能一味追求运输距离最短。

（6）投资建设费用最少原则。使用最少的投资达到系统功能要求。

（7）便于科学管理和信息传递原则。信息传递与管理是实现科学管理的关键。

练一练

1. 简述工厂设施布置的原则。

2. 根据厂区规划设计的原则及主要建设内容，手绘一幅混凝土预制构件工厂的布置简图（要求：只要符合以上预制构件厂区规划设计原则与建设内容即可，没有标准答案，教师根据学生完成情况进行点评、指导）。

### （四）生产工艺布置

流水生产组织是大批量生产的典型组织形式。在流水生产组织中，劳动对象按制定的工艺路线及生产节拍，连续不断地按顺序通过各个工位，最终形成产品。这种生产方式工艺过程封闭，各工序时间基本相等或成简单的倍数关系，生产节奏性强，过程连续性好，能采用先进、高效的技术装备，能提高工人的操作熟练程度和效率，缩短生产周期。

按流水生产要求设计和组织的生产线称为流水生产线，简称流水线。按生产节拍性质可分为强制节拍流水线和自由节拍流水线；按自动化程度可分为自动化流水线、机械化流水线和手工流水线；按加工对象移动方式可分为移动式流水线和固定式流水线；按加工对象品种可分为单品种流水线和多品种流水线。结合以上划分原则，在各类预制构件方面典型的流水生产类型包括以下几项。

#### 1. 固定模台法

固定模台法的主要特点是模台固定不动，通过操作工人和生产机械的位置移动来完成构件的生产。固定模台法具有适用性好、管理简单、设备成本较低的特点；但难以实现机械化，人工消耗较多（图3-3）。这种生产方式主要应用于生产车间的自动化、机械化实力较弱的生产企业，或者用于生产同种产品数量少、生产难度大的预制构件的生产企业。

#### 2. 流动模台法

流动模台法是指在线上按工艺要求依次设置若干操作工位，工序交接时模台可沿生产线行走，构件生产时模台依次在正在进行的工艺工位停留，直至最终生产完成。这种生产方式机械化程度高，生产效率也高，可连续循环作业，便于实现自动化生产。目前，大多数预制构件生产线均采用流动模台法（图3-4）。该方式为多品种、柔性节拍，移动式自动化生产线。本书主要以流动模台法生产方式为例进行生产工艺的介绍。

图3-3　固定模台法工厂内景

图3-4　流动模台法工厂内景

想一想 ⇒ 将来走上工作岗位，你希望在固定模台的生产线上工作还是流动模台的生产线上工作？为什么？

## 二、预制构件制作的生产设备与模具、工具

### （一）预制构件制作的生产设备

预制构件生产设备通常包括混凝土制造设备、钢筋加工组装设备、材料出入及保管设备、成型设备、加热养护设备、搬运设备、起重设备、测试设备等。下面主要介绍流动模台法中常用的主要设备，包括模台、模台辊道、模台清理喷涂机、画线机、混凝土送料机、混凝土布料机、混凝土振动台、抹光机、拉毛机、蒸养窑、翻转机、脱模机等。

**1. 模台**

模台（图 3-5）是预制构件生产的作业面，也是预制构件的底模板。目前，常用的模台有不锈钢模台和碳钢模台。模台面板宜选用整块的钢板制作，模台支撑结构可选用工字钢或槽钢，为了防止焊接变形，大模台最好设计成单向板的形式，钢板厚度不宜小于 10 mm。其尺寸应满足预制构件的制作尺寸要求，一般不小于 3 500 mm×9 000 mm。模台表面必须平整，表面高低差在任意 2 000 mm 长度内不得超过 2 mm，在气温变化较大的地区应设置伸缩缝。

**2. 模台辊道**

模台辊道（图 3-6）是实现模台沿生产线机械化行走的必要设备。模台辊道由两侧的辊轮组成，工作时，辊轮同向辊动，带动上面的模台向下一道工序的作业地点移动。模台辊道应能合理控制模台的运行速度，并保证模台运行时不偏离、不颠簸。此外，模台辊道的规格应与模台对应。

图 3-5　模台

图 3-6　模台辊道

**3. 模台清理喷涂机**

模台清理喷涂机是对模台表面进行清理和喷涂脱模剂等生产所需剂液的一体化设备。目前，国内预制构件生产企业发展水平不均衡，部分发展相对滞后的企业依然由人工来完成这部分工作。有时模台清理机（图 3-7）与喷涂机（图 3-8）是分开的。

图 3-7　模台清理机

图 3-8　模台喷涂机

### 4. 画线机

画线机是通过数控系统控制，根据设计图纸要求，在模台上进行全自动画线的设备（图 3-9）。相较于人工操作，画线机不仅对构件的定位更加准确，并且可以大大缩短画线作业的时间。

### 5. 混凝土送料机

混凝土送料机是向混凝土布料机输送混凝土拌合物的设备（图 3-10）。目前，生产企业普遍应用的混凝土输送设备可通过手动、遥控和自动三种方式接收指令，按照指令以指定的速度移动或停止、与混凝土布料机联动或终止联动。

图 3-9　画线机

图 3-10　混凝土送料机

### 6. 混凝土布料机

混凝土布料机是预制构件生产线上向模台上的模具内浇筑混凝土的设备（图 3-11）。混凝土布料机应能在生产线上纵向、横向移动，以满足将混凝土均匀浇筑在模具内的要求。布料机的储料斗应有足够的储料容量以保证混凝土浇筑作业的连续进行。布料口的高度应可调试或处于满足混凝土浇筑中自由下落高度的要求。布料机应有下料速度变频控制系统，实时调整下料速度。

图 3-11　混凝土布料机

### 7. 混凝土振动台

混凝土振动台是预制构件生产线上用于实现混凝土振捣密实的设备（图 3-12）。振动台下有电动机带动振动台振动。振动台具有振捣密实度好、作业时间短、噪声小等优点，非常适用于预制构件流水生产。待振捣的预制混凝土构件必须牢固固定在工作台面上，构件不宜在工作台面上偏置，以保证振动均匀。振动台开启后振捣首个构件前需先试车，待空载 3 ～ 5 min 确定无误后方可投入使用。生产过程中如发现异常，应立即停止使用，待找出故障并修复后才能重新投入生产。

图 3-12　混凝土振动台

8. 抹光机

混凝土浇筑后应充分有效振捣，避免出现漏振造成的蜂窝、麻面现象。混凝土振捣后应当至少进行一次抹压。构件浇筑完成后进行抹光处理，抹光过程应检查是否存在外露的钢筋及预埋件，若存在可按照要求调整。抹光可分为人工抹压收光和机械抹压收光两种，如图 3-13 所示。

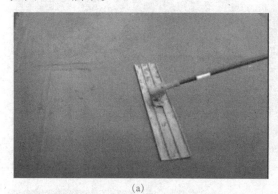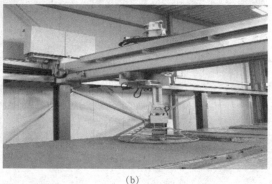

(a)　　　　　　　　　　　　　　　　　(b)

图 3-13　构件浇筑完后抹压收光
(a) 人工抹压收光；(b) 机械抹压收光

9. 拉毛机

混凝土浇筑时，应采取可靠措施按照设计要求在混凝土构件表面制作粗糙面和键槽。构件表面拉毛处理可以使预制构件表面粗糙度增大，便于后续的粘结工序，是预制构件制作重要的加工程序。拉毛加工需要使用拉毛机。图 3-14 所示为用于制作混凝土构件粗糙面的拉毛机。

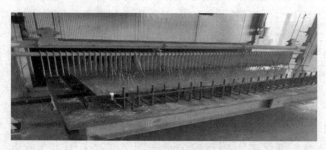

图 3-14　拉毛机

## 10. 蒸养窑

预制构件在生产过程中，混凝土养护采用在蒸养窑（图 3-15）里蒸汽养护的做法。蒸养窑的尺寸、承重能力应满足待蒸养构件的尺寸和质量的要求，且其内部应能通过自动控制或远程手动控制对蒸养窑每个分仓里的温度进行控制。窑门启闭机构应灵敏、可靠，封闭性能强，不得泄漏蒸汽。此外，预制构件进出蒸养窑时需要模台存取机（图 3-16）配合。

图 3-15　蒸养窑　　　　　　　　　　图 3-16　模台存取机

## 11. 翻转机

翻转机是用于翻转预制构件，使其调整到设计起吊状态的机械设备（图 3-17）。

图 3-17　翻转机

## 12. 脱模机

脱模机是待预制构件达到脱模强度后将其吊离模台所用的机械（图 3-18）。脱模机应有框架式吊梁，起吊脱模时按构件设计吊点起吊，并保持各吊点的垂直受力。

图 3-18　脱模机

预制构件的生产设备有哪些？特点是什么？填入表 3-1。

表 3-1　预制构件的生产设备、用途及特点

| 序号 | 设备名称 | 用途及特点 | 备注 |
|---|---|---|---|
|  |  |  |  |
|  |  |  |  |
|  |  |  |  |
|  |  |  |  |
|  |  |  |  |

## （二）模具

模具是专门用来生产预制构件的各种模板系统，可采用固定在生产场地的固定模具，也可采用移动模具。预制构件生产模具主要以钢模为主，对于形状复杂、数量少的构件也可采用木模或其他材料制作。清水混凝土预制构件建议采用精度较高的模具制作。流水线平台上的各种边模可采用玻璃钢、铝合金、高品质复合板等轻质材料制作。模具和台座的管理应由专人负责，并应建立健全的模具设计、制作、改制、验收、使用和保管制度。

### 1. 模具设计原则

在预制构件的生产过程中，模具设计优劣直接决定了构件的质量、生产效率及企业的成本，应引起足够的重视。模具设计应遵循以下原则：

（1）质量可靠。模具应能保证构件生产的顺利进行，保证生产出的构件的质量符合标准。因此，模具本身的质量应可靠。这里所说的质量可靠，不仅是指模具在构件生产时不变形、不漏浆，还指模具的方案应能实现构件的设计意图。这就要求模具应有足够的强度、刚度和稳定性，并应满足预制构件预留孔洞、插筋、预埋吊件及其他预埋件的要求。跨度较大的预制构件和预应力构件的模具应根据设计要求预设反拱。

（2）方便操作。模具的设计方案应能方便现场工人的实际操作。模具设计应保证在不损失模具精度的前提下合理控制模具组装时间，拆模时在不损坏构件的前提下方便工人拆卸模板。这就要求模具设计人员必须充分掌握构件的生产工艺。

（3）通用性强。模具设计方案还应实现模具的通用性，提高模具的重复利用率。对模具的重复利用，不仅能够降低构件生产企业的生产成本，也是节能环保、绿色生产的要求。

（4）方便运输。这里所说的运输是指模具在生产车间内的位置移动。构件在生产过程中，模具的运输是非常普遍的一项工作，其运输的难易程度对生产进度影响很大。因此，应通过受力计算尽可能地降低模板质量，力争运输过程中不使用起重机，只需工人配合简单的水平运输工具就可以实现模具运输工作。

（5）使用寿命。模具的使用寿命将直接影响构件的制造成本。所以，在模具设计时，应考虑赋予模具合理的刚度，增加模具周转次数，以避免模具损坏或变形，节省模具修补或更换的追加费用。

## 2. 模具设计要求

预制构件模具以钢模为主，面板主材选用 Q235 钢板，支撑结构可选用型钢或钢板，规格可根据模具形式选择，应满足以下要求：

（1）模具应具有足够的承载力、刚度和稳定性，保证在构件生产时能承受浇筑混凝土的质量、侧压力及工作荷载。

（2）模具应支拆方便，且应便于钢筋安装和混凝土浇筑、养护。

（3）模具的部件与部件之间应连接牢固；预制构件上的预埋件均应有可靠的固定措施。

## 3. 预制构件模具设计要点

（1）预制柱模具设计要点。预制柱多采用平模生产，底模采用钢制模台或混凝土底座，两边侧模和两边端模通过螺栓与底模相互固定。钢筋通过端部模板的预留孔出筋，如图 3-19 所示。

图 3-19　预制柱模具

（2）预制梁模具设计要点。预制梁可分为叠合梁和整体预制梁。预制梁多采用平模生产，采用钢制模台或混凝土底座做底模，两边侧模和两边端模螺栓连接组成预制梁模具，上部采用角钢连接加固，防止浇筑混凝土时侧面模板变形。上部叠合层钢筋外露，两端的连接筋通过端模的预留孔伸出，如图 3-20 所示。

（3）叠合板模具设计要点。根据叠合板的高度，可选用相应的角铁作为边模。当叠合板四边有倒角时，可在角铁上后焊接一块折弯后的钢板。由于角铁组成的边模上开了许多豁口（供胡子筋伸出），导致长向的刚度不足，故需要在侧模上设置加强肋板，间距为 400～500 mm（图 3-21）。

图 3-20　预制叠合梁模具

图 3-21　叠合板模具

（4）内墙板模具设计要点。由于内墙板就是混凝土实心墙体，一般无特殊造型。为了便于加工，可选用槽钢作为边模。内墙板两侧面和上表面均有外露筋且数量较多，需要在槽钢上开许多豁口，导致边模刚度不足，周转中容易变形，所以应在边模上增设肋板（图3-22）。

（5）外墙板模具设计要点。外墙板一般采用"三明治"结构。为实现外立面的平整度，外墙板多采用反打工艺生产。根据浇筑顺序，模具可分为两层：第一层为外叶层和保温层；第二层为内叶层。因为第一层模具是第二层模具的基础，在第一层的连接处需要加固。第二层的结构层模具同内墙板模具形式。结构层模具的定位螺栓较少，故需要增加拉杆定位，防止胀模（图3-23）。预制构件的边模还可以用磁盒固定。在模台上用磁盒固定边模具有简单方便的优势，能够更好地满足流水线生产节拍需要。

图3-22　内墙板模具

图3-23　外墙板模具

（6）楼梯模具设计要点。楼梯模具分为卧式和立式两种（图3-24）。卧式模具占用场地大，需要压光的面积也大，构件需要多次翻转，故推荐设计为立式楼梯模具。楼梯模具设计的重点为楼梯踏步的处理，由于踏步呈波浪形，钢板需折弯后拼接，拼缝的位置宜放在既不影响构件效果又便于操作的位置，拼缝的处理可采用焊接或冷拼接工艺。需要特别注意拼缝处的密封性，严禁出现漏浆现象。

图3-24　楼梯模具

4. 模具的制作

模具的制作加工工序可概括为开料、零件制作、拼装成模。

（1）开料。依照零件图将零件所需的各部分材料按图纸尺寸裁制。部分精度要求较高的零件、裁制好的板材还需要进行精加工来保证其尺寸精度符合要求。

（2）零件制作。将裁制好的材料依照零件图进行折弯、焊接、打磨等制成零件。部分零件因其外形尺寸对产品质量影响较大，为保证产品质量，焊接好的零件还需对其局部进行精加工。

（3）拼装成模。将制成的各零件依照组装图拼模。拼模时，应保证各相关尺寸达到精度要求。待所有尺寸均符合要求后，安装定位销及连接螺栓，随后安装定位机构和调节机构。再次复核各相关尺寸，若无问题，模具即可交付使用。

5. 模具的使用要求

（1）由于每套模具被分解得较零碎，应对模具按顺序统一编号，防止错用。

（2）模具组装时，边模上的连接螺栓和定位销一个都不能少，必须紧固到位。为了构件脱模时边模顺利拆卸，防漏浆的部件必须安装到位。

（3）在预制构件蒸汽养护之前，应将吊模和防漏浆的部件拆除。吊模是指下部没有支撑而悬吊在空中的模板，多采用悬吊等方式固定。选择此时拆除的原因是吊模好拆卸，在流水线上不占用上部空间，可降低蒸养窑的层高；混凝土强度很低，防漏浆的部件很容易拆除，若等到脱模时，防漏浆部件、混凝土和边模会紧紧地粘在一起，极难拆除。因此，防漏浆部件必须在蒸汽养护之前拆掉。

（4）当构件脱模时，首先将边模上的连接螺栓和定位销全部拆卸掉，为了保证模具的使用寿命，禁止使用大锤。

（5）在模具暂时不使用时，应对模具进行养护，需要在模具上涂刷一层机油，防止腐蚀。

练一练

1. 模具设计原则有_____、_____、_____、_____、_____。
2. 模具的制作加工工序可概括为_____、_____、_____。
3. 简述常用模具的类型及设计要点。

## （三）构件生产常用工具

### 1. 磁性固定装置

预制构件生产中的磁性固定装置包括边模固定磁盒（图3-25）及其连接附件、磁力边模、磁性倒角条与各种预埋件固定磁座。使用磁性固定装置，对模台不造成任何损伤，拆卸快捷方便，磁盒可以重复使用，不但提高效率，也具有很高的经济实用性。现如今磁性固定装置已经在国内得到越来越广泛的重视和应用。

图3-25　边模固定磁盒

边模固定磁盒可利用强磁芯与钢模台的吸附力，通过导杆传递至不锈钢外壳上，用卡口横向定位，同时用高硬度可调节紧固螺钉产生强大的下压力，直接或通过其他紧固件传递压力，从而将模具牢牢地固定于模台上。

2. 接驳器

接驳器是使两种构件无缝连接的工具。在预制混凝土构件生产中，接驳器多指预制构件与吊运设备连接的工具。

随着预制构件的制作和安装技术的发展，国内外出现了多种新型的专门用于连接新型吊点的接驳器，包括各种用于圆头吊钉的接驳器、套筒吊钉的接驳器（图 3-26）、平板吊钉的接驳器。它们具有接驳快速、使用安全等特点，得到了广泛应用。

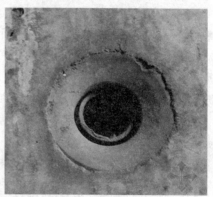

图 3-26　套筒吊钉的接驳器

3. 防尘盖和防尘帽

防尘盖和防尘帽（图 3-27）是用于保护密封内螺纹埋件，防止螺纹堵塞或受到污染锈蚀的工具。使用时，应保证防尘帽或防尘盖的规格与其所保护的螺纹埋件对应。防尘盖和防尘帽可以重复使用，但必须保证使用后及时拆卸、回收并清理保养。

4. 封浆插板

封浆插板是为了封堵边模"胡子筋"开槽，阻挡混凝土浆液溢出的工具（图 3-28）。其多用于边模为角钢、钢筋开口是 U 形槽的构件生产。使用时应注意，当混凝土接近无流动状态时应及时将封浆插板拆卸清理回收，以提高封浆插板的重复利用率。

图 3-27　防尘帽和防尘盖　　　　　　图 3-28　封浆插板

预制构件常用的工具有哪些？各有什么用途？

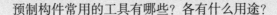 育人园地 　　模具小知识

混凝土预制构件质量好坏与模具息息相关，模具质量好不一定生产出合格的混凝土构件，但模具不合格一定生产不出合格的构件。

800多年前，南宋赵希鹄曾著有一册《洞天清录集》，书中写道："古者铸器，必先用蜡为模……"可见，"模"乃是一种规矩的样本。蜡塑形后成"模"，有了"模"，便能依照它的轮廓，用陶、金属在外面塑成"范"。外凸的称为"模"，内凹的称为"范"。模与范，这两件严丝合缝的东西，成为几千年来，人们铸造兵器、钱币、器物的规范模具，这就是模具的由来。

模由范生，范由模造。今天，"模"与"范"合称并一，人们用模范一词来形容值得仿效与学习的榜样，形容入丝入扣、最完美的事物与人。

中国古代的工匠以他们高超的技能，无限的创造力，将分范定型技术推向了极致，一套内外范，只能铸造一件青铜器。可以说每一件古代青铜器都是独一无二的。一件复杂的青铜器，则需要一个熟练的工匠经年累月细心工作方能完成，更是难得的艺术品。今天的工程建设者要想铸就精品工程也离不开规矩意识、探索精神、勤勉尽责的创业精神！

考核评价

任务完成后，学生完成"自我评价"，教师完成"教师评价"，整理课堂练习，完成任务评价表（表3-2）。

表3-2　任务评价表

| 序号 | 评价内容 | 分值分配 | 学生自评 | 小组互评 | 教师评价 |
|---|---|---|---|---|---|
| 1 | 能提前进行课前预习、熟悉任务 | 10 | | | |
| 2 | 能熟练、多渠道地查找参考资料 | 10 | | | |
| 3 | 能认真听讲，勤于思考 | 20 | | | |
| 4 | 能正确回答教师问题和课堂练习 | 40 | | | |
| 5 | 能在规定时间内完成各项任务 | 20 | | | |
| 6 | 合计 | 100 | | | |

# 任务二　预制叠合板制作

## 学习目标

1. 能够进行叠合板图纸的识读，根据图纸制订叠合板生产方案。
2. 掌握预制叠合板制作的工艺流程。
3. 能够进行叠合板生产过程中各工位的操作。

## 任务描述

　　某园区一期综合楼 A 栋为符合节能减排要求，根据国家装配式建设要求，拟采用预制叠合板进行施工，叠合板在装配式预制工厂完成制作，叠合板制作模板图如图 3-29 所示。根据给定图纸编制叠合板制作方案，根据方案要求完成叠合板的制作。园区一期综合楼 A 栋图纸可扫二维码获取，后续构件制作安装均以此套图纸为例，不再赘述。

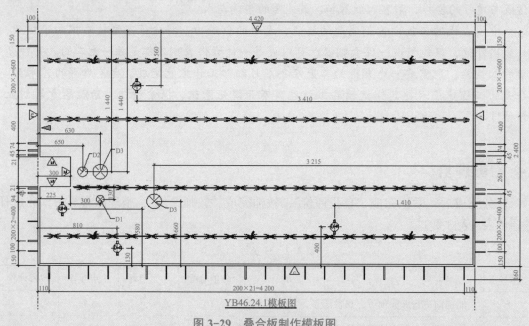

YB46.24.1模板图

图 3-29　叠合板制作模板图

某园区一期综合
楼 A 栋装配式
图纸

想一想

1. 识读图纸，列举叠合板的模具规格尺寸、叠合板钢筋数据。

2. 调研当地装配式预制构件厂叠合板制作的工位有哪些？

3. 预制叠合板制作的工艺流程有哪些？

4. 熟悉"1+X"装配式职业技能考试中对叠合板制作的考核要求。

## 任务内容

1. 完成混凝土叠合板的制作。
2. 制作过程中的注意事项。
3. 本部分内容为装配式建筑智能建造职业院校技能大赛国赛、省赛考核内容，通过本部分的学习，学生应做到课赛融通。
4. 本部分内容为"1+X"装配式建筑构件制作与安装职业技能等级证书考核内容，通过本部分的学习，学生应达到装配式职业技能考核的要求。

## 任务要求

1. 学生在教师指导下，熟悉各工位所提供的各种设备、工具。
2. 初步设计装配式混凝土叠合板制作方案。
3. 根据实训任务工单分组进行实训，每组4人。
4. 根据叠合板制作作业清单拟定的实训步骤进行操作（表3-3）。
5. 操作以学生为主，教师进行指导并做出评价。

构件制作实训
任务工单

6. 学生根据下面的实训任务工单，完成实训工作，任务工单在实训前以活页的形式发给学生。
7. 本部分工作内容需要在实训基地或实训场所进行操作完成。

表3-3 叠合板制作作业清单

| 序号 | 工位 | 叠合板制作材料及工具 | 作业过程 |
|---|---|---|---|
| 1 | 清模工位 | 台车模、挡边模、铁铲、刷子、扫把、撮箕、小推车、脱模油、图纸、海绵、水性笔、派工单、工衣、工鞋、厂牌、安全帽等 | 1. 清理边模；<br>2. 清理台车底模；<br>3. 清扫整顿；<br>4. 涂脱模剂或缓凝剂 |
| 2 | 模具检验工位 | 质量检验标准表、检验记录表、图纸、角尺、卷尺等 | 1. 边模拼装检验；<br>2. 模具尺寸检验；<br>3. 模具表面检验；<br>4. 台车底模检验 |

| 序号 | 工位 | 叠合板制作材料及工具 | 作业过程 |
|---|---|---|---|
| 3 | 预埋工位 | 油漆、毛笔、螺杆、螺母、PVC套管、物料篮、图纸、磁铁、扳手、卷尺、自检记录表、派工单、水性笔等 | 1. 预埋标示；<br>2. 预埋准备；<br>3. 放置定位磁铁；<br>4. 固定预埋件 |
| 4 | 置筋工位 | 钢筋网片、锚筋、加强筋、垫块、泡沫条、图纸、电动剪、行车、物料篮、吊具、扎丝、扎钩、自检记录表、派工单、水性笔等 | 1. 放置网片；<br>2. 切割网片和绑扎锚筋；<br>3. 绑扎桁架筋和加强筋；<br>4. 放置垫块和泡沫条 |
| 5 | 浇捣前检验 | 质量检验标准表、检验记录表、图纸、卷尺、桁架、V形盖板、水性笔等 | 1. 置筋检验；<br>2. 预埋检验；<br>3. 模具检验；<br>4. 台车整理 |
| 6 | 布料 | 混凝土、布料机、振动台、水性笔、图纸、对讲机、PC件生产任务流转单等 | 1. 报单上板；<br>2. 卸料；<br>3. 布料；<br>4. 振动卸板 |
| 7 | 后处理 | 铁铲、抹子、刷子、垃圾箱、物料篮、斗车、自检记录表、派工单、水性笔、扳手等 | 1. 表面检查；<br>2. 表面清理；<br>3. 表面处理；<br>4. 取预埋件 |
| 8 | 养护 | 养护窑、提升机、养护登记表、水性笔等 | 1. 进窑前；<br>2. 进窑；<br>3. 养护；<br>4. 出窑 |
| 9 | 成品吊装 | 毛笔、墨汁、行车、吊钩、铁锤、铁铲、扫把、撮箕、撬棍、回弹仪等 | 1. 台车上板；<br>2. 标示；<br>3. 起吊准备；<br>4. 起吊脱模 |
| 10 | 成品清理 | 铁铲、扫把、撮箕、小推车、垃圾桶、构件信息单、周转箱、自检记录表、派工单、水性笔等 | 1. PC构件清理；<br>2. 模具归位；<br>3. 地面清扫；<br>4. 贴合格证 |
| 11 | 成品检验 | 图纸、构件质量验收标准表、卷尺、印章、水性笔等 | 1. 表面检验；<br>2. 尺寸检验；<br>3. 预留检验；<br>4. 成品判定 |
| 12 | 成品入库 | 行车、吊钩、入库单、水性笔、木方等 | 1. 行车起吊；<br>2. 存放；<br>3. 卸钩；<br>4. 成品入库 |

预制叠合板制作的主要步骤包括模台清理、模具组装及检验、涂刷隔离剂、预埋件安装、钢筋骨架绑扎安装、浇筑混凝土、混凝土表面处理、养护、拆模、脱模和翻转起吊。

预制叠合板制作
工作手册

1. 模台清理（叠合板制作清模）

检查固定模台的稳固性能和水平高差，确保模台牢固和水平。对模台表面进行清理后采用手动抹光机进行打磨，确保无任何锈迹。模具清理和组模将钢模清理干净，无残留混凝土和砂浆。

（1）清理边模。用铁铲铲掉挡边模具三面残留的混凝土渣，采用顺时针方向的清理路线，针对单一边模先铲正面，再铲两侧面（模具拼接处不可遗漏），再使用刷子清扫。对应图纸将本次生产的构件型号和楼板方向标示在对应的模具挡边模上（图3-30）。

（2）清理底模。用铁铲清理台车模上残留的混凝土和预埋定位边线。按照从右到左、从上往下的清理路线（以放置图纸方位的台车边模为参考位置）进行清理（图3-31）。

图3-30 叠合板边模清理

图3-31 叠合板底模清理

（3）清扫整顿。用扫把分别将台车模具内外的混凝土渣等垃圾扫成堆，用撮箕将台车上所有混凝土渣等垃圾清理干净并倒入小推车的垃圾箱。将所有清扫工具清离台车，并放置在指定的工具架上，确认模内干净，无杂物。将脱模油用海绵涂抹或喷壶喷涂挡边模的所有外露面（包括正面和外侧面），再涂台车底模。

2. 模具组装

在起重机配合下，人工辅助进行模板侧模和端模拼装，用紧固螺栓将其固定，保证模具侧模的拼装尺寸及垂直度。组模时尺寸偏差不得超出相关规范要求。

3. 模具检验

模具组装完成后要对模具进行检验。

（1）边模拼装检验。检查边模是否有变型（弯曲度小于3 mm）否则用磁铁加以校正。挡边模具与台车粘合处缝隙小于2 mm，否则填补结构胶。检查型材倒角边与邻近边模的密合度，要求缝隙小于2 mm，否则填补结构胶。图3-32所示为边模拼装检验。

（2）模具尺寸检验。对照图纸检查内模尺寸，包括长度、宽度、对角线、与外模的相对位置尺寸。根据图纸要求检查左右挡边模抽头开槽数量及间距。根据图纸要求检查抽头槽口的宽度和深度。

（3）模具表面检验。检查边模是否清理干净，脱模油是否涂抹且均匀，检查边模开槽口内的混凝土渣是否清理干净。

（4）台车底模检验。检查台车底模是否干净，不能有脚印等任何污物。脱模油涂抹均匀且不能有积液，涂抹纹路方向一致，检查楼板标示方向是否与图纸一致（图3-33）。

图3-32　边模拼装检验　　　　　　　　　图3-33　模具表面、底模检验

4. 涂刷隔离剂

在将成型钢筋吊装入模之前涂刷模板和模台隔离剂，严禁涂刷到钢筋上。必须用抹布或海绵将过多流淌的隔离剂清理干净。隔离剂用海绵涂抹或喷壶喷涂挡边模的所有外露面（包括正面和外侧面），再涂刷台车底模（图3-34）。

图3-34　涂刷隔离剂

5. 预埋件安装

根据构件加工图，依次安装各类预埋件，并固定牢固。严禁预埋件的漏放和错放，在浇筑混凝土之前，检查所有固定装置是否有损坏、变形现象。

（1）预埋标示［图3-35（a）］。根据图纸用卷尺和笔标示预埋件中心点位置，以"＋"为标记。

（2）预埋准备［图3-35（b）］。根据图纸要求，准备好对应模具所需求的磁铁、螺杆、螺母、套管等，并放置在模具旁；根据图纸要求准备好相应的预埋件，并涂刷好脱模油放置在模具旁。

（3）放置定位磁铁［图3-35（c）］。将螺杆安装在磁铁螺纹孔内，注意螺杆不要露出磁铁的底面，将安装好螺杆的磁铁放置在预埋中心点标示的位置。

（4）固定预埋件［图3-35（d）］。根据预埋标示线，选择相对应的预埋件放置在标示线内，再用螺母将预埋件固定锁紧，然后逐一将PVC套管套在预埋固定螺杆上。

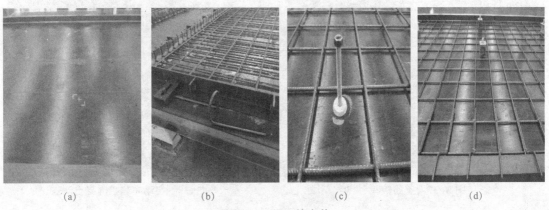

（a）　　　　　　　（b）　　　　　　　（c）　　　　　　　（d）

图 3-35　预埋件安装

（a）预埋标示；（b）预埋准备；（c）放置定位磁铁；（d）固定预埋件

### 6. 钢筋骨架绑扎安装

绑扎钢筋骨架前应仔细核对钢筋料尺寸，绑扎制作完成的钢筋骨架禁止再次割断。检查合格后，将钢筋网骨架吊放入模具。按梅花状布置好保护层叠块，调整好钢筋位置，如图3-36所示。

图 3-36　钢筋骨架绑扎安装

（1）放置钢筋网片。

（2）切割网片和绑扎钢筋。

（3）绑扎桁架筋和加强筋。

（4）放置垫块和泡沫条。

### 7. 浇筑混凝土

浇筑前检查混凝土坍落度是否符合要求，要进行置筋检验（图3-37）、预埋检验、模具检验、台车整理等，全部合格后方可浇筑。浇筑时避开预埋件及预埋件工装、车间内混凝土的运输采用悬挂式输送料斗，或采用叉车端送混凝土布料斗的运输方式。在现场布置固定模台预制时，可采用泵车输送，或起重机吊运布料斗浇筑混凝土，振捣方式采用振捣棒或振动平台振捣，振捣至混凝土表面不再下沉、无明显气泡溢出（图3-38）。

图3-37 置筋检验

图3-38 自动布料机混凝土浇筑

### 8. 混凝土表面处理

振捣密实后，使用木抹子抹平，保证混凝土表面无裂纹、无气泡、无杂质、无杂物，先通电选择手动、自动旋钮调到手动位置，单击下降按钮，待拉毛机到位后开始拉毛作业，振捣初凝后取出预埋件，如用扳手先取出预埋件的盖子和螺杆，再用扳手适当敲击预埋件内壁，使其松动则用手向上拔出预埋件（图3-39）。

### 9. 养护

根据季节、施工工期、场地不同，叠合板可采用覆盖薄膜自然养护、封闭蒸汽养护等方式，蒸汽养护器具可采用拱形棚架、拉链式棚架。PC生产线叠合板制作养护一般在养护窑养护，进窑前确认台车编号、模具型号、入窑时间并指定入窑位置后做好记录，养护时要按规定的时间周期检查养护系统测试的窑内温度、湿度，并做好检查记录。在养护过程中，要做好定期的现场检查、巡视工作，及时发现窑内自然条件的变化（图3-40）。

图3-39 取出预埋件

图3-40 叠合板养护

10. 拆模、脱模、翻转起吊

在拆模之前，根据同条件试块的抗压试验结果确定是否拆模。待构件强度达到20 MPa以上，可进行拆模。先将可以提前解除锁定的预埋件工装拆除，解除螺栓紧固，再依次拆除端模、侧模。可以借助撬棍拆解，但不得用铁锤锤击模板，防止造成模板变形。拆模后，再次清理打磨模板，以备下次使用。暂时不使用时，可涂刷防锈油，分类码放，以备下次使用。叠合板拆模、起吊如图3-41所示。

图 3-41　叠合板拆模、起吊

🔊 课赛融通

本部分内容为装配式建筑智能建造省级、国家级职业技能大赛必考项目。通过本部分内容的学习，为学生参加大赛打好基础，表3-4所示为国赛叠合板生产制作评分标准。此部分内容的教学过程要应用构件生产与构件制作软件平台完成。

表 3-4　叠合板生产制作评分

| 评分项 | | 评分内容 | 分值 | 得分 |
|---|---|---|---|---|
| 生产前准备 | | 劳保用品准备 | 3 | |
| | | 生产线卫生检查 | | |
| | | 生产线设备检查 | | |
| 模具组装 | 模台画线 | 依据图纸录入画线数据 | 19 | |
| | | 操作画线机画线 | | |
| | 模台喷涂脱模剂 | 模台喷涂脱模剂 | | |
| 模具组装 | 模具选择、组装与校正 | 依据图纸进行模具选型 | 19 | |
| | | 模具检查与清理 | | |
| | | 模具组装与初固定 | | |
| | | 模具校正与终固定 | | |
| | | 模具涂刷脱模剂及缓凝剂 | | |
| 钢筋绑扎与预埋件固定 | 钢筋下料 | 依据图纸进行钢筋选型与下料 | 19 | |
| | 钢筋摆放、绑扎 | 垫块设置 | | |
| | | 依据图纸进行钢筋绑扎与固定 | | |
| | 预埋件摆放 | 预埋件选型 | | |
| | | 预埋件固定 | | |
| | 预留孔洞封堵 | 临时封堵预留孔洞 | | |

| 评分项 | 评分内容 | | 分值 | 得分 |
|---|---|---|---|---|
| 构件浇筑 | 布料机布料 | 依据图纸进行混凝土算量 | 19 | |
| | | 布料机备料 | | |
| | | 布料机布料 | | |
| | 混凝土振捣 | 混凝土人工整平（如有需要） | | |
| | | 操作模床进行混凝土振捣 | | |
| | | 混凝土人工振捣（如有需要） | | |
| | 设备清理 | 清理布料机 | | |
| 构件预处理与养护 | 构件表面预处理 | 构件拉毛处理 | 19 | |
| | 构件预养护 | 预养库温度、湿度控制 | | |
| | | 构件预养护 | | |
| | 构件蒸养 | 蒸养库温度、湿度控制 | | |
| | | 构件养护 | | |
| 起板入库 | 构件脱模 | 构件脱模 | 19 | |
| | 糙面处理 | 操作高压水枪进行构件糙面处理 | | |
| | 构件起板 | 吊具选择与连接 | | |
| | | 操作设备进行构件起板 | | |
| | 构件入库 | 构件入库与存放 | | |
| | 设备清理 | 模台清理 | | |
| 工完料清 | 材料浪费 | | 2 | |
| | 工具清点、清理、入库 | | | |
| | 设备检查、复位 | | | |
| | 生产场地清理 | | | |
| 总分 | | | 100 | |

◀)) 榜样力量

### 任彧："用装配式革命"引领建筑行业进入新时代

2020 年福建省最美科技工作者，美丽家乡建设者——"要让百姓住得安心"；建筑学科带头人——"从一张白纸到一幅蓝图"；时代潮头践行者——"让中国产品、中国标准走出去"。

扫码学习他的先进事迹。

——摘自《学习强国》

### 装配式构件制作职业技能考核评价

装配式构件制作为"1+X"装配式职业技能考试必考内容，对提高学生装配式实操能力具有非常重要的作用。按照目前装配式职业技能考试要求本部分考试时间为 60 min，以 4 人为一组，分别为 1 号、2 号、3 号、4 号被考核人员分组进行考核，配合完成构件的制作过程，单人评分。

"1+X"装配式职业技能等级考试在专用的实训室内进行，实训条件、实训环境要符合职业技能等级考试要求，考试前实训条件要经过检验达到考试要求才能开始考核。

"装配式构件制作"技能考核评分手册

技能考核人员要经过专门的培训学习并经过考核认定被评为职业技能等级考评员后方可从事该实训任务的考核工作。教学过程中考官（考评员）由实训指导教师担任。

# 任务三 预制框架梁制作

## 学习目标

1. 能够进行预制框架梁图纸的识读，根据图纸制订预制框架梁的生产方案。
2. 掌握预制框架梁制作的工艺流程。
3. 能够进行预制框架梁生产过程中各工位的操作。

## 任务描述

某园区一期综合楼 A 栋为符合节能减排要求，根据国家装配式建设要求，拟采用预制框架梁进行施工，预制框架梁在预制工厂完成制作，图纸如图 3-42、图 3-43 所示，根据给定图纸编制预制框架梁制作方案，根据方案要求完成预制框架梁的制作。

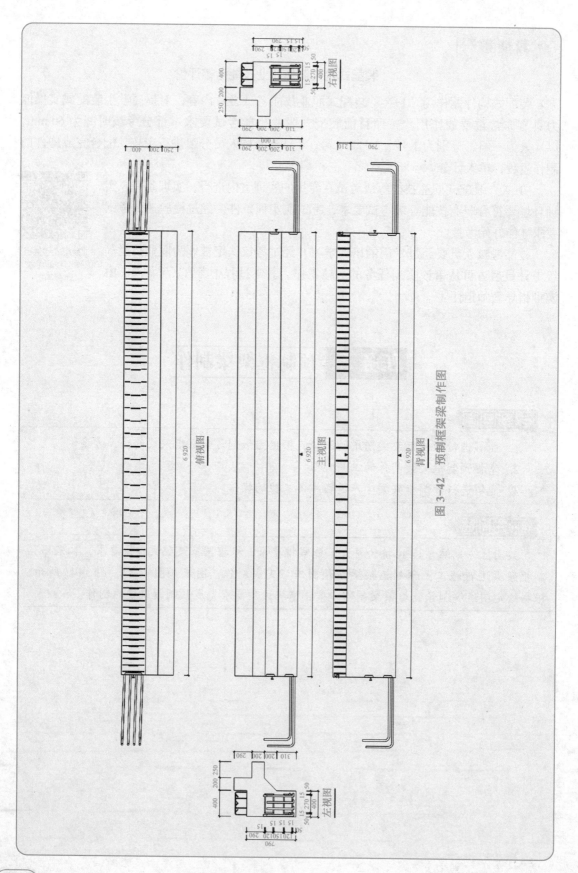

图 3-42 预制框架梁制作图

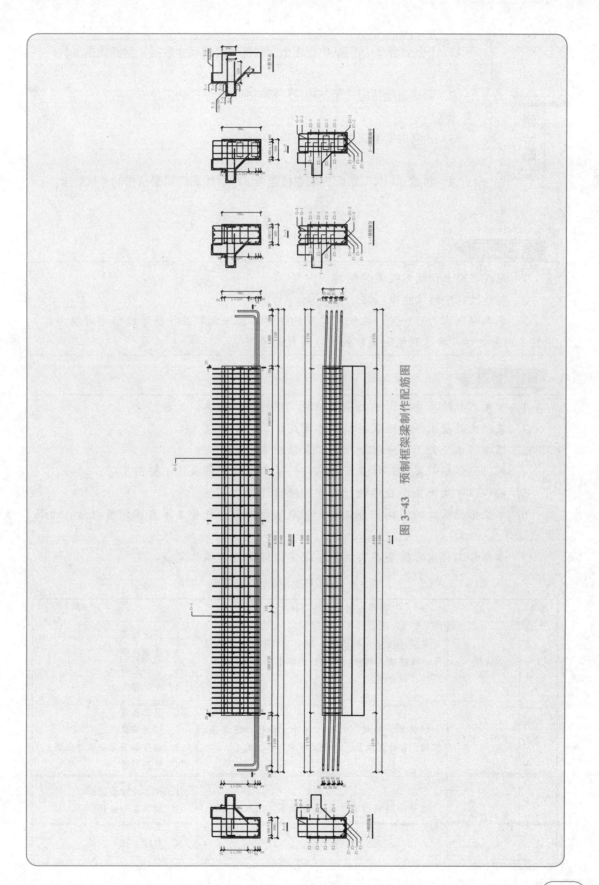

图 3-43　预制框架梁制作配筋图

1. 识读图纸，从图纸中识读出预制框架梁的尺寸数据、钢筋数据。

2. 调研当地装配式预制构件厂预制框架梁制作的工位有哪些？

3. 预制框架梁制作的工艺流程有哪些？

4. 熟悉"1+X"装配式职业技能考试中对预制框架梁制作的考核要求。

**任务内容**

1. 完成混凝土预制框架梁的制作。
2. 制作过程中的注意事项。
3. 本部分内容为"1+X"装配式建筑构件制作与安装职业技能等级证书考核内容，通过本部分的学习要达到装配式职业技能考核的要求。

**任务要求**

1. 学生在教师指导下，熟悉各工位所提供的各种设备、工具。
2. 装配式混凝土预制框架梁制作方案设计。
3. 根据实训任务工单分组进行实训，每组4人。
4. 根据预制框架梁制作作业清单拟订的实训步骤进行操作（表3-5）。
5. 操作以学生为主，教师进行指导并做出评价。
6. 学生根据下面的实训任务工单，完成实训工作，任务工单在实训前以活页的形式发给学生。
7. 本部分工作内容需要在实训基地或实训场所进行操作完成。

表3-5 预制框架梁制作作业清单

| 序号 | 工位 | 预制框架梁制作材料及工具 | 作业过程 |
|---|---|---|---|
| 1 | 清模 | 梁模、铁铲、振捣棒、刷子、行车、扫把、撮箕、脱模油、刮杆、图纸、小推车、工衣、工鞋、厂牌、安全帽 | 1. 清理端模；<br>2. 清理边模；<br>3. 清扫整顿；<br>4. 涂脱模油 |
| 2 | 置筋、装模 | 钢筋笼、垫块、扎丝、扳手、撬棍、泡沫条、扎钩、自检记录表、生产流程卡、水性笔 | 1. 置钢筋笼；<br>2. 模具安装；<br>3. 调整钢筋笼安装伸出筋；<br>4. 模具锁紧 |
| 3 | 布料前检验 | 质量检验标准表、检验登记表、图纸、角尺、卷尺、水性笔 | 1. 模具尺寸检验；<br>2. 模具表面检验；<br>3. 置筋检验；<br>4. 整理整顿 |

| 序号 | 工位 | 预制框架梁制作材料及工具 | 作业过程 |
|---|---|---|---|
| 4 | 布料工位 | 混凝土、布料机、振动棒、水性笔、对讲机、PC梁生产任务流转单 | 1. 报单上板；<br>2. 浇筑；<br>3. 振捣找平；<br>4. 表面自查 |
| 5 | 后处理 | 抹子、铁铲、自检记录表、工艺流程表、周转篮、垃圾箱、水性笔 | 1. 清理工作；<br>2. 表面处理；<br>3. 取泡沫条；<br>4. 养护 |
| 6 | 拆模、吊装 | 小推车、扳手、铁锤、铁铲、扫把、撮箕、吊具、吊爪、行车、手电钻、撬棍、回弹仪、周转箱 | 1. 强度测试；<br>2. 拆卸边模；<br>3. 拆卸工装；<br>4. 构件脱模 |
| 7 | 成品清理 | 铁铲、扫把、撮箕、垃圾桶、周转箱、图纸、构件质量验收标准表、卷尺、印章、水性笔。 | 1. 预制构件清理；<br>2. 表面检查；<br>3. 尺寸检查；<br>4. 标示成品判定 |
| 8 | 成品入库 | 行车、吊爪、平行吊具、入库单、水性笔、存放架、木方 | 1. 行车起吊；<br>2. 存放；<br>3. 卸爪；<br>4. 入库填单 |

**任务实施**

预制框架梁制作主要步骤包括入笼前准备工作，置筋、装模，合模、整理钢筋笼，调整、固定梁端模板，校正钢筋笼，混凝土浇筑，盖篷布、蒸汽养护，拆模、吊装，清理、标识、转运堆放。

预制梁制作
工作手册

1. 入笼前准备工作

（1）模板清理、涂刷脱模剂：控制液压操作杆，打开梁线模板，由人工对梁线钢模板进行清理、涂刷脱模剂，确保梁线模板光滑、平整（图3-44）。

图3-44 模板清理、涂刷脱模剂

（2）钢筋笼绑扎：根据梁线排板表，针对每个梁的型号、编号、配筋状况进行钢筋笼绑扎，梁上口另配2根φ12 mm钢筋作为临时架立筋，同时增配几根φ8 mm钢筋（L=500～700 mm）起斜向固定钢筋笼作用，并点焊加固，以防止钢筋笼在穿拉过程中变形。另外，根据图纸预埋状况，在梁钢筋骨架绑扎过程中进行预埋，如临时支撑预留埋件等。

2. 置筋、装模

按梁线排板方案中的钢筋根数，进行钢筋断料穿放；按梁线排板顺序从后至前穿钢筋笼，每条钢筋笼按挡头钢模板→梁端木模板→钢筋笼→梁端木模板→挡头钢模板的顺序进行穿笼（图3-45）。

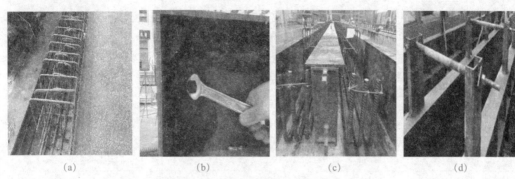

（a）　　　　　　　（b）　　　　　　　（c）　　　　　　　（d）

图3-45　置筋、装模
（a）置钢筋笼；（b）装端模；（c）调整钢筋笼；（d）锁紧模具

根据图纸要求将固定边模放置在标准线位置，用夹具将边模两端固定。用夹具固定边模，按模具长度平均1.5～2.0 m内安装一夹具的要求，确认尺寸后将其锁紧。根据图纸上的构件型号选择相应的钢筋笼，注意对钢筋笼的形状、尺寸、箍筋数量进行确定。用起重机将选定好的钢筋笼吊起移至模具内。

3. 合模、整理钢筋笼

钢筋笼全部穿好就位后，操作液压杆合起梁模板，并上好销子与紧固螺杆进行固定。对已变形的钢筋笼进行调整，同时固定预留缺口模板。

对照图纸检查外模尺寸，包括长度、宽度。检查边模是否有变形（弯曲度小于3 mm）。边模与底模粘合处缝隙小于2 mm。检查边模、端模是否清理干净，脱模油的涂抹是否均匀且是否有积液模具尺寸、表面检验如图3-46、图3-47所示。

图3-46　模具尺寸检验

图3-47　模具表面检验

4. 调整、固定梁端模板，校正钢筋笼

再次调整安装中变形的钢筋笼及走位的模板；对梁长进行重新校正，并固定（图3-48）。检查钢筋的品种、等级及规格等，要符合文件要求。钢筋端头必须与内、外边模保持2～2.5 cm的间距作为保护层。扎头和钢筋朝下不可接触底模，朝上不可高于模具水平面。检查上边模外端的箍筋长度应满足图纸要求。检查垫块是否放置平稳，不能倾倒。检查模具内外干净无杂物，且没有多余的扎丝、碎钢筋等物件，并将所有的工具、图纸、文档等清离模具，让模具进入下一工位（图3-49）。

图3-48  置筋检验　　　　　　　　图3-49  模具整理整顿

5. 混凝土浇筑

预制梁的混凝土采用C40（中碎石子）早强混凝土，由后台搅拌，混凝土的坍落度控制为6～8 cm，通过运输车、起重机直接吊送于梁模中。人工使用振动棒振捣混凝土。

布料方式为料斗布料，操纵人首先确认模具编号，根据编号确定混凝土用量后用对讲机向搅拌站报单。将鱼雷罐运输至料斗接料处，按操作规程接料。根据模具尺寸、结构等特点，采用先远后近、先窄后宽等合理的布料路线。接料后从左端开始移动布料小车的同时，根据需要布料的宽度大小打开出料门（图3-50）。根据混凝土的下卸速度，将布料小车调整到合适的速度后保持匀速，满足布料均匀、饱满一次到位。布料完毕后将布料小车移至"远行限位"和"右限位"准备下次卸料。

采用插入式振捣器，插入的间距不大于振捣器作用部分长度的1.25倍，振动棒间距为500～700 mm，不可漏振。尽量避免碰撞预埋件、预埋螺栓（图3-51）。浇筑较厚、表面比较大的混凝土，使用平板振捣器振一遍，然后使用刮杆刮平，再使用抹子抹平。抹平后大约20 min，使混凝土达到初凝状态之前取出端模槽口内的泡沫条（图3-52）。

图3-50  混凝土浇筑　　　　图3-51  振捣抹平　　　　图3-52  取泡沫条

6. 盖篷布、蒸汽养护

混凝土浇筑完毕后覆盖篷布，即通过蒸汽进行养护。

由于梁截面较大，为防止混凝土温度应力差过大，梁混凝土浇筑时不需要进行预热，直接从常温开始升温，即混凝土浇筑结束后，直接控制温控阀按钮使之处于升温状态，每小时均匀升温 20 ℃，一直升到 80 ℃后通过梁线模板中的温度感应器触发温控器来控制蒸汽的打开与关闭。在预制梁强度达到起模强度（为 75% 混凝土设计强度）后，停止供汽，使梁缓慢降温，避免梁因温度突变而产生裂缝。已完成浇筑、振捣、找平的混凝土，应在 12 h 左右覆膜。一般常温养护不得少于 7 d，特种养护不得少于 14 d。养护设专人检查落实，防止由于养护不及时，造成混凝土表面裂缝。

7. 拆模、吊装

混凝土达到强度后，卷起篷布，拆除加固用的模板支撑。梁从模板起吊后即可拆除钢挡板、键槽模板及临时架立筋。对预留在外的箍筋进行局部调整；分别对键槽里口、预留缺口混凝土表面进行凿毛处理，以增加与后浇混凝土的粘结力。

拆模、吊装的具体做法：用回弹仪测试 PC 件的强度，达到要求强度的 75% 以上方可拆模起吊（图 3-53）。保证棱角不因拆卸模板而受损坏时方可拆模。拆模前，设专人检查混凝土强度。顺序拆卸模具使其与构件松动，然后取下模具将其放置规整。拆卸伸出筋定位工装，保证其拆卸后对构件无影响。将两吊爪对称钩住构件的吊钉（保持构件的平衡）。起重机缓慢起吊，边起吊边敲击底模，使构件完全与底模脱离（图 3-54）。

图 3-53　强度测试

图 3-54　脱模起吊

8. 清理、标识、转运堆放

根据梁线排板表，对照预制梁分别进行编号、标识，及时进行转运堆放，堆放时要求搁置点上下垂直，统一位于吊钩处，梁堆放不得超过三层，同时对梁端进行清理。

预制构件验收合格后，应在明显部位标识构件型号生产日期和质量验收合格标志。预制构件脱模后应在其表面醒目位置按构件设计制作图规定对每个构件编码。

预制构件生产企业应按照有关标准规定或合同要求，对其供应的产品签发产品质量证明书，明确重要参数，有特殊要求的产品还应提供安装说明书。构件出厂合格证与构件标识如图3-55、图3-56所示。

图 3-55　构件出厂合格证

图 3-56　构件标识

**■))育人园地**　　栋梁之材

　　栋梁之材，意思是能做房屋大梁的木材，比喻能担当国家重任的人才。（出自《世说新语·赏誉》）

　　建筑结构中的梁属于承重构件，装配式构件制作的梁在建筑中有着举足轻重的作用，因此，在梁的制作过程中每一道工序、每一个环节都不能有丝毫马虎。

　　当代大学生是国家的希望和民族的未来，大学期间要认真学习文化知识，努力提升素质，与时代同频共振，争做堪当大任的时代新人，勇挑重担的栋梁之材。

**■))课赛融通**

　　本部分内容为装配式建筑智能建造省级、国家级职业技能大赛必考项目，通过本部分内容的学习，为学生参加大赛奠定良好的基础。此部分内容的教学过程要应用构件生产与构件制作软件、平台完成。

**■))技能提升**

### 预制框架梁制作职业技能考核评价

　　装配式预制框架梁构件制作为"1+X"装配式职业技能考试内容，对提高学生装配式实操能力起着非常重要的作用。按照目前装配式职业技能考试要求本部分考试时间为60～90 min，以4人为一组，分别为1号、2号、3号、4号被考核人员分组进行考核，配合完成构件的制作过程，单人评分。预制框架梁制作技能考核参见65页装配式构件制作技能考核评分手册二维码。

## 任务四　预制剪力墙制作

**学习目标**

1. 能够进行预制剪力墙图纸的识读，根据图纸制定预制剪力墙生产方案。
2. 掌握预制剪力墙制作的工艺流程。
3. 能够进行预制剪力墙生产过程中各工位的操作。

**任务描述**

　　某园区一期综合楼 A 栋为符合节能减排要求，根据国家装配式建设要求，拟采用预制剪力墙进行施工，预制剪力墙在预制工厂完成制作，图纸如图 3-57 所示，根据给定图纸编制预制剪力墙制作方案，根据方案要求完成预制剪力墙的制作。

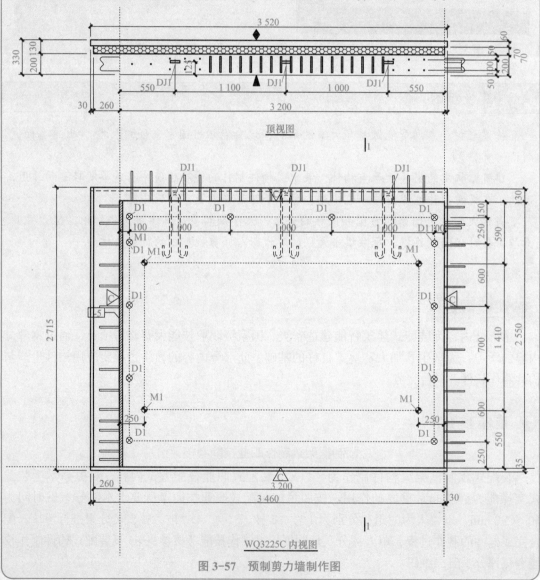

图 3-57　预制剪力墙制作图

1. 识读图纸，从图纸中识读出预制剪力墙的尺寸数据、钢筋数据。

2. 调研当地装配式预制构件厂预制剪力墙制作的工位有哪些？

3. 预制剪力墙制作的工艺流程有哪些？

4. 熟悉"1+X"装配式职业技能考试中对预制剪力墙制作的考核要求。

## 任务内容

1. 完成混凝土预制剪力墙的制作。
2. 制作过程中的注意事项。
3. 本部分内容为装配式建筑智能建造职业院校技能大赛国赛、省赛考核内容，通过本部分的学习做到课赛融通。
4. 本部分内容为"1+X"装配式职业资格考核内容，通过本部分的学习要达到装配式职业技能考核的要求，做到课证融通。

## 任务要求

1. 学生在教师指导下，熟悉各工位所提供的各种设备、工具。
2. 装配式混凝土预制剪力墙制作方案设计。
3. 根据实训任务工单分组进行实训，每组4人。
4. 根据预制剪力墙制作作业清单拟订的实训步骤进行操作（表3-6）。
5. 操作以学生为主，教师进行指导并做出评价。
6. 学生根据实训任务工单，完成实训工作，任务工单在实训前以活页的形式发给学生。
7. 本部分工作内容需要在实训基地或实训场所进行操作完成。

表3-6  预制剪力墙制作作业清单

| 序号 | 工位 | 预制剪力墙制作材料及工具 | 作业过程 |
|---|---|---|---|
| 1 | 清模 | 墙模具、画线机、铁铲、振捣棒、刷子、行车、扫把、撮箕、图纸、小推车、工衣、工鞋、厂牌、安全帽 | 1. 清理模台；<br>2. 清理模具；<br>3. 清扫整顿；<br>4. 绘制控制线 |
| 2 | 画线、组模 | 磁盒、扳手、撬棍、橡皮锤、脱模油、自检记录表、生产流程卡、水性笔 | 1. 边模组装；<br>2. 模具检查；<br>3. 模具固定；<br>4. 刷脱模剂 |
| 3 | 置筋工位 | 钢筋、垫块、扎丝、扳手、撬棍、保温材料、扎钩、自检记录表、生产流程卡、水性笔 | 1. 钢筋摆放；<br>2. 钢筋绑扎；<br>3. 安装拉筋；<br>4. 布设垫块 |

| 序号 | 工位 | 预制剪力墙制作材料及工具 | 作业过程 |
|---|---|---|---|
| 4 | 预埋工位 | 油漆、毛笔、螺杆、螺母、PVC套管、物料篮、图纸、磁铁、扳手、卷尺、自检记录表、派工单、水性笔等 | 1. 预埋标示；<br>2. 预埋准备；<br>3. 放置定位磁铁；<br>4. 固定预埋件 |
| 5 | 布料前检验 | 质量检验标准表、检验登记表、图纸、角尺、卷尺、水性笔 | 1. 模具尺寸检验；<br>2. 模具表面检验；<br>3. 钢筋检验；<br>4. 整理整顿 |
| 6 | 布料工位 | 混凝土、布料机、橡胶条、振动棒、水性笔、对讲机、PC件生产任务流转单 | 1. 报单上板、封堵；<br>2. 浇筑；<br>3. 振捣找平；<br>4. 表面自查 |
| 7 | 后处理、养护 | 抹子、铁铲、自检记录表、工艺流程表、周转篮、垃圾箱、水性笔 | 1. 清理工作；<br>2. 表面处理；<br>3. 取泡沫条；<br>4. 养护 |
| 8 | 拆模、吊装 | 小推车、扳手、铁锤、铁铲、扫把、撮箕、吊具、吊爪、行车、手电钻、撬棍、回弹仪、周转箱 | 1. 强度测试；<br>2. 拆卸边模；<br>3. 拆卸工装；<br>4. 构件脱模 |
| 9 | 成品清理 | 铁铲、扫把、撮箕、垃圾桶、周转箱、图纸、构件质量验收标准表、卷尺、印章、水性笔 | 1. 预制构件清理；<br>2. 表面检查；<br>3. 尺寸检查；<br>4. 标示成品判定 |
| 10 | 成品入库 | 起重机、吊爪、平行吊具、入库单、水性笔、存放架、木方 | 1. 行车起吊；<br>2. 存放；<br>3. 卸爪；<br>4. 入库填单 |

**任务实施**

（1）有饰面砖的预制剪力墙制作主要步骤包括模具拼装、钢筋入模、饰面材料铺贴与涂装、保温材料铺设、预埋件及预埋孔设置、门窗框设置、混凝土浇筑、构件养护、构件脱模、构件标识等。

（2）无饰面砖的预制剪力墙制作步骤如下：

1）清理模台铁锈、油污及混凝土残渣，模台应平整光洁，不得有下沉、裂缝、起砂和起鼓。

2）录入图纸，画线定位。

3）使用喷油机对模台表面进行喷洒。

4）摆放模具前应进行侧向弯曲检查与锈迹检查。模具应符合下列规定：模具应具有足够的强度、刚度和整体稳定性；模具表面不应有划痕和氧化层脱落；模具必须清理干净，不得有铁锈、油污；模具应进行扭曲、尺寸、角度及平整度的检查。

5）摆放模具并进行固定。依次进行钢筋骨架、箍筋摆放；连梁下层横筋摆放；窗下、墙下层横筋摆放；边缘墙上下层纵筋摆放。

6）浇筑外叶墙板。人工整平混凝土，充分振动。在底层混凝土初凝前铺设保温板，并与底层混凝土固定，按要求安装玻璃纤维拉结件，拉结件穿过保温材料处应填补密实，放置垫块后吊运内叶墙板并固定。

7）浇筑内叶墙板。人工整平混凝土，用振捣棒对内叶墙板振捣。

8）将预制构件运输至蒸养窑，对构件进行预养护，预养至混凝土初凝强度达到抹面工序工艺的要求。

9）拆卸埋件固定架模台进入扫平区域，启动扫平机，将预制构件表面扫平，并将构件送至养护库，养护至混凝土强度达到标准养护强度的 70% 以上。

10）拆除并冲洗模板。

11）将预制墙板吊运至堆放区域。

（3）预制剪力墙制作的注意事项。

1）模具拼装。模具除应满足强度、刚度和整体稳固性要求外，还应满足预制构件预留孔、插筋、预埋吊件及其他预埋件的安装定位要求。

模具应安装牢固、尺寸精确、拼缝严密、不漏浆。模板组装就位时，首先要保证底模表面的平整度，以保证构件表面的平整度符合规定要求。模板与模板之间，模板与底模之间的连接螺栓必须齐全、拧紧，模板组装时应注意将销钉敲紧，以控制侧模定位精度。模板接缝处用原子灰嵌塞抹平后，再用细砂纸打磨。组装后的模具（图 3-58）精度必须符合设计要求，并应经验收合格后再投入使用。

模具组装前应将钢模和预埋件定位架等部位彻底清理干净，严禁使用锤子敲打。模具与混凝土接触的表面除饰面材料铺贴范围外，应均匀涂刷脱模剂。脱模剂可采用柴、机油混合型，为避免污染墙面砖，模板表面涂刷一遍脱模剂后再用棉纱均匀擦拭两遍，形成均匀的薄油膜，见亮不见油，注意尽量避开放置橡胶垫块处，该部位可先用胶带纸遮住。在选择脱模剂时尽量选择隔离效果较好，能确保构件在脱模起吊时不发生粘贴损坏现象，能保持板面整洁、易于清理，不影响墙面粉刷质量的脱模剂。

2）饰面材料铺贴与涂装。面砖在入模至铺设前，应先将单块面砖根据构件排砖图的要求分块制成面砖套件。套件的尺寸应根据构件饰面砖的大小、图案、颜色取一个或若干个单元组成，每块套件的长度不宜大于 600 mm，宽度不宜大于 300 mm。

面砖套件应在定型的套件模具中制作。面砖套件的图案、排列、色泽和尺寸应符合设计要求。面砖铺贴时先在底模上弹出面砖缝中线，然后铺设面砖，为保证接缝间隙满足设计要求，根据面砖深化图进行排板。面砖定位后，在砖缝内采用胶条粘贴，保证砖缝满足排板图及设计要求，面砖套件的薄膜粘贴不得有折皱，不应伸出砖面，端头应平齐。嵌缝条和薄膜粘贴应采用专用工具沿接缝将嵌缝条压实。石材在入模铺设之前，应该核对石材尺寸，并提前 24 h 在石材背面安装锚固拉钩和涂刷防泛碱处理剂。面砖套件、石材铺贴前应清理模具，并在模具上设置安装控制线，按控制线固定和校正铺贴位置，可采用双面胶带或硅胶预制加工图分类编号铺贴。石材和砖面等饰面材料与混凝土的连接应牢固。石材等饰面材料与混凝土之间连接件的结构、数量、位置和防腐处理应符合设计要求。满粘法施工的石材和面砖等饰面材料与混凝土之间应无空鼓。面砖装饰面层铺贴效果如图3-59所示。

图3-58　组装后的墙模具

图3-59　面砖装饰面层铺贴效果

石材和面砖等饰面材料铺设后表面应平整、接缝应顺直，接缝的宽度和深度应符合设计要求。面砖、石材需要更换时，应采用专用修补料对嵌缝进行修正，使墙板嵌缝的外观质量一致。

视频：带外窗预制剪力墙制作

3）保温材料铺设。带保温材料的预制构件宜采用平模工艺成型，生产时应先浇筑外叶混凝土层，再安装保温材料和连接件，最后成型内叶混凝土层。外叶混凝土层可采用平板振动器适当振捣。

铺放加气混凝土保温块时，表面要平整，缝隙要均匀，严禁用碎块填塞，在常温下铺放时，铺放前要浇水润湿，低温时铺放后要喷水，冬季可干铺。泡沫聚苯乙烯保温条事先按设计尺寸裁剪。排放板缝部位的泡沫聚苯乙烯保温条时，入模固定位置要准确，拼缝要严密，操作要有专人负责。

当采用立模工艺生产时，应同步浇筑内外叶混凝土层，生产时应采取可靠措施保证内外叶混凝土厚度、保温材料及连接件的位置准确。保温材料、连接件的铺设如图3-60所示。

4）预埋件及预埋孔设置。预埋钢结构件、连接用钢材、连接用机械式接头部件和预留孔洞模具的数量、规格、位置、安装方式等应符合设计要求规定，固定措施可靠。预埋件应固定在模板或支架上，预留孔洞应采用孔洞模具的方式并加以固定。预埋螺栓和铁件应采用固定措施保证其不偏移，对于套筒埋件应注意其定位。预埋件安装如图3-61所示。

图3-60　保温材料、连接件的铺设　　　　　　　图3-61　预埋件安装

5）门窗框设置。门窗框在构件制作、驳运、堆放、安装过程中，应进行包裹或遮挡。预制构件的门窗框可在浇筑混凝土前预先放置于模具中，位置应符合设计要求，并应在模具上设置限位框或限位件进行可靠固定。门窗框的品种、规格、尺寸、相关物理性能和开启方向、型材壁厚和连接方式等应符合设计要求。门窗框安位置应逐件检查，允许偏差及检验方法应符合设计要求。

6）混凝土浇筑。在混凝土浇筑成型前应进行预制构件的隐蔽工程验收，并应符合有关标准规定和设计文件要求后，方可浇筑混凝土。检查项目应包括下列内容：模具各部位尺寸、可靠定位、拼缝等；饰面材料铺设品种、质量；纵向受力钢筋的品种、规格、数量、位置等；钢筋的连接方式、接头位置、接头数量、接头面积百分率等；箍筋、横向钢筋的品种、规格、数量、间距等；预埋件及门窗框的规格、数量、位置等；灌浆套筒、吊具、插筋及预留孔洞的规格、数量、位置等。

混凝土放料高度小于 500 mm，并应均匀铺设，混凝土成型宜采用插入式振动棒振捣，逐排振捣密实，振动器不应碰触钢筋骨架、面砖和预埋件，如图 3-62 所示。

混凝土浇筑应连续进行，同时应观察模具、门窗框、预埋件等的变形和位移，变形与位移超出允许偏差时应及时采取补强和纠正措施。面层混凝土采用平板振动

图 3-62　混凝土浇筑、振捣

器振捣，振捣后，随即用 1：3 水泥砂浆找平，并用木尺刮平，待表面收水后再用木抹子抹平压实，配件、埋件、门框和窗框处混凝土应浇捣密实，其外露部分应有防污损措施。混凝土表面应及时用泥板抹平提浆，宜对混凝土表面进行二次抹面。预制构件与后浇混凝土的结合面或叠合面应按设计要求制成粗糙面，粗糙面可采用拉毛或凿毛的处理方法，也可采用化学和其他物理处理方法，预制构件混凝土浇筑完毕后应及时养护。

7）构件养护。预制构件的成型和养护宜在车间内进行，成型后蒸养可在生产模位上或蒸养窑内进行。预制构件采用自然养护时，应符合《混凝土结构工程施工规范》（GB 50666—2011）及《混凝土结构工程施工质量验收规范》（GB 50204—2015）的规定。

预制构件采用蒸汽养护时，宜采用自动蒸汽养护装置，并保证蒸汽管道通畅，养护区应无积水。蒸汽养护应分静停、升温、恒温和降温四个阶段，并应符合下列规定：混凝土全部浇捣后静停时间不宜少于 2 h，升温速度不得大于 15 ℃/h，恒温时最高温度不宜超过 55 ℃，恒温时间不宜少于 3 h，降温速度不宜大于 10 ℃/h。

8）构件脱模。预制构件停止蒸汽养护后，预制构件表面与环境温度的温差不宜高于 20 ℃，应根据模具结构的特点按照拆模顺序拆除模具，严禁使用振动模具方式拆模。

预制构件脱模起吊如图 3-63 所示，应符合下列规定：预制构件的起吊应在构件与模具间的连接部分完全拆除后进行。预

图 3-63　预制构件脱模起吊

制构件脱模时，同条件混凝土立方体抗压强度应根据设计要求或生产条件确定，且不应小于 15 N/mm²，预应力混凝土构件脱模时，同条件混凝土立方体抗压强度不宜小于混凝土强度等级设计值的 75%，预制构件吊点设置应满足平稳起吊的要求，宜设置 4 ～ 6 个吊点。

预制构件脱模后应对其进行修整，并应符合下列规定：在构件生产区域旁应设置专门的混凝土构件整修区域，对刚脱模的构件进行清理、质量检查和修补；对于各种类型的混凝土外观缺陷，构件生产单位应制订相应的修补方案，并配有相应修补材料和工具；预制构件应在修补合格后再驳运至合格品堆放场地。

9）构件标识。构件应在脱模起吊至整修堆场或平台时进行标识，标识的内容应包括工程名称、产品名称、型号、编号、生产日期，构件待检查、修补合格后再标注合格章及工厂名称。

标识可标注于工厂和施工方安装时容易辨识的位置，可由构件生产厂和施工单位协商确定。标识的颜色和文字大小、顺序应统一，宜采用喷涂或印章的方式制作标识。

**课赛融通**

本部分内容为装配式建筑智能建造省级、国家级职业技能大赛必考项目，通过本部分内容的学习，为学生参加大赛奠定良好的基础，表 3-7 所示为国赛剪力墙外墙板生产评分标准。此部分内容的教学过程要应用构件生产与构件制作软件、平台完成。

表 3-7　剪力墙外墙板生产评分标准

| 评分项 | 评分内容 | | 分值 |
|---|---|---|---|
| 生产前准备 | 劳保用品准备 | | 3 |
| | 生产线卫生检查 | | |
| | 生产线设备检查 | | |
| 模具组装 | 模台画线 | 依据图纸录入画线数据 | 19 |
| | | 操作画线机画线 | |
| | 模台喷涂脱模剂 | 模台喷涂脱模剂 | |
| | 模具选择、组装与校正 | 依据图纸进行模具选型 | |
| | | 模具检查与清理 | |
| | | 模具组装与初固定 | |
| | | 模具校正与终固定 | |
| | | 模具涂刷脱模剂及缓凝剂 | |
| 钢筋绑扎与预埋件固定 | 钢筋下料 | 依据图纸进行钢筋选型与下料 | 19 |
| | 钢筋摆放、绑扎 | 垫块设置 | |
| | | 依据图纸进行钢筋绑扎与固定 | |
| | 预埋件摆放 | 预埋件选型 | |
| | | 预埋件固定 | |
| | 预留孔洞封堵 | 临时封堵预留孔洞 | |

| 评分项 | | 评分内容 | 分值 |
|---|---|---|---|
| 构件浇筑 | 布料机布料 | 依据图纸进行混凝土算量 | 19 |
| | | 布料机备料 | |
| | | 布料机布料 | |
| | 混凝土振捣 | 混凝土人工整平（如有需要） | |
| | | 操作模床进行混凝土振捣 | |
| | | 混凝土人工振捣（如有需要） | |
| | 铺设保温板 | 铺设保温材料 | |
| | | 设置拉结件间距与安装 | |
| | 二层模具及钢筋网架铺设 | 二层模具摆放 | |
| | | 二层钢筋网架铺设 | |
| | 设备清理铺设 | 清理布料机 | |
| 构件预处理与养护 | 构件表面预处理 | 构件收光处理 | 19 |
| | 构件预养护 | 预养库温度、湿度控制 | |
| | | 构件预养护 | |
| | 构件蒸养 | 蒸养库温度、湿度控制 | |
| | | 构件养护 | |
| 脱模存放 | 构件脱模 | 构件脱模 | 19 |
| | 糙面处理 | 操作高压水枪进行构件糙面处理 | |
| | 构件起板 | 吊具选择与连接 | |
| | | 操作设备进行构件起板 | |
| | 构件入库 | 构件入库与存放 | |
| | 设备清理 | 模台清理 | |
| 工完料清 | | 材料浪费 | 2 |
| | | 工具清点、清理、入库 | |
| | | 设备检查、复位 | |
| | | 生产场地清理 | |
| 总分 | | | 100 |

◎）技能提升

## 装配式构件制作职业技能考核评价

装配式墙体构件制作为 "1+X" 装配式职业技能考试必考内容，对提高学生装配式实操能力起着非常重要的作用。

装配式墙构件制作技能考核评分手册参见 65 页装配式构件制作技能考核评分手册二维码。

# 任务五 预制柱制作

### 学习目标

1. 能够进行预制柱图纸的识读，根据图纸制订预制柱生产方案。
2. 掌握预制柱制作的工艺流程。
3. 能够进行预制柱生产过程中各工位的操作。

### 任务描述

某园区一期综合楼 A 栋为符合节能减排要求，根据国家装配式建设要求，拟采用预制柱进行施工，预制柱在预制工厂完成制作，图纸如图 3-64、图 3-65 所示，根据给定图纸编制预制柱制作方案，根据方案要求完成预制柱的制作。

1. 识读图纸，从图纸中识读出预制柱的尺寸数据、钢筋数据。

2. 调研当地装配式预制构件厂预制柱制作的工位有哪些？

3. 预制柱制作的工艺流程有哪些？

4. 熟悉"1+X"装配式职业技能考试中对预制柱制作的考核要求。

### 任务内容

1. 完成预制柱的制作。
2. 制作过程中的注意事项。
3. 本部分内容为"1+X"装配式职业资格考核内容，通过本部分的学习要达到装配式职业技能考核的要求。

### 任务要求

1. 学生在教师指导下，熟悉各工位所提供的各种设备、工具。
2. 装配式混凝土预制柱制作方案设计。
3. 根据实训任务工单分组进行实训，每组 4 人。
4. 根据预制柱制作作业清单拟定的实训步骤进行操作（表 3-8）。
5. 操作以学生为主，教师进行指导并做出评价。
6. 学生根据下面的实训任务工单，完成实训工作，任务工单在实训前以活页的形式发给学生。
7. 本部分工作内容需要在实训基地或实训场所进行操作完成。

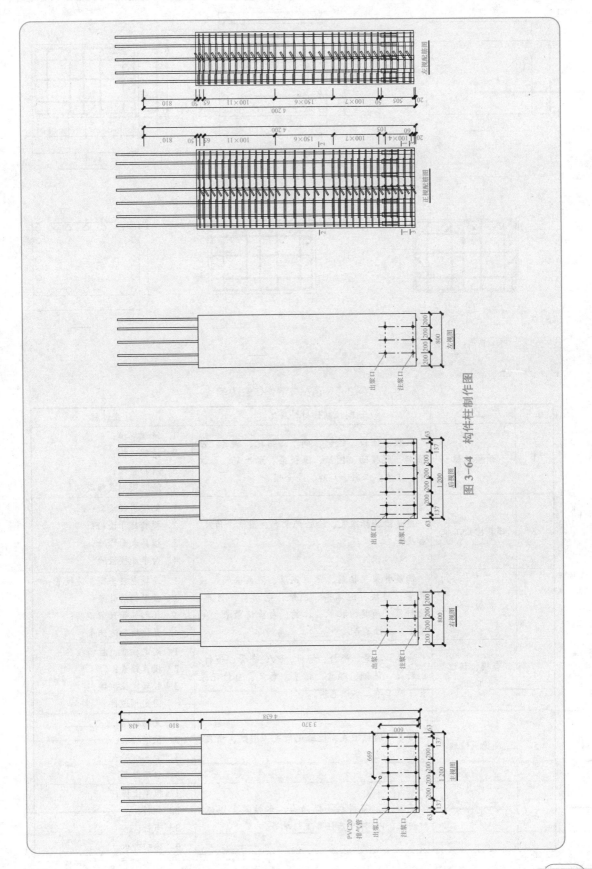

图 3-64　构件柱制作图

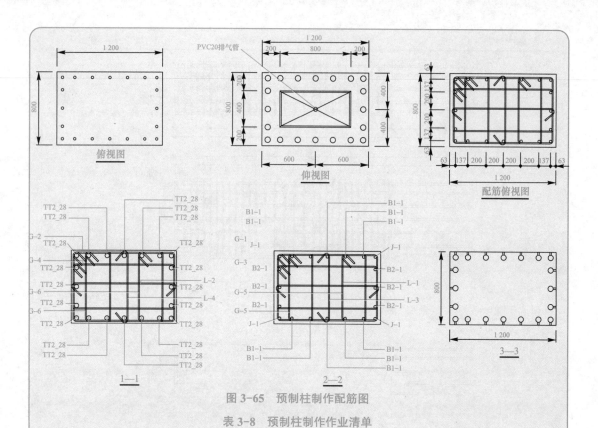

图 3-65　预制柱制作配筋图

表 3-8　预制柱制作作业清单

| 序号 | 工位 | 预制柱制作材料及工具 | 作业过程 |
|---|---|---|---|
| 1 | 清模工位 | 底模、侧模、铁铲、刷子、扫把、撮箕、小推车、脱模油、图纸、橡胶条、水性笔、派工单、工衣、工鞋、厂牌、安全帽等 | 1. 清理端模；<br>2. 清理边模；<br>3. 清扫整顿；<br>4. 涂脱模剂或缓凝剂 |
| 2 | 模具检验工位 | 质量检验标准表、检验记录表、图纸、角尺、卷尺等 | 1. 侧模拼装检验；<br>2. 模具尺寸检验；<br>3. 模具表面检验；<br>4. 台车底模检验 |
| 3 | 置筋工位 | 钢筋骨架、插筋、预留钢筋、灌浆套筒、波纹管、垫块、泡沫条、图纸、电动剪、行车、物料篮、吊具、扎丝、扎钩、自检记录表、派工单、水性笔等。 | 1. 连接灌浆套筒、波纹管；<br>2. 放置钢筋骨架；<br>3. 扎插筋和预留钢筋；<br>4. 置垫块和泡沫条 |
| 4 | 合模、预埋工位 | 油漆、毛笔、螺杆、螺母、PVC套管、吊钉、物料篮、图纸、磁盒、扳手、卷尺、自检记录表、派工单、水性笔等。 | 1. 固定柱底、柱顶模具；<br>2. 模具锁紧；<br>3. 放置定位磁铁；<br>4. 固定预埋件 |
| 5 | 浇捣前检验 | 质量检验标准表、检验记录表、图纸、角尺、卷尺、水性笔等 | 1. 置筋检验；<br>2. 预埋检验；<br>3. 模具检验；<br>4. 台车整理 |
| 6 | 布料 | 混凝土、布料机、振动台、水性笔、图纸、对讲机、PC件生产任务流转单等 | 1. 报单上板；<br>2. 卸料；<br>3. 布料；<br>4. 振动卸板 |

| 序号 | 工位 | 预制柱制作材料及工具 | 作业过程 |
|---|---|---|---|
| 7 | 后处理 | 铁铲、抹子、刷子、垃圾箱、物料篮、斗车、自检记录表、派工单、水性笔、扳手等 | 1. 表面检查；<br>2. 表面清理；<br>3. 表面处理；<br>4. 取预埋件 |
| 8 | 养护 | 养护窑、提升机、养护登记表、水性笔等，一般采用自然养护和蒸汽养护 | 1. 进窑前；<br>2. 进窑；<br>3. 养护；<br>4. 出窑 |
| 9 | 拆模、吊装 | 推车、扳手、铁锤、铁铲、扫把、撮箕、吊具、吊爪、行车、手电钻、撬棍、回弹仪、周转箱 | 1. 强度测试；<br>2. 拆卸边模；<br>3. 拆卸工装；<br>4. 构件脱模 |
| 10 | 成品清理 | 铁铲、扫把、撮箕、小推车、垃圾桶、构件信息单、周转箱、自检记录表、派工单、水性笔等 | 1. 预制构件清理；<br>2. 模具归位；<br>3. 地面清扫；<br>4. 贴合格证 |
| 11 | 成品检验 | 图纸、构件质量验收标准表、卷尺、印章、水性笔等 | 1. 表面检验；<br>2. 尺寸检验；<br>3. 预留检验；<br>4. 成品判定 |
| 12 | 成品入库 | 行车、吊钩、入库单、水性笔、木方等 | 1. 行车起吊；<br>2. 存放；<br>3. 卸钩；<br>4. 成品入库 |

**任务实施**

预制柱制作主要步骤包括入笼前准备工作，柱间模板，连接件、插筋固定，调整固定柱模板、校正钢筋，浇筑混凝土、盖篷布、蒸汽养护，拆模清理、标识、转运堆放等。

视频：预制柱
制作过程

1. 入笼前准备工作

（1）柱模板调整清理，涂刷脱模剂：根据柱的尺寸调节柱底横梁高度、侧模位置、配置好柱底模板尺寸，封好橡胶条；由人工对柱线钢模板进行清理、刷脱模剂，确保柱线模板光滑、平整。

（2）钢筋骨架绑扎：根据每根柱的型号、编号、配筋状况进行钢筋骨架绑扎（图3-66），在每两节柱中间另配8根 Φ14 mm 斜向钢筋以保证柱在运输及施工阶段的承载力与刚度，同时，焊接于柱主筋上；另外，根据图纸预埋状况，在柱钢筋骨架绑扎过程中针对柱不同方向及时进行预埋，如临时支撑预留埋件等。

柱间模板采用易固定、易施工、易脱模的拼装组合模板加橡胶衬组成，连接件采用套管。

2. 柱间模板、连接件、插筋固定

柱间模板、连接件、插筋制作完毕后，分别安放于柱钢筋骨架中相应位置，进行支撑固定，确保其在施工过程中不变形、不移位。柱间模板外口采用顶撑固定，并在柱间模板里口点焊住定位箍筋。连接件、插筋在柱中部分采用电焊焊接于主筋上，外口固定于特制定型钢模上；吊装入模后通过螺栓与整体钢模板相连固定。

3. 调整固定柱模板、校正钢筋笼

柱钢筋骨架入模后，通过柱模上调节杆，分别对柱模尺寸进行定位校正，对柱间模板钢筋插筋、钢管连接件进行重新校正、固定，核查其长度、位置、大小等。同时，对柱插筋、预留钢筋的方向进行核查，预留好吊装孔（图 3-67）。

图 3-66  预制柱钢筋骨架绑扎

图 3-67  固定柱模板、校正钢筋笼

4. 浇筑混凝土、盖篷布、蒸汽养护

混凝土浇筑完毕后覆盖篷布，通过蒸汽进行养护，具体做法同预制框架梁制作。

5. 拆模清理、标识、转运堆放

混凝土强度达到起吊强度后，即可进行拆模，松开紧固螺栓，拆除端部模板，即时起吊出模、编号、标明图示方向。而后拆除柱间模板进行局部修理，按柱出厂先后顺序进行码放，不得超过三层。

🔊 课赛融通

本部分内容的学习，为学生参加大赛奠定良好的基础。此部分内容的教学过程要应用构件生产与构件制作软件、平台完成。

🔊 技能提升

预制柱构件制作为"1+X"装配式职业技能考试内容，技能考核评分参见 65 页"装配式构件制作"技能考核评分手册二维码。

## 任务六  预制楼梯制作

学习目标

1. 能够进行楼梯图纸的识读，根据给定案例及图纸制订楼梯生产方案。
2. 掌握预制楼梯制作的工艺流程。
3. 能够进行楼梯生产过程中各工位的操作。

　　某园区一期综合楼 A 栋为符合节能减排要求，根据国家装配式建设要求，拟采用预制楼梯进行施工，楼梯在 PC 预制工厂完成制作，图纸如图 3-68 所示，根据给定图纸编制楼梯制作方案，根据方案要求完成楼梯的制作。

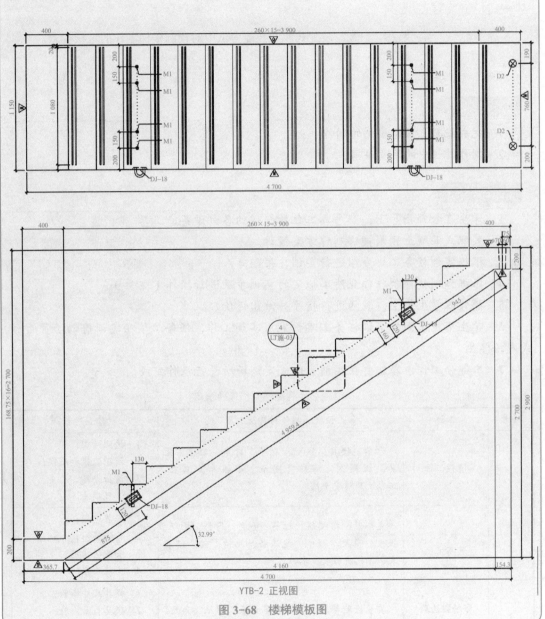

YTB-2 正视图

图 3-68　楼梯模板图

1. 识读图纸，从图纸中识读出楼梯的尺寸数据、钢筋数据。

2. 调研当地装配式预制构件厂预制楼梯作业工位有哪些？

3. 预制楼梯制作的工艺流程有哪些？

4. 熟悉"1+X"装配式职业技能考试中对预制楼梯制作的考核要求。

**任务内容**

1. 完成混凝土预制楼梯的制作。
2. 制作过程中的注意事项。

**任务要求**

1. 学生在教师指导下，熟悉各工位所提供的各种设备、工具。
2. 装配式混凝土预制楼梯制作方案设计。
3. 根据实训任务工单分组进行实训，每组4人。
4. 根据预制楼梯制作作业清单拟定的实训步骤进行操作（表3-9）。
5. 操作以学生为主，教师进行指导并做出评价。
6. 学生根据下面的实训任务工单，完成实训工作，任务工单在实训前以活页的形式发给学生。
7. 本部分工作内容需要在实训基地或实训场所进行操作完成。

表3-9　预制楼梯制作作业清单

| 序号 | 工位 | 预楼梯制作材料及工具 | 作业过程 |
|------|------|------|------|
| 1 | 清模工位 | 台车、模具、铁铲、刷子、行车、扫把、撮箕、脱模剂、海绵、图纸、小推车、工衣、工鞋、厂牌安全帽 | 1. 清理端模；<br>2. 清理边模和底模；<br>3. 清扫整顿；<br>4. 涂脱模油 |
| 2 | 装模、置筋工位 | 直条筋、搭接筋、拉筋、垫块、马凳、扎丝、扳手、角尺、撬棍、泡沫条、扎钩、自检记录表、工艺流程表、水性笔 | 1. 安装边模；<br>2. 扎钢筋网；<br>3. 安装搭接筋；<br>4. 安装端模 |
| 3 | 布料前检验工位 | 质量检验标准表、检验登记表、图纸、角尺、卷尺、水性笔 | 1. 模具尺寸检验；<br>2. 模具表面检验；<br>3. 置筋检验；<br>4. 整理整顿 |
| 4 | 布料工位 | 混凝土布料机、振动台、振动棒、水性笔、对讲机、PC构件生产任务流转单 | 1. 报单上板；<br>2. 卸料；<br>3. 布料；<br>4. 振动卸板 |

| 序号 | 工位 | 预楼梯制作材料及工具 | 作业过程 |
|---|---|---|---|
| 5 | 后处理工位 | 抹子、铁铲、吊钉、脱模油、周转篮、垃圾箱、自检记录表、工艺流程表、水性笔 | 1. 表面检查;<br>2. 表面预埋;<br>3. 表面及初凝处理;<br>4. 养护 |
| 6 | 拆模、吊装工位 | 小推车、扳手、铁锤、吊具、吊爪、行车、撬棍、回弹仪、自检记录表、工艺流程表、水性笔 | 1. 拆卸模具;<br>2. 强度测试;<br>3. 起吊准备;<br>4. 起吊脱模 |
| 7 | 成品清理、检验工位 | 铁铲、扫把、撮箕、垃圾桶、周转箱、图纸、构件成品质量验收标准表、卷尺、印章、水性笔 | 1. 预制楼梯构件清理;<br>2. 表面检查;<br>3. 尺寸检查;<br>4. 标示成品判定 |
| 8 | 成品入库工位 | 行车、吊爪、吊具、入库单、水性笔、木方 | 1. 行车起吊;<br>2. 存放;<br>3. 卸爪;<br>4. 成品入库填单 |

**任务实施**

预制楼梯的制作主要步骤包括清理模板、涂刷脱模剂,钢筋骨架绑扎、吊点预埋,组装模具,混凝土浇筑,标识、转运堆放。

预制楼梯制作
工作手册

1. 清理模板、涂刷脱模剂

根据楼梯的尺寸调整高度、侧模位置,配置好底模板尺寸,封好橡胶条;由人工对钢模板进行清理、涂刷脱模剂,确保模板光滑、平整。

(1)清理端模、边模和底模。用铁铲铲掉端模表面、端模锁紧用的螺栓上残留的混凝土渣,再用刷子清扫。端模的清理重点在内侧面,清理完后将端模、螺栓、整齐摆放在台车上。

用铁铲清理左右边模,先清理正面,再清理内侧面的混凝土渣,清理底模,按照从左到右每梯逐一清理,其中包括波胶的清理,最后使用刷子清扫。清理边模时,重点在内侧面,清理底模时重点在底模与边模的拼接处。清理模板时,要防止对模具造成损坏(图3-69)。

(2)涂刷脱模油。涂刷脱模油之前确认模内干净、无杂物,将脱模剂用海绵刷先涂边模,再涂端模和底模。将所有清扫工具清离台车,使台车流入下一工位。

脱模油的涂抹不可遗漏,且要均匀不能积液。涂抹脱模剂时要保持手势的方向一致(顺上挡边模)。水性脱模剂按照水∶油=3∶1的配合比执行。

2. 钢筋骨架绑扎、吊点预埋

根据型号、编号、配筋状况进行钢筋骨架绑扎。

根据图纸上钢筋的尺寸要求,将相应规格、数量的横筋和纵筋分别布置在底模上,然后用扎丝将其绑扎固定,最后在网片下放置垫块,完成下层网片绑扎。扎丝绕圈至少4圈以上，绑扎要牢固，但不能绕断扎丝。底层扎丝头的方向要求统一朝上，上层扎丝头方向朝下（图3-70）。

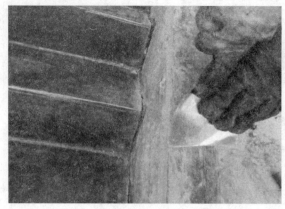

图3-69 清理边模和底模

图3-70 钢筋绑扎

根据图纸要求安装好对应的预埋件，需要穿筋加强的预埋件都按要求穿好钢筋。安装吊钉是要保证方向正确，吊钉小端头置入波胶。

3. 组装模具

用扳手将两边模的锁紧螺栓锁紧（三组）。在边模与底模拼接处涂刷结构胶，以防止露浆。用扎钩拨开波胶将吊钉放入波胶。将端模顺槽口方向塞入搭接筋并平放在边模上，然后用螺栓将端模与边模互锁。用泡沫条将端模搭接筋抽头槽口堵塞。模具尺寸偏差应控制在5 mm以内，每个模具的固定螺栓都必须安装牢固。模具安装如图3-71、图3-72所示。

图3-71 安装边模

图3-72 安装端模

4. 混凝土浇筑

混凝土采用（中碎石子）早强混凝土，由后台搅拌，混凝土的坍落度控制为6～8 cm，通过运输车、起重机直接吊送于模中。

布料时不要太靠近外边模（为5 cm），以免混凝土外泄模具和台车。布料要做到一次到位，饱满均匀。因料斗内混凝土的减少，卸料也将放慢，需要调整布料小车速度。当小车移动到模具端头需倒退 10 cm 左右后再关闭出料门（图 3-73）。布料完毕后，按"振动开始"按钮实施振动，达到表面呈现平坦、无气泡产生的状态，时间一般控制为 5 ~ 10 s，然后按"振动停止"按钮，最后用振动棒对梁多点位顺序振动（图 3-74）。

图 3-73　混凝土浇筑

图 3-74　浇筑、振捣

5. 标识、转运堆放

混凝土经过养护强度达到起吊强度后，即可松开紧固螺栓，拆除端部模板，及时起吊出模、编号、标明图示方向。按要求，堆放楼梯一般不超过 4 层。

吊具、吊爪、钢丝绳使用前必须检查，确定安全完好，在起吊路线过程中，要防止吊钉脱落，保证施工人员和周围物件的安全（图 3-75）。

用起重机将构件从生产线移至 PC 件存放区域，按规定将构件放置于指定存放区域，构件之间保持一定距离，不允许有接触（图 3-76）。

图 3-75　起重机起吊

图 3-76　构件存放

## 小 结

通过混凝土预制构件的生产环境、预制构件厂、预制构件制作设备、模具、工具的学习，掌握预制构件制作的基本知识；通过预制构件实训任务的学习，能够进行混凝土预制叠合板、预制框架梁、预制剪力墙、预制柱、预制楼梯等构件的制作，熟悉各构件制作工作工位，与装配式建筑施工岗位对接，融入"1+X"装配式职业技能等级考核要求，做到岗课赛证融通，严格按照操作规程和规范在控制质量、保证安全的前提下完成预制板、梁、剪力墙、预制柱、预制楼梯等构件的制作；通过案例引入、榜样引领、拓展引申培养正确的人生观、价值观、职业观。

### ◀))知识拓展

综合管廊的预制在实际生产中应用较多，综合管廊制作工作手册见二维码，供大家自主学习整体式预制管廊制作过程。

综合管廊制作工作手册

## 巩固提高

### 一、判断题

1. 装配式建筑产业基地是指具有明确的发展目标、较好的产业基础、技术先进成熟、研发创新能力强、产业关联度大、注重装配式建筑相关人才培养培训，能够发挥示范引领和带动作用的装配式建筑相关企业。（　　）

2. 外挂墙板连接节点不仅要有足够的强度和刚度保证墙板与主体结构可靠连接，还要避免主体结构位移作用于墙板形成内力。（　　）

3. 在混凝土浇筑前应进行预制构件的隐蔽工程检查，其中纵向受力钢筋的连接方式、接头位置、接头质量、搭接长度为应检查项目，接头面积百分率不是纵向受力钢筋的隐蔽工程检查项目。（　　）

4. 预制构件"三明治"墙板生产时，其保温材料的裁切尺寸应严格控制，避免由于尺寸裁切不准、误差过大，造成保温材料拼接不严。（　　）

5. 预制构件的外观质量不应有严重缺陷，且不宜有一般缺陷，对已经出现的一般缺陷，直接修理就好，不用再进行重新检验。（　　）

6. 模具各部件之间应连接牢固，接缝应紧密，附带的埋件或工装应定位准确，安装牢固。（　　）

7. 在预制构件中预埋门窗框时，应在模具上设置限位装置进行固定，并逐件检验。（  ）

8. 预制构件上的预留埋件和预留孔洞宜通过模具进行定位，并安装牢固。（  ）

9. 预制构件模具应保持清洁，涂刷脱模剂、表面缓凝剂时应均匀、无漏刷、无堆积，且不得沾污钢筋，不得影响预制构件的外观效果。（  ）

10. 预制构件模具进厂后，应按规范规定进行模具尺寸偏差检验。当设计有要求时，模具尺寸允许偏差应符合设计要求。（  ）

二、单选题

1. 预制构件和部品经检查合格后，宜设置（  ）。

    A. 合格证　　　　　　B. 工序标识　　　　　C. 表面标识　　　　　D. 存放标识

2. 当预制构件粗糙面采用涂刷缓凝剂工艺时，预制构件脱模后应及时进行（  ），露出骨料。

    A. 凿毛　　　　　　　B. 喷砂　　　　　　　C. 拉毛处理　　　　　D. 高压水冲洗

3. 预制构件模具组装前，模具组装人员应对（  ）等进行检查，确定其是否齐全。

    A. 组装场地　　　　　B. 模具配件　　　　　C. 钢筋　　　　　　　D. 起吊设备

4. 当预制构件出现影响结构性能或使用功能的缺陷时，下列正确的处理方式是（  ）。

    A. 请质检员出具处理方案，修补后继续使用

    B. 构件制作人员自行修理，不必进行上报

    C. 调整使用，安放在受力较小处

    D. 要经过原设计单位认可，制订技术处理方案进行处理，并重新检查验收

5. 浇筑叠合层混凝土时，预制底板上部应避免（  ）。

    A. 均匀准载　　　　　B. 集中堆载　　　　　C. 两端堆载　　　　　D. 中间堆载

6. 预制混凝土叠合板浇筑施工工艺为（  ）。

    A. 底模固定及清理→绑扎钢筋及预埋、预留孔→浇筑混凝土及振捣→表面扫毛

    B. 绑扎钢筋及预埋预留孔→底模固定及清理→浇筑混凝土及振捣→表面扫毛

    C. 绑扎钢筋及预埋、预留孔→浇筑混凝土及振捣→表面扫毛→底模固定及清理

    D. 浇筑混凝土及振捣→绑扎钢筋及预埋、预留孔→表面扫毛→底模固定及清理

7. 预制混凝土夹芯保温外墙板构件不包含（  ）。

    A. 外叶墙　　　　　　B. 保温层　　　　　　C. 内叶墙　　　　　　D. 内墙装饰

8. 构件翻身强度不得低于（  ），经过复核满足翻身和吊装要求时，允许将构件翻身和起吊。

    A. 设计强度的 70% 且不低于 C20　　　　B. 设计强度的 30% 并不低于 C15

    C. 设计强度的大于 C15，低于 70%　　　　D. 以上说法都不正确

9．预制构件安装就位后应及时采取临时固定措施。预制构件与吊具的分离应在校准定位及（　　　）后进行。

  A．后浇混凝土浇筑      B．临时固定措施安装完成

  C．构件灌浆         D．焊接锚固

### 三、多选题

1．预制构件生产单位以保障产品质量应具备的条件有（　　　）。

  A．能够保证产品质量要求的生产工艺设施

  B．试验检测条件

  C．完善的质量管理体系和制度

  D．不可追溯的生产管理系统

2．预制构件脱模后，对构件应进行保护，下列说法正确的有（　　　）。

  A．构件外露保温板应采取防止开裂措施

  B．构件外露钢筋应采取防弯折措施

  C．钢筋连接套筒、预埋孔洞应采取防止堵塞的临时封堵措施

  D．预制混凝土构件不需要保护措施

3．在下列构件中，属于受弯构件的有（　　　）。

  A．柱     B．墙     C．梁     D．板

4．预制楼梯制作过程中的装模、置筋工位的具体作业过程有（　　　）。

  A．安装边模  B．扎钢筋网  C．安装搭接网  D．安装端模

5．以下属于模具组装工艺流程的有（　　　）。

  A．模具初固定  B．模具测量校正  C．模具终固定  D．钢筋清理

# 项目四　装配式混凝土预制构件的存储和运输

**惠南新市镇 23 号楼的工业化实践**

　　上海市浦东新区惠南新市镇 17–11–05、17–11–08 地块 23 号楼是华建集团和宝业集团合作的一个上海市工业化住宅示范项目。该项目的改造开始于项目设计和规划审批已经结束之后，因此，各项改造均需在原设计的基础上进行，为工业化改造设计带来了一定的约束和难度。最终，23 号楼采用双面叠合板式混凝土剪力墙体系，单体预制率达到 30%，项目采用了 BIM 技术，将建筑、结构、机电一体化设计，从方案到施工图，工厂制作和运输，现场装配全过程，甚至考虑到建筑日后的拆除，真正实现了建筑全生命周期的设计和控制。13 层住宅，仅用时 82 d 完工，建设速度为平均 6 d 一层，不仅建设速度得以提高，且建筑质量也大幅提升。

## 知识目标

1. 掌握装配式混凝土预制构件的堆放要求。
2. 熟悉常见装配式混凝土预制构件的存储知识。
3. 掌握常见装配式混凝土预制构件的装车要求。
4. 熟悉常见装配式混凝土预制构件的运输知识。

## 技能目标

1. 能够针对不同装配式混凝土预制构件选择合理存储方式并编制存储方案。
2. 能够针对不同装配式混凝土预制构件选择合理装车方式并编制装车方案。
3. 能够针对不同装配式混凝土预制构件选择运输存储方式并编制运输方案。

## 素质目标

1. 具有良好的职业道德和职业精神，工作态度端正，热爱劳动，情绪稳定。
2. 以装配式混凝土预制构件的存储和运输为主线，培养严谨认真的工作作风、团结协作的工作能力。

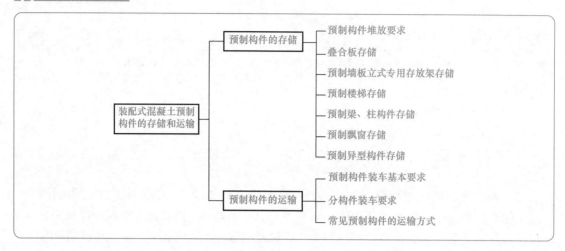

## 任务一 预制构件的存储

### 任务描述

我国南方某城市综合办公楼一栋，地上六层，其中二～五层为标准层，结构体系为装配整体式混凝土框架结构，抗震等级为二级。首层柱采用现浇混凝土，标高为4.900 m处楼板、梁及该标高以上的结构构件中一部分采用预制混凝土结构构件，按等同现浇形式设计。

该建筑物的装配率为60%，其中主体结构部分的预制构件包括预制叠合梁、预制叠合板、预制柱、预制楼梯。要求预制构件在预制构件加工厂进行生产。

### 任务思考

1. 预制构件主要有哪些？请列举5种以上。
2. 预制构件存储需要使用哪些设备？请列举5种以上。
3. 收集一份预制构件存储方案。

### 应知应会

预制混凝土构件如果在存储环节发生损坏、变形，将会很难补修，既耽误工期又造成经济损失。因此，大型预制混凝土构件的存储方式非常重要。物料存储要分门别类，按"先进先出"原则堆放物料，原材料需填写"物料卡"标识，并有相应台账、卡账以供查询。对因有批次规定特殊原因而不能混放的同一物料应分开摆放。物料存储要尽量做到"上小下大，上轻下重，不超安全高度"。物料不得直接放置于地上，必要时加垫板、工字钢、木方或放置于容器内，予以保护存放而且要放置在指定区域，以免影响物料的收发管理。不良品与良品必须分仓或分区存储、管理，并做好相应标识。存储场地须适当保持通风、通气，以保证物料不发生变质。

## 一、预制构件堆放要求

预制混凝土构件的堆放应符合下列规定：

（1）按照产品名称、规格型号、检验状态分类存储，产品标识应明确、耐久，预埋吊件应朝上，标识应向外。

（2）预制楼板、叠合板、阳台板和空调板等构件宜平放，宜采用专门的存放架支撑，叠放层数不宜超过6层；长期存储时，应采取措施控制预应力构件起拱值和叠合板翘曲变形。

（3）预制柱、叠合梁等细长构件宜平放且用两条垫木支撑。

（4）预制内、外墙板、挂板宜采用插放架直立存放，支架应有足够的强度和刚度，薄弱构件、构件薄弱部位和门窗洞口应采取防止变形开裂的临时加固措施。

（5）预制楼梯宜采用水平叠放，不宜超过4层。

## 二、叠合板存储

叠合板应放在指定的存放区域，存放区域地面应保证水平。叠合板需分型号码放、水平放置。第一层叠合板应放置在 H 型钢（型钢长度根据通用性一般为 3 000 mm）上，保证桁架筋与型钢垂直，型钢距离构件边 500 ~ 800 mm。层间用四块 100 mm×100 mm×250 mm 的木方隔开，四角的四个木方位平行于型钢放置（图 4-1），存放层数不超过 6 层，高度不超过 1.5 m。

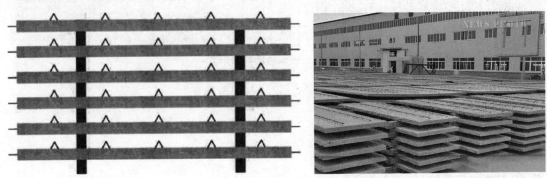

图 4-1　叠合板存储示意

## 三、预制墙板立式专用存放架存储

预制墙板（图 4-2）采用专用存放架存储，有立式码放存储架、斜式码放存储架、模块式码放存储架、专用码放存储架和固定式码放存储架。墙板宽度小于 4 mm 时墙板下部垫两块 100 mm×100 mm×250 mm 木方，两端距离墙边 30 mm 处各有一块木方。墙板宽度大于 4 mm 或带门口洞时墙板下部垫三块 100 mm×100 mm×250 mm 木方，两端距离墙边 300 mm 处各一块木方，墙体重心位置处一块。

图 4-2　预制墙板存储示意

### 四、预制楼梯存储

预制楼梯（图 4-3）应放在指定的存储区域，存放区域地面应保证水平。楼梯应分型号码放。折跑梯左右两端第二个、第三个踏步位置应垫四块 100 mm×100 mm×500 mm 木方，距离前后两侧为 250 mm，保证各层间木方水平投影重合，存放层数不超过 4 层。

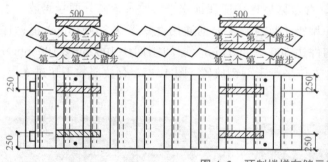

图 4-3　预制楼梯存储示意

### 五、预制梁、柱构件存储

预制梁、柱（图 4-4）应放在指定的存储区域，存放区域地面应保证水平，需分型号码放、水平放置。第一层梁、柱应放置在 H 型钢（型钢长度根据通用性一般为 3 000 mm）上，保证长度方向与型钢垂直，型钢距离构件边 500～800 mm，长度过长时应在中间间距 4 mm 放置一个 H 型钢，根据构件长度和质量最高叠放两层。层间用一块 100 mm×100 mm×500 mm 的木方隔开，保证各层间木方水平投影重合于 H 型钢。

图 4-4　预制梁、柱存储示意

### 六、预制飘窗存储

预制构件储存方案

预制飘窗采用立方专用存放架存储（图 4-5），飘窗下部垫三块 100 mm×100 mm×250 mm 木方，两端距离墙边 300 mm 处各一块木方，墙体重心位置处一块。

### 七、预制异型构件存储

预制构件储存支撑要求

对于一些预制异型构件（图 4-6），要根据其质量和外形尺寸的实际情况合理划分存储区域及形式，避免损伤和变形造成构件质量缺陷。

图 4-5　预制飘窗存储示意

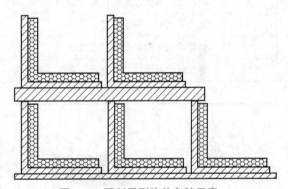

图 4-6　预制异型构件存储示意

练一练

1.【单选】预制构件码放储存通常可采用平面堆放和（　　）两种方式。

　　A. 立式堆放　　　　　　　　　B. 叠加堆放

　　C. 竖向固定　　　　　　　　　D. 竖直堆放

2.【多选】对于构件的堆放，以下说法正确的有（　　）。

　　A. 堆放架有限载验收提示牌口　　B. 构件可随意堆放

　　C. 堆场有脚手架等辅助措施　　　D. 堆场标有制度牌和责任人

　　E. 堆场选址合理

混凝土预制构件历经设计、制作、存储、运输、施工多个环节，顺利完成每个环节除要按规则执行外，还要关注细节，从小事抓起。

你知道吗？民间脍炙人口的故事——"空城计"，就是因细节而成功的经典故事。三国初期，诸葛亮出兵讨魏国，由于要地街亭失守，导致满盘皆输。诸葛亮被迫撤兵，司马懿大军追至，这时诸葛亮手下的将领士兵基本分配军务调完了，只剩 2 500 军卒在城中。于是他命令偃旗息鼓，大开城门，自己坐在城楼上弹琴，左有一童子手捧宝剑；右有一童子手执麈尾。城门内外，分别安排了 20 多个士兵，扮成老百姓在那打扫。司马懿疑心有伏兵，调头就撤兵。诸葛亮躲过一劫！弹琴、童子、百姓，可以说真正吓跑司马懿的不是诸葛亮，而是这些精心安排的细节。

今天的工程建设者要想铸就精品工程也离不开细节意识。

### 考核评价

任务完成后，学生完成"自我评价"，教师完成"教师评价"整理课堂练习，完成任务评价表（表4-1）。

表4-1　任务评价表

| 序号 | 评价内容 | 分值分配 | 学生自评 | 小组互评 | 教师评价 |
|---|---|---|---|---|---|
| 1 | 能提前进行课前预习、熟悉任务内容 | 10 | | | |
| 2 | 能熟练、多渠道地查找参考资料 | 10 | | | |
| 3 | 能认真听讲，勤于思考 | 20 | | | |
| 4 | 能正确回答教师问题和课堂练习 | 40 | | | |
| 5 | 能在规定时间内完成老师布置的各项任务 | 20 | | | |
| 6 | 合计 | 100 | | | |

# 任务二　预制构件的运输

### 任务描述

我国南方某城市综合办公楼一栋，地上六层，其中二~五层为标准层，结构体系为装配整体式混凝土框架结构，抗震等级为二级。首层柱采用现浇混凝土，标高为 4.900 m 处楼板、梁及该标高以上的结构构件中一部分采用预制混凝土结构构件，按等同现浇形式设计。

该建筑物的装配率为 60%，其中主体结构部分的预制构件包括预制叠合梁、预制叠合板、预制柱、预制楼梯。要求预制构件在预制构件加工厂进行生产。

**任务思考**

1. 预制叠合板的运输有哪些要求？
2. 预制构件运输需要使用哪些设备？请列举 3 种以上。
3. 收集一份预制构件运输方案。

**应知应会**

### 一、预制构件装车基本要求

（1）凡需现场拼装的构件应尽量将构件成套装车或按安装顺序装车运输至现场。

（2）构件起吊时应拆除与相邻构件的连接，并将相邻构件支撑牢固。

（3）对大型构件，宜采用龙门式起重机或桁式起重机吊运。当构件采用龙门式起重机装车时，起吊前吊装工须检查吊钩是否挂好，构件中螺钉是否拆除等，避免影响构件的起吊安全。

（4）构件从成品堆放区吊出前，应根据设计要求或强度验算结果，在运输车辆上支设好运输架。

（5）外墙板采用竖直立放运输为宜，支架应与车身连接牢固，墙板饰面层应朝外，构件与支架应连接牢固。

（6）楼梯、阳台、预制楼板、短柱、预制梁等小型构件以水平运输为主，装车时支点搁置要正确，位置和数量应按设计要求进行。

（7）构件起吊运输或卸车堆放时，吊点的设置和起吊方法应按设计要求与施工方案确定。

（8）运输构件的搁置点：一般等截面构件在长度 1/5 处，板的搁置点在距离端部 200 ～ 300 mm 处。其他构件视受力情况确定，搁置点宜靠近节点处。

（9）构件装车时应轻吊轻落、左右对称地放置在车上，保持车上荷载分布均匀；卸车时按后装先卸的顺序进行，保持车身和构件稳定。构件装车编排应尽量将质量大的构件放在运输车辆的前端或中央部位，质量小的构件则放在运输车辆的两侧，应尽量降低构件重心，确保运输车辆平稳，行驶安全。

（10）采用叠放方式运输时，构件之间应放有垫木，并在同一条垂直线上，且厚度相等。有吊环的构件叠放时，垫木的厚度应高于吊环的高度，且支点的垫木应上下对齐，并应与车身绑扎牢固。

（11）构件与车身、构件与构件之间应设有毛毡、板条、草袋等隔离体，避免运输时构件滑动、碰撞。

（12）预制构件固定在装车架上以后，需用专用帆布带、夹具或斜撑夹紧固定。

（13）构件抗弯能力较差时，应设抗弯拉索，拉索和捆扎点应计算确定。

## 二、分构件装车要求

### （一）PC墙板装车

（1）PC墙板运输架可分为整装运输架、一般运输架。

（2）车型选择：一般采用9.6 m平板车作为运输车辆，具体根据各区域情况而定；装车前，检查运输架是否有损伤，如有损伤立即返修或更换运输架；在平板车上加焊运输架限位件，防止运输架在运输过程中移动或倒塌；严格按照运输安全规范和手册操作，注意安全；装车墙板质量不超过平板车极限荷载。

装车状况检查

（3）墙板布置顺序要求：按照吊装顺序进行布置，优先将重板放置中间，先吊装的PC板放置在货架外侧，后吊装的PC板放置在货架内侧。保证现场吊装过程中，从两端往中间依次吊装。

（4）质量限制要求：PC板整体质量控制在30 t以下，货架放置完毕后，上下板质量偏差控制为±0.5 t。

（5）当装车布置顺序要求与质量限制要求冲突时，优先考虑质量限制要求。

（6）PC墙板与PC墙板之间需要加插销固定，PC墙板与PC墙板的间距为60 mm。

（7）当PC墙板有伸出钢筋时，在装车过程中需要考虑钢筋可能产生的干涉。

### （二）叠合板装车

#### 1. 车型选择

一般采用13.5 m或17.5 m平板车为运输架运输车辆，具体根据各区域情况确定；装车前应检查车况，保证运输车辆无故障；所有运输楼板车辆前端一定要有车前挡边工装；叠合楼板装车需要用绑带捆压固定在车上，如使用钢丝绳捆绑，一定要在顶层边上加装楼板护角；装车质量不超过平板车极限荷载。

（1）每块PC楼板上均需要标示PC板编号、质量、吊装顺序信息，所有PC楼板图，均以PC详图俯视图为主。

（2）堆码要求，需按照"大板摆下、小板摆上"及"先吊摆上、后吊摆下"的原则；当两者冲突时优先遵循大板摆下、小板摆上的原则；板长宽尺寸差距在400 mm范围内的，上下位置可以任意对调。通过调节尽量按照"先吊摆上、后吊摆下"的原则堆码。

（3）限制要求：板总重控制在30 t以下；PC板叠加量，叠合楼板控制为6～8层，预应力楼板控制为8～10层。

#### 2. 叠合板装车原则

（1）当采用9.6 m或10 m高低挂平板车装运楼板时，大垛堆码楼板往车前部堆放，后面可装小垛堆码楼板。当垛堆楼板超长，只能堆放1垛时，此楼板尽量放置在后轮轮轴上方，保证车轮承重在轮轴处；当采用13.5 m或17.5 m平板车装运楼板时：大垛堆码楼板堆放在后轮轮轴上方，小垛楼板堆放在前部（图4-7）。

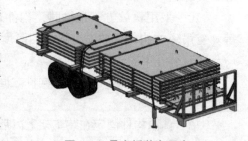

图4-7 叠合板装车示意

（2）垛堆楼板居车辆中间堆放，严禁垛堆楼板重心偏移车辆中心。

（3）垛堆楼板宽度或伸出钢筋尽量不超出车辆宽度，单边超出长度不大于200 mm。

（4）所有垛堆楼板装车均需绑带或钢丝绳捆绑。

（5）保证装车平衡，严禁倾边。

（6）装车楼板质量不超过车辆极限荷载。

### （三）起吊装车

PC构件装车顺序需按项目提供的吊装顺序进行配车，否则PC构件到施工现场后反而给施工现场的物流吞吐带来阻碍（图4-8）。

（1）工厂起重机、龙门式起重机、提升机主钢丝绳、吊具、安全装置等，必须进行安全隐患检查，并保留点检记录，确保无安全隐患。

（2）工厂起重机、龙门式起重机操作人员必须培训合格，持证上岗。

图4-8　起吊装车示意

（3）PC件装架和（或）装车均以架、车的纵心为重心，按照两侧质量平衡的原则摆放。

（4）采用H型钢等金属架枕垫运输时，必须在运输架与车厢底板之间的承力段垫橡胶板等防滑材料。

（5）墙板、楼板每垛捆扎不少于两道，必须使用直径不小于10 mm的天然纤维芯钢丝绳将PC构件与车架载重平板扎牢、绑紧。

（6）墙板运输架装运须增设防止运输架前、后、左、右四个方向移位的限位块。

（7）PC构件上、下部位均需有铁杆插销，运输架每端最外侧上、下部位，安装两根铁杆插销（图4-9）。

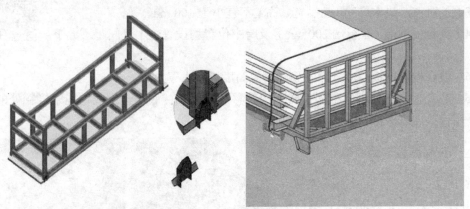

图4-9　PC构件装车示意

（8）装车人员必须保证插销紧靠PC构件，三角固定销敲紧。

（9）运输发货前，物流发货员、安全员对运输车辆、人员及捆绑情况进行安全检查，检查合格方能进行PC构件运输。

### 三、常见预制构件的运输方式

预制混凝土构件在运输过程中应使用托架、靠放架、插放架等专业运输架，避免在运输过程中出现倾斜、滑移、变形等安全隐患，同时，也防止预制混凝土构件损坏。应根据不同种类预制混凝土构件的特点采用不同的运输方式，托架、靠放架、插放桩应进行专门设计，进行强度、稳定性和刚度验算。

预制构件厂内
运输

（1）墙板类构件宜采用竖向立式放置运输，外墙板饰面层应朝外；预制梁、叠合板、预制楼梯、预制阳台板宜采用水平放置运输；预制柱可采用水平放置运输，当采用竖向立式放置运输时应采取防止倾覆措施。

（2）采用靠放架立式运输时，构件与地面倾斜角度宜大于 80°，构件应对称靠放，每侧不宜大于两层，构件层间宜采用木垫块隔离。

预制构件运输
方案

（3）采用插放架直立运输时，构件之间应设置隔离垫块，构件之间及构件与插放架之间应可靠固定，防止构件因滑移、失稳造成的安全事故。

（4）水平运输时，预制梁、预制柱构件叠放不宜超过 2 层，板类构件叠放不宜超过 6 层。

#### （一）叠合板运输

（1）同条件养护的叠合板混凝土立方体抗压强度达到设计要求时，方可脱模、吊装、运输及堆放。

（2）叠合板吊装时应慢起慢落，避免与其他物体相撞。应保证起重设备的吊钩位置、吊具及构件重心在垂直方向上重合，吊索与构件水平夹角不宜大于 60°，不应小于 45°。当采用六点吊装时，应采用专用吊具，吊具应具有足够的强度和刚度。

预制构件控制
合理运输半径

（3）预制叠合板采用叠层平放的运输方式，叠合板之间应用垫木隔离，垫木应上下对齐，垫木尺寸（长、宽、高）不宜小于 100 mm。

（4）叠合板两端（至板端 200 mm）及跨中位置均设置垫木且间距不大于 1.6 m。

预制构件运输
应急预案

（5）叠合板不同板号应分别码放，码放高度不宜大于 6 层。

（6）叠合板支点处绑扎牢固，防止构件移动或跳动，底板边部或与绳索接触处的混凝土，采用衬垫加以保护。

#### （二）预制墙板运输

对于内、外墙板和 PCF 板等竖向构件多采用立式运输方案（图 4-10），竖向或页数形状的墙板宜采用插放架，运输竖向薄壁构件、复合保温构件时应根据需要设置靠放架。

图 4-10　预制墙板运输示意

### （三）预制楼梯运输

（1）预制楼梯采用叠合平放方式运输（图4-11），预制楼梯之间用垫木隔离，垫木应上下对齐，尺寸（长、宽、高）不宜小于100 mm，最下面一根垫木应通长设置。

（2）不同型号的预制楼梯应分别码放，码放高度不宜超过4层。

（3）预制楼梯间绑扎牢固，防止构件移动，楼梯边部或与绳索接触处的混凝土采用衬垫加以保护。

图4-11  预制楼梯运输示意

### （四）预制阳台板运输

（1）预制阳台板运输时，底部采用木方作为支撑物，支撑应牢固，不得松动。

（2）预制阳台板封边高度为800 mm、1 200 mm时，宜采用单层放置。

（3）预制阳台板运输时，应采取防止构件损坏的措施，防止构件移动、倾倒、变形等。

预制构件运输交付资料

练一练

1.【单选】在运输构件时，大型货运汽车载物高度从地面起不准超过（      ）m。
   A. 3　　　　　B. 4　　　　　C. 5　　　　　D. 6
2.【多选】构件在进行运输时的规范，以下说法正确的有（      ）。
   A. 运输车辆满足载重要求　　　B. 重物吊运要保持平衡
   C. 无须考虑天气影响　　　　　D. 做好绑扎固定措施
   E. 对构件边角部混凝土采用垫衬保护

---

**◀))育人园地**　　　不以规矩，不能成方圆

混凝土预制构件运输是构件从制作到施工过程中的重要一环，如不严格执行各类构件的运输要求，在运输过程中就会出现严重损失。

"不以规矩，不能成方圆。"出自战国时期伟大的思想家孟轲的《孟子·离娄章句上》。规、矩：校正圆形、方形的两种工具，多用来比喻标准法度。这两句大意是：不用规和矩，就不能画出标准的方形和圆形。孟轲举出两个能工巧匠的例子来谈为政的道理，"离娄之明，公输子之巧"，离娄相传是黄帝时代的人，黄帝丢了玄珠，知道离娄能在百步之外明察秋毫，于是请他寻找玄珠。然而像他这样以眼睛明亮著称的人，也要借助规矩才能找到索求的东西。公输子就是鲁班，中国木工的祖师。像他那样技艺超群的，没有规和矩也做不出艺术精品。强调做任何事都要有一定的规矩、规则、做法，否则无法成功。

今天的工程建设者要想铸就精品工程也离不开规矩意识！

任务完成后，学生完成"自我评价"，教师完成"教师评价"整理课堂练习，完成任务评价表（表4-2）。

表4-2　任务评价表

| 序号 | 评价内容 | 分值分配 | 学生自评 | 小组互评 | 教师评价 |
|---|---|---|---|---|---|
| 1 | 能提前进行课前预习、熟悉任务内容 | 10 | | | |
| 2 | 能熟练、多渠道地查找参考资料 | 10 | | | |
| 3 | 能认真听讲，勤于思考 | 20 | | | |
| 4 | 能正确回答教师问题和课堂练习 | 40 | | | |
| 5 | 能在规定时间内完成老师布置的各项任务 | 20 | | | |
| 6 | 合计 | 100 | | | |

## 小　结

根据不同类型装配式混凝土构件选择合理的存储、装车和运输方式，制订合理的存储、装车和运输方案，严格按照设计要求和存储、装车和运输方案进行必要的验算。严格执行相关方案，完成不同类型装配式混凝土构件的存储、装车和运输。

## 巩固提高

**单选题**

1．墙板码放储存时储存架的类型有立式码放存储架、斜式码放存储架、模块式码放存储架、专用码放存储架和（　　　）。

A．叠合码放存储架　　　　　　　B．悬吊码放存储架

B．固定式码放存储架　　　　　　D．竖向码放存储架

2．预制构件堆放储存对场地要求要平整、（　　　）、有排水措施。

A．清洁　　　　　　　　　　　　B．坚实

C．牢固　　　　　　　　　　　　D．宽敞

3．堆放预制构件时，应该根据预制构件起拱值的大小和（　　　）采取相应的措施。

A．预制构件的大小　　　　　　　B．板面弯曲度

C．堆放时间　　　　　　　　　　D．预制构件种类

4. 对于超高、（　　）、形状特殊的大型构件的运输和堆放需要采取专门质量安全保护措施。

    A．预制楼梯构件　　　　　　　　B．预制超宽构件

    C．预制外墙板构件　　　　　　　D．预制楼板构件

5. 墙板采用靠放架堆放时与地面倾斜角度宜大于（　　）。

    A．80°　　　　　　B．60°　　　　　　C．70°　　　　　　D．30°

6. 为了保证预制构件在运输过程中安全，运输车辆的总质量不得超过（　　）t。

    A．40　　　　　　B．30　　　　　　C．50　　　　　　D．45

7. 预制构件重叠平运时，各层之间必须放（　　）木方支垫，且垫块位置应保证构件受力合理，上下对齐。

    A．100 mm×100 mm　　　　　　B．80 mm×80 mm

    C．60 mm×60 mm　　　　　　　D．50 mm×50 mm

8. 预制构件需要采用水平码放储存和运输，其中不正常的是（　　）。

    A．叠合板　　　　B．墙板　　　　　C．楼梯　　　　　D．梁

9. 预制构件运输大多数采用（　　），不得竖直运输。

    A．吊运法　　　　B．立运法　　　　C．平运法　　　　D．特殊法

10. 预制叠合板堆放时，其高度不宜大于（　　）层。

    A．5　　　　　　　B．6　　　　　　　C．7　　　　　　　D．8

# 项目五　装配式混凝土建筑施工前准备工作

## 装配式建筑助力碳达峰

当前，碳达峰、碳中和工作已纳入我国生态文明建设总体布局，将成为促进我国经济社会发展全面绿色转型、推动实现高质量发展的重要举措。建筑作为人们工作和生活的主要空间载体，建材的生产运输、建筑的建造及建筑的运行均产生大量的能源资源消耗，是我国能源消耗的三大来源之一。根据住房和城乡建设部等9部门联合印发的《关于加快新型建筑工业化发展若干意见》，装配式建造方式在节能、节材、节水和减排方面的成效已在实际项目中得到证明。装配式建筑能有效降低建造过程大气污染和建筑垃圾排放，最大限度地减少扬尘和噪声等环境污染，是城乡建设领域绿色发展、低碳循环发展的主要举措，为助力城市环境改善和生态文明建设，以及城乡建设领域2030年前碳达峰奠定坚实基础。

### 知识目标

1. 掌握装配式混凝土建筑施工人员准备工作、技术准备工作、物资准备等工作。
2. 掌握装配式混凝土建筑构件、材料进场计划、进场检验清单、检验流程。

### 技能目标

1. 能够熟悉装配式混凝土建筑施工准备工作的内容。
2. 能够正确完成装配式混凝土建筑专项施工方案的编制。

### 素质目标

1. 锻炼逻辑思维能力及动手操作能力。
2. 在工作过程中严格遵守职业道德和行为规范，从而形成严谨的工作作风。
3. 具有节能意识、环保意识、团结协作的意识和能力。
4. 具有一定的抗挫折能力，树立终身学习的理念。

**▶▶▶ 思维导图**

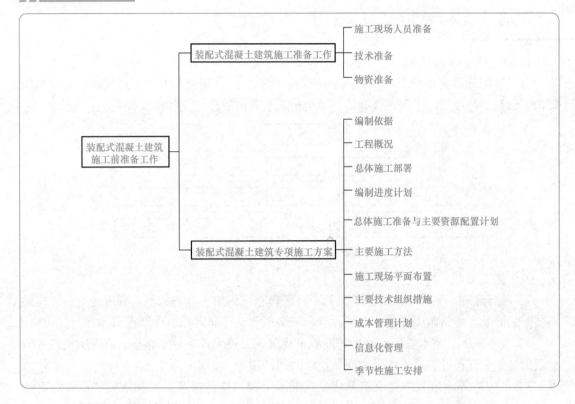

装配式混凝土建筑
施工前准备工作

- 装配式混凝土建筑施工准备工作
  - 施工现场人员准备
  - 技术准备
  - 物资准备

- 装配式混凝土建筑专项施工方案
  - 编制依据
  - 工程概况
  - 总体施工部署
  - 编制进度计划
  - 总体施工准备与主要资源配置计划
  - 主要施工方法
  - 施工现场平面布置
  - 主要技术组织措施
  - 成本管理计划
  - 信息化管理
  - 季节性施工安排

## 任务一　装配式混凝土建筑施工准备工作

**▶ 任务描述 ▶**

　　某园区一期综合楼A栋，地上九层，结构体系为装配整体式混凝土框架结构。装配式构件包含预制柱、预制叠合梁、预应力混凝土钢筋桁架叠合板、预制楼梯、预制外墙板等。该建筑物竖向装配式构件应用比例为56.6%，水平装配式构件应用比例为74.4%。装配式混凝土建筑施工前应进行准备工作，包括施工现场人员准备、技术准备、物资准备等内容。

**▶ 任务思考 ▶**

　　1. 装配式混凝土建筑施工管理人员与技术工人的配置有哪些？
　　2. 装配式混凝土建筑施工主要设备、主要辅助设备的选用与准备工作有哪些？

**▷ 应知应会**

　　装配式混凝土建筑施工与现浇钢筋混凝土建筑施工有诸多不同，很多施工阶段的工作需要前移到设计阶段考虑。本任务主要介绍装配式混凝土建筑与现浇钢筋混凝土建筑施工条件的不同之处，包括施工现场人员准备、技术准备、物资准备等内容。

## 一、施工现场人员准备

### 1. 施工管理人员与技术工人配置

（1）装配式混凝土建筑施工管理组织架构（图 5-1）。装配式混凝土建筑施工管理组织架构不仅与工程性质、工程规模有关，也与施工企业的管理习惯和模式有关。

图 5-1　装配式混凝土建筑施工管理组织架构

（2）施工管理人员。

1）项目经理。装配式混凝土建筑的项目经理除组织施工具备的基本管理能力外，应熟悉装配式混凝土建筑施工工艺、质量标准和安全规程，有非常强的计划意识。

2）技术总工。技术总工对装配式混凝土建筑施工技术各个环节熟悉，负责施工技术方案及措施的制订设计、技术培训和现场技术问题处理等。

3）吊装指挥。吊装指挥应熟悉装配式混凝土建筑构件拼装工艺和质量要点等，有计划、组织、协调能力，安全意识、质量意识、责任心强，对各种现场情况有应对能力。

4）质量总监。对装配式混凝土建筑构件出厂的标准、装配式混凝土建筑施工材料检验标准和施工质量标准熟悉，负责编制质量方案和操作规程，组织各个环节的质量检查等。

（3）专业技术工人。与现浇混凝土建筑相比，装配式混凝土建筑施工现场作业工人减少，部分工种大幅度减少，如模具工、钢筋工、混凝土工等。

装配式混凝土建筑作业增加了一些新工种，如信号工、起重工、安装工、灌浆料制备工、灌浆工等；还有一些工种的作业内容有所变化，如测量工、塔式起重机驾驶员等。对这些工种应当进行装配式混凝土建筑施工专业知识、操作规程、质量和安全培训，并应考试合格后方可上岗操作。国家规定的特殊工种必须持证上岗作业。下面分别讨论各工种的基本技能与要求。

1）起重工。起重工负责吊具准备、起吊作业时挂钩、脱钩等作业，须了解各种构件名称及安装部位，熟悉构件起吊的具体操作方法和规程、安全操作规程、吊索吊具的应用等，富有现场作业经验。

2）信号工。信号工也称为吊装指令工，向塔式起重机驾驶员传递吊装信号。信号工应熟悉装配式混凝土建筑构件的安装流程和质量要求，全程指挥构件的起吊、降落、就位、脱钩等。该工种是装配式混凝土建筑安装保证质量、效率和安全的关键工种，技术水平、质量意识、安全意识和责任心都应当强。

3）塔式起重机驾驶员。装配式混凝土建筑构件质量较大，安装精度在几毫米以内，多个甚至几十个套筒或浆锚孔对准钢筋，要求装配式混凝土建筑工程的塔式起重机驾驶员比现浇混凝土工地的塔式起重机驾驶员有更加精细、准确的吊装能力与经验。

4）测量工。测量工进行构件安装三维方向和角度的误差测量与控制。测量工应熟悉轴线控制与界面控制的测量定位方法，确保构件在允许误差内安装就位。

5）安装工。安装工负责构件就位、调节标高支垫、安装节点固定等作业。安装工应熟悉不同构件安装节点的固定要求，特别是固定节点、活动节点固定的区别；熟悉图样和安装技术要求。

6）临时支护工。临时支护工负责构件安装后的支撑、施工临时设施安装等作业。临时支护工应熟悉图样及构件规格、型号和构件支护的技术要求。

7）灌浆料制备工。灌浆料制备工负责灌浆料的搅拌制备。灌浆料制备工应熟悉灌浆料的性能要求及搅拌设备的机械性能，严格执行灌浆料的配合比及操作规程，经过灌浆料厂家培训及考试后持证上岗，质量意识、责任心强。

8）灌浆工。灌浆工负责灌浆作业，应熟悉灌浆料的性能要求及灌浆设备的机械性能，严格执行灌浆料操作流程及规程，经过灌浆料厂家培训及考试后持证上岗，质量意识、责任心强。

9）修补工。修补工是对运输和吊装过程中构件的磕碰进行修补，了解修补用料的配合比，应对各种磕碰等修补方案；也可委托给构件生产工厂进行修补。

2. 人员培训

根据装配式混凝土建筑的管理和施工技术特点，确定装配式混凝土建筑施工作业各工种人员数量和进场时间，制订培训计划，确定培训内容、方式、时间和责任者。对管理人员及作业人员进行专项培训，严禁未培训者上岗及培训不合格者上岗；要建立完善的教育和考核制度，通过定期考核和技能竞赛等形式提高职工素质。对于长期从事装配式混凝土结构施工的企业，应逐步建立专业化的施工队伍。

钢筋灌浆套筒作业是装配式结构的关键工序，是有别于现浇混凝土结构的新工艺。施工前，应对工人进行专门的灌浆作业技能培训，模拟现场灌浆施工作业流程，提高注浆工人的质量意识和业务技能，以确保构件灌浆作业的施工质量。

## 二、技术准备

装配式混凝土结构施工前，应由相关单位完成深化设计，并经原设计单位确认，施工单位应根据深化设计图纸对预制构件施工预留和预埋进行检查。

## 三、物资准备

物资准备是指工程施工必需的施工机械、机具和材料、构配件的准备。该项工作应根据施工组织设计的各种资源需用量计划，分别落实货源、组织运输和安排存储，确保工程的连续施工。对大型施工机械及设备应精确计算工作日并确定进场时间，做到进场即能使用、用毕即可退场，提高机械利用率，节省台班费。

1. 基本建筑材料的准备

基本建筑材料的准备包括"三材"、地方材料和装饰材料的准备。准备工作应根据材料的需用量计划组织货源，确定物资加工、供应地点和供应方式，签订物资供应合同。

装配式混凝土结构工程施工的部件和材料包括灌浆料、灌浆胶塞、灌浆堵缝材料、机械套筒、调整标高螺栓或垫片、临时支撑部件、固定螺栓、安装节点金属连接件、止水条、密封胶条、耐候建筑密封胶、发泡聚氨酯保温材料、修补料、防火塞缝材料等。这些部件和材料进场须依据设计图样和有关规范进行验收与保管。

灌浆设备与工具包括灌浆料搅拌设备与工具、灌浆作业设备与工具、灌浆检验工具。

（1）灌浆料搅拌设备与工具。灌浆料搅拌设备与工具包括砂浆搅拌机、搅拌桶、电子秤、测温计、刻度杯等，见表 5-1。

表 5-1　灌浆料搅拌设备、工具一览表

| 名称 | 冲击转式砂浆搅拌机 | 电子秤、刻度杯 | 测温计 | 搅拌桶 |
|---|---|---|---|---|
| 主要参数 | 功率：1 200～1 400 W；<br>转速：0～800 r/min 可调；<br>电压：单相 220 V/50 Hz；<br>搅拌头：片状或圆形花栏 | 称量程：30～50 kg；<br>感量精度：0.01 kg；<br>刻度杯：2 L、5 L | — | $\phi300×H400$，<br>30 L，平底筒<br>最好为不锈钢制 |
| 用途 | 浆料搅拌 | 精确称量干料<br>及水 | 测环境温度<br>及浆温 | 搅拌浆料 |
| 图片 | | | | |

（2）灌浆作业设备与工具。灌浆作业设备包括灌浆泵、灌浆枪等，详见表 5-2。灌浆泵应当准备两台，防止在灌浆时有一台突然损坏。

表 5-2　灌浆作业设备、工具表

| 类型 | 电动灌浆泵 | 手动灌浆枪 |
|---|---|---|
| 型号 | JM-GJB 5D 型 | — |
| 电源 | 3 相，380/50 Hz | 无 |
| 额定流量 | ≥ 3 L/min（低速） | |
| ≥ 5 L/min（高速） | 手动 | |
| 额定压力 | 1.2 MPa | — |
| 料仓容积 | 料斗 20 L | 枪腔 0.7 L |
| 图片 | | |

（3）灌浆检验工具。灌浆检验工具包括流动度检测的图截锥试模、带刻度的钢化玻璃板、抗压强度检测的试块试模等，见表5-3。

表5-3　灌浆检验工具表

| 检测项目 | 工具名称 | 规格参数 | 照片 |
|---|---|---|---|
| 流动度检测 | 圆截锥试模 | 上口×下口×高<br>$\phi70$ mm×$\phi100$ mm×60 mm | |
| | 钢化玻璃板 | 长×宽×厚<br>500 mm×500 mm×6 mm | |
| 抗压强度检测 | 试块试模 | 长×宽×高<br>40 mm×40 mm×160 mm<br>三联 | |

2. 拟建工程所需构（配）件、制品的加工、运输、堆放、保护与检验准备

工程项目施工中需要大量的预制构（配）件、门窗、金属构件、水泥制品及卫生洁具等，这些构件、配件必须事先提出订制加工单。对于采用商品混凝土现浇的工程，则先要到生产单位签订供货合同，注明品种、规格、数量、需要时间及送货地点等。

装配式混凝土建筑的运输、堆放与成品保护详见项目四。装配式混凝土建筑的入场检验详见项目八。

3. 建筑安装机具的准备

施工所需机具设备种类繁多，如各种土方机械，混凝土、砂浆搅拌设备，垂直及水平运输机械，吊装机械、机具，钢筋加工设备，木工机械，焊接设备，打夯机，抽水设备等，应根据施工方案和施工进度计划确定其类型、数量和进场时间，然后确定其供应方法和进场后的存放地点、方式，编制出施工机具需要量计划，以此作为组织施工机具设备运输和存放的依据。

装配式混凝土建筑施工主要设备的选用与准备如下：

（1）场内转场运输设备。场内转场运输设备应根据现场的具体实际道路情况合理选择。若场地大可以选择拖板运输车（图5-2）；若场地小可以选择拖拉机拉拖盘车（图5-3）；在塔式起重机难以覆盖的情况下，可以采用随车起重机转运墙板（图5-4）。

图5-2　大型构件使用拖板运输车

图 5-3 拖拉机拉拖盘车

图 5-4 随车起重机转运墙板

（2）起重吊装设备。起重作业一般包括两种：一种是与主体有关的预制混凝土构件和模板、钢筋及临时构件的水平与垂直起重；另一种是设备管线、电线、设备机器及建设材料、板类、砂浆、厨房配件等装修材料的水平和垂直起重。

装配式混凝土工程中选用的起重机械，根据设置形态可分为固定式和移动式。施工时要根据预制构件的形状、尺寸、质量和作业半径等要求选择起重吊装设备，应满足最大预制构件吊装作业要求。塔式起重机应有安装和拆卸空间，轮式或履带式起重设备应有移动式作业空间和拆卸空间，起重机械的提升速度或下降速度应满足预制构件的安装和调整要求。同时，起重机械选择时还需综合考虑起重机械的租赁费用、组装与拆卸费用。常用的起重吊装设备有以下几种：

1）汽车起重机（图 5-5）。汽车起重机是以汽车为底盘的动臂起重机。其主要优点是机动灵活。在装配式工程中，主要是用于低层钢结构吊装和外墙吊装、现场构件二次倒运、塔式起重机或履带起重机的安装与拆卸等。

2）履带起重机（图 5-6）。履带起重机也是一种动臂起重机。其机动性不如汽车起重机，动臂可以加长、起重量大，并在起重力矩允许的情况下可以吊重行走。在装配式建筑工程中，主要应用于大型预制构件的装卸和吊装，大型塔式起重机的安装与拆卸，以及塔式起重机难以覆盖的吊装死角的吊装等。

图 5-5 汽车起重机

图 5-6 履带起重机

3）塔式起重机（图 5-7）。与现浇混凝土建筑施工相比，装配式最重要的变化是塔式起重机起重量大幅度增加。根据具体工程构件质量的不同，一般为 5 ～ 14 t。剪力墙工程采用的塔式起重机比框架或筒体工程的塔式起重机的起重量要小一些。目前，用于建筑工程的塔式起重机按架设方式可分为固定式塔式起重机、附着式塔式起重机（图 5-8）、内爬式塔式起重机（图 5-9）；按变幅形式可分为动臂变幅塔式起重机和小车变幅塔式起重机两种。

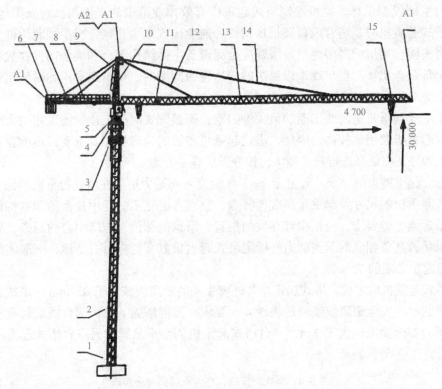

图 5-7  塔式起重机

1—基础节；2—塔身；3—爬升套架及顶升机构；4—回转座；5—驾驶室；6—配重；7—起升机构；
8—平衡臂；9—平衡臂拉杆；10—塔帽；11—小车牵引机构；12—内拉杆；13—起重臂；
14—外拉杆；15—小车及吊钩；A1—障碍灯；A2—风速仪

图 5-8  附着式塔式起重机

图 5-9  内爬式塔式起重机

①塔式起重机选型。对于装配式结构，首先要满足起重高度的要求，塔式起重机的起重高度应该等于建筑物高度＋安全吊装高度＋预制构件最大高度＋索具高度。塔式起重机的型号取决于装配式建筑的工程规模，如小型多层装配式建筑工程，可选择小型的经济型塔式起重机；高层建筑的塔式起重机宜选择与之相匹配的塔式起重机。

②塔式起重机覆盖面的要求。塔式起重机的型号决定了其臂长幅度，宜用计算机三维软件进行空间模拟设计，也可绘制塔式起重机有效作业范围的平面图、立面图进行分析。当布置塔式起重机时，塔臂应覆盖堆场构件，避免出现覆盖盲区，减少预制构件的二次搬运。含有主楼、裙房的高层建筑，塔臂应全面覆盖主体结构部分和堆场构件存放位置，力求塔臂全部覆盖裙楼。当出现难以解决的楼边覆盖问题时，可考虑采用临时租用汽车起重机解决裙房边角垂直运输的问题。

由于塔式起重机是制约工期的最关键因素，而装配式混凝土建筑施工用的大吨位、大吊幅塔式起重机费用比较高，因此，塔式起重机布置的合理性尤其重要，不能盲目加大塔式起重机型号，应认真进行技术经济比较分析后确定方案。

③最大起重能力的要求。起重量×工作幅度＝起重力矩。在塔式起重机的选型中，应结合塔式起重机的尺寸及起重量荷载的特点，重点考虑施工过程中最重的预制构件对塔式起重机吊运能力的要求，应根据其存放的位置、吊运的部位、与塔中心的距离，确定该塔式起重机是否具备相应的起重能力。确定塔式起重机方案时应留有余地，一般实际起重力矩在额定起重力矩的 75% 以下。

④塔式起重机的定位。塔式起重机与外脚手架的距离应该大于 0.6 mm；塔式起重机和架空电线的最小安全距离应该满足表 5-4 的要求；当群塔施工时，两台塔式起重机的水平吊臂之间的安全距离应大于 2 m，一台塔式起重机的水平吊臂和另一台塔式起重机的塔身的安全距离也应大于 2 m。

表 5-4 塔式起重机和架空电线的安全距离

| 安全距离 /m | 电压 /kV | | | | |
| --- | --- | --- | --- | --- | --- |
| | <1 | 1 ～ 15 | 20 ～ 40 | 60 ～ 110 | 220 |
| 沿垂直方向 | 1.5 | 3.0 | 4.0 | 5.0 | 6.0 |
| 沿水平方向 | 1.5 | 2.0 | 3.5 | 4.0 | 6.0 |

塔式起重机臂长是指塔身中心到起重小车吊钩中心的距离。塔式起重机臂长随着小车的行走是变化的，随着塔式起重机臂长的变化，塔式起重机的起重能力也是变化的。通常，以塔式起重机的最大工作幅度作为塔式起重机臂长的参数，QTZ125（6018）表示自升式塔式起重机，公称起重力矩为 1 250 kN·m，臂长为 60 m，在臂端 60 m 处起重量为 1.8 t。

对于装配式建筑，当采用附着式塔式起重机时，必须提前考虑附着锚固点的位置。附着锚固点的位置应该选择在剪力墙边缘构件后浇筑混凝土部位，并应考虑加强措施，如图 5-10 所示。

内爬式塔式起重机是一种安装在建筑物内部电梯井或楼梯间里的塔式起重机，可以随施工进程逐步向上爬升，通过重复顶升操作，直至达到建筑物需要的高度。除专用内爬塔式起重机外，一般自升式塔式起重机通过更换爬升系统及改造、增加一些附件，也可用作内爬式起重机。

图 5-10　附着式塔式起重机附着于装配式建筑实例

内爬式塔式起重机在建筑物内部施工时，不占用施工场地，适用于现场狭窄的工程；无须铺设轨道，也无须专门制作钢筋混凝土基础，施工准备简单（只需预留洞口，局部提高强度），节省费用；无须多道锚固装置和复杂的附着作业；作业范围大，内爬式塔式起重机设置在建筑物中间，能覆盖装配式建筑所有预制构件的吊装，伸出建筑物的幅度小，可有效避开周围障碍物和人行道等；由于起重臂可以较短，起重性能得到充分的发挥；只需少量的标准节，一般塔身为 30 m（风荷载小）即可满足施工要求，一次性投资少，建筑物高度越高，经济效益越显著。

由于附着式塔式起重机与建筑附着部分的装配式墙板和结构关联部分必须进行加强处理，在附着式塔式起重机拆除后还需要对附着加固部分做修补处理，因此，在装配式建筑工程中推广使用内爬式塔式起重机的意义则更加突出。

（3）吊具的选择与验算。

1）吊具选择。应根据预制构件的形状、尺寸、质量等参数选择适宜的吊具；吊点数量、位置应经计算确定；应保证吊具连接可靠，并应采取保证起重设备的主钩位置、吊具及构件重心在竖直方向上重合的措施；在吊装过程中，吊索水平夹角不宜小于 60°，且不应小于 45°；对于尺寸较大或形状复杂的预制构件应选择设置分配梁式吊具、分配桁架式吊具、分配框式吊具。在吊装过程中，应均衡起吊就位，不得出现摇摆、倾斜、转动、翻倒等现象。吊点可采用预埋吊环或埋置接驳器的形式。专用预埋螺母或预埋吊钉及配套的吊具，应根据相应的产品标准和应用技术规定选用。在说明中提供吊装图的构件，应按吊装图进行吊装。当构件无设计吊钩（点）时，应通过计算确定绑扎点的位置，绑扎的方法应保证可靠和摘钩简便安全。

2）吊装荷载。运输和吊运过程的荷载为构件质量乘以系数 1.5，翻转和安装就位的荷载取质量乘以系数 1.2。

3）绳索抗拉强度验算。

①钢丝绳、吊索链及吊装带主要计算抗拉强度。

②单根钢丝绳拉力计算见下式：

$$F_S = W/n \cos\alpha$$

式中　$F_S$——绳索拉力；

　　　$W$——构件质量；

　　　$n$——绳索根数；

　　　$\alpha$——绳索与水平线夹角。

4）绳索抗拉强度验算见下式：

$$F \leqslant F/S$$

式中　$F$——材料拉断时所承受的最大拉力。

　　　$S$——安全系数，取 3.0。

5）吊架验算。

①吊架一般用工字钢、槽钢等型钢制作。

②计算简图：一字形吊架计算简图为简支梁，平面吊架为四点支撑简支板。吊架上部绳索连接处为支座，下部绳索连接处为集中荷载作用点。

③吊架集中荷载：吊架集中荷载为吊架下部绳索拉力，见下式：

$$P=W/n_x$$

式中　$P$——吊架集中荷载；

　　　$W$——构件质量；

　　　$n_x$——吊架下部绳索根数。

④吊架需验算强度和刚度，按钢结构构件计算。

4. 模板和脚手架的准备

模板和脚手架是施工现场使用量大、堆放占地最大的周转材料。模板及其配件规格多、数量大，对堆放场地要求比较高，一定要分规格、型号整齐码放，便于使用及维修；大钢模一般要求立放，并防止倾倒，在现场也应规划出必要的存放场地；钢管脚手架、桥脚手架、吊篮脚手架等都应按指定的平面位置堆放整齐，扣件等零件还应采取防雨措施，以防止锈蚀。

装配式混凝土建筑施工主要辅助设备的选用与准备如下：

（1）外挂三角防护架。高层住宅项目的施工必须搭设外脚手架，并且做严密的防护。而装配整体式建筑采用外挂三角防护架，安全、实用地解决了施工问题，如图 5-11 所示。

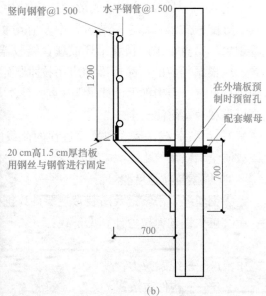

(a) 　　　　　　　　　　　　　　　　(b)

图 5-11　外挂三角防护架

(a) 外挂三角防护架与外墙板固定；(b) 外挂三角防护架构造

预制外墙板设有预留孔,外挂三角防护架利用螺栓固定于预制外墙板上部。外挂三角防护架的安全注意事项如下:

1)把好材料质量关,避免使用质量不合格的架设工具和材料。脚手架使用的钢管、卡扣、三脚架及穿墙螺栓等必须符合施工技术规定的要求;三角挂架之间用钢管扣件连接牢固,避免挂架转动,保证挂架的稳定性。

2)严格按照施工方案规定的尺寸进行搭设,并确保节点连接达到要求;操作平台铺满、铺平脚手板,并用$\phi$12 mm钢丝绑扎牢固,不得有探头板;要有可靠的安全防护措施,其包括两道护身栏,作业层的外侧面应设置密目安全网,安全网应用钢丝与脚手架绑扎牢固,架子外侧应设挡脚板,挡脚板高度应不低于18 cm;搭设完毕后和每次外防护架提升后应进行检查验收,检查合格后方可使用。

3)外防护架允许的负荷最大不得超过2.22 kN/m²,脚手架上严禁堆放物料,严禁将板支设在脚手架上,人员不得集中停留。

4)应严格避免以下违章作业:利用脚手架吊运重物;非专业人员攀架子上下;推车在架子上跑动;在脚手架上拉结吊装缆绳;随意拆除脚手架部件和连墙杆件;起吊构件和器材时碰撞或扯动外防护架;提升时架子上站人。

5)六级以上大风、大雾、大雨和大雪天气应暂停外防护架作业面施工。雨、雪过后上外防护架平台操作要采取防滑措施。

6)经常检查穿墙拉杆、安全网、外架吊具是否损坏,松动时必须及时更换。

(2)建筑吊篮。装配式建筑虽然由于使用夹芯保温外墙板,省去了外墙外保温、抹灰等大量的室外作业,但仍然存在板缝防水打胶、涂料等少量的高空作业。高空作业必不可少的就是建筑吊篮(图5-12),由于关系到高空作业者的人身安全问题,因此,选择合适且安全的建筑吊篮至关重要,应根据工程施工方案选取合适的吊篮型号。当选定型号时,应比较吊篮的主要机构,即升降(爬升)机构、安全锁、作业平台(吊篮本体)、悬挂机构、电气操纵系统和安全装置的优劣势与可靠性。

图5-12 建筑吊篮

吊篮是一种悬空提升载人机具,在使用吊篮进行施工作业时必须严格遵守以下使用安全规则:

1)吊篮操作人员必须经过培训,考核合格并取得有效证明后方可上岗操作。吊篮必须由指定人员操作,严禁未经培训人员或未经主管人员同意擅自操作吊篮。

2)作业人员作业时需佩戴安全帽和安全带,安全带上的自动锁扣应扣在单独牢固固定在建(构)筑物上的悬挂生命绳上。

3)作业人员在酒后、过度疲劳、情绪异常时不得上岗作业。

4)双机提升的吊篮必须由两名以上人员进行操作作业,严禁单人升空作业。

5)作业人员不得穿硬底鞋、塑料底鞋、拖鞋或其他不防滑的鞋子进行作业,作业时严禁在悬吊平台内使用梯、搁板等攀高工具和在悬吊平台外另设吊具进行作业。

6)作业人员必须在地面进出吊篮,不得在空中攀缘窗户进出吊篮,严禁在悬空状态下从一悬吊平台攀入另一悬吊平台。

任务完成后，学生完成"自我评价"，教师完成"教师评价"，并整理课堂练习，完成任务评价表5-5。

表5-5　任务评价表

| 序号 | 评价内容 | 分值分配 | 学生自评 | 小组互评 | 教师评价 |
|---|---|---|---|---|---|
| 1 | 能提前进行课前预习、熟悉任务内容 | 10 | | | |
| 2 | 能熟练、多渠道地查找参考资料 | 10 | | | |
| 3 | 能认真听讲，勤于思考 | 20 | | | |
| 4 | 能正确回答问题和课堂练习 | 40 | | | |
| 5 | 能在规定时间内完成教师布置的各项任务 | 20 | | | |
| 6 | 合计 | 100 | | | |

## 任务二　装配式混凝土建筑专项施工方案

### 任务描述

根据"住房城乡建设部办公厅关于实施《危险性较大的分部分项工程安全管理规定》建质办〔2018〕31号文"的规定，建筑幕墙安装工程、装配式建筑混凝土预制构件安装、钢构件安装工程为危险性较大的分部分项工程。任务一的项目工程为装配式混凝土构件和现浇区域钢柱安装工程，由于混凝土构件和钢构件重量大，安装高度高，安装距离远，危险性大，为了保证施工安全顺利完成，特编制专项施工方案指导施工。

### 任务思考

装配式混凝土建筑专项施工方案的编制内容有哪些？

### 应知应会

装配式建筑施工需要工厂、施工企业、其他外委加工企业和监理密切配合，有诸多环节制约影响，需要制订周密细致的专项施工方案，并进行施工技术交底。

装配式混凝土建筑专项施工方案要突出装配式建筑施工的特点，对施工组织及部署的科学性、施工工序的合理性、施工方法选用的技术性、经济性和可实现性进行科学的论证；能够达到科学合理地指导现场，组织调动人、机、料、具等资源完成装配式安装的总体要求；针对一些技术难点提出解决问题的方法。

装配式混凝土建筑专项施工方案宜包括编制依据，工程概况，进度计划，施工现场平面布置，预制构件场内运输与堆放，预制构件入场检验，施工材料，灌浆料、钢筋套筒灌浆连接接头检查验收，安装与连接施工，绿色施工，安全管理，质量管理，信息化管理等内容。

## 一、编制依据

编制依据主要包括指导施工所必需的施工图（包括构件拆分图和构件布置图）和相关的国家标准、行业标准、省和地方标准与强制性条文及企业标准。

## 二、工程概况

工程概况包括工程总体简介、建筑和结构设计特点、工程环境特征等。

（1）工程总体简介：主要包括工程名称、地址、建筑规模和施工范围；建设单位、设计、监理单位。

（2）建筑和结构设计特点：主要包括结构安全等级、抗震等级、地质水文、地基与基础结构及消防、保温等要求，同时，要重点说明装配式结构体系和工艺特点，对工程难点和关键部位要有清晰的预判。

装配式混凝土建筑项目新技术要点如下：

1）产业化程度高，资源节约，绿色环保。

2）构件工厂预制和制作精度控制。

3）构件深化加工设计图与现场可操作性的相符性。

4）施工垂直吊运机械选用与构件的尺寸组合。

5）装配构件的临时固定连接方法。

6）校正方法及应用工具。

7）装配误差控制。

8）预制构件连接控制与节点防水措施。

9）施工工序控制与施工技术流程。

10）专业多工种施工，劳动力组织与熟练人员培训。

11）装配式结构非常规安全技术措施及产品保护，高强度灌浆新技术应用，为新技术推广做出了贡献。

（3）工程环境特征：主要包括场地供水、供电、排水情况；与装配式结构紧密相关的气候条件：雨、雪、风特点，对构件运输影响大的道路桥梁情况。

## 三、总体施工部署

### 1. 施工准备

（1）技术准备。技术准备是施工准备的核心。由于任何技术的差错或隐患都可能引起人身安全和质量事故，造成生命、财产和经济的巨大损失。因此，必须认真地做好技术准备工作。

1）熟悉、审查施工图纸和有关设计资料；

2）调查分析原始资料；

3）编制施工组织设计。

（2）物资准备。施工前要将装配式混凝土建筑施工物资准备好，以免在施工过程中因为物资问题而影响施工进度和质量。物资准备工作程序是搞好物资准备的重要手段。通常按以下程序进行：

1）根据施工预算、分部（项）工程施工方法和施工进度的安排，拟订材料、统配材料、地方材料、构（配）件及制品、施工机具和工艺设备等物资的需要量计划。

2）根据各种物资需要量计划，组织货源，确定加工、供应地点和供应方式，签订物资供应合同。

3）根据各种物资需要量计划和合同，拟订运输计划和运输方案。

4）按照施工总平面图要求，组织物资按计划时间进场，在指定地点按规定方式进行存储或堆放。

（3）劳动组织准备。开工前应组织好劳动力准备，建立拟建工程项目领导机构，建立精干有经验的施工队组，集结施工力量、组织劳动力进场，向施工队组、工人做好施工技术交底，同时建立健全各项管理制度。

（4）场内外准备。

1）场内准备。施工现场做好"三通一平"准备，搭建好现场临时设施和装配式混凝土结构堆场准备，合理布置起吊装置。

2）场外准备。场外做好与装配式混凝土建筑相关构件厂家的沟通，实地确定各个厂家生产装配式混凝土结构类型，实地考察厂家生产能力，根据不同生产厂家实际情况，制订合理的整体施工计划、装配式混凝土结构进场计划等；考察各个厂家后，再请厂家到施工现场实地了解情况，如运输线路及现场道路宽度、厚度和转角等情况；具体施工前，派遣质量检验人员到厂家进行质量验收，将不合格装配式混凝土结构构件、现场有问题构件进行工厂整改，有缺陷装配式混凝土构件进行工厂修补。

2. 确定目标

根据工程总的计划安排，确定装配式混凝土建筑施工目标和施工进度、质量、安全及成本控制的目标等。

3. 确定施工原则与顺序

通过各环节的模拟推演，确定施工环节衔接的原则与顺序。

## 四、编制进度计划

根据现场条件、塔式起重机工作效率、构件生产工厂供货能力、气候环境情况和施工企业自身组织人员、设备、材料的条件等编制装配式混凝土建筑安装施工进度计划，该计划要落实到每一天、每个环节和每个事项。

合理划分流水施工段是保证装配式结构工程施工质量和进度及高效进行现场组织管理的前提条件。装配式混凝土结构工程一般以一个单元为一个施工段，从每栋建筑的中间单元开始流水施工。

对于装配式结构应该编制预制构件明细表（表5-6）。预制构件明细表的编制和施工段的划分为预制构件生产计划的安排、运输和吊装的组织提供了非常重要的依据。

表 5-6　预制构件明细表示例

| 序号 | 构件编号 | 安装位置×轴~×轴 | 楼层 | 性质 | | | | | | | | | | 质量 | 备注 |
|---|---|---|---|---|---|---|---|---|---|---|---|---|---|---|---|
| | | | | 外墙 | 内墙 | 剪力墙 | 填充墙 | 梁 | 叠合板 | 楼梯 | 长 | 宽 | 高 | | |
| | | | | | | | | | | | | | | | |
| | | | | | | | | | | | | | | | |

进度计划应包括结构总体施工进度计划、构件生产计划、构件安装计划、分部和分项工程施工进度计划等。表 5-7 为某装配式混凝土结构标准层进度计划。预制构件运输包括车辆数量、运输路线、现场装卸方法、起重和安装计算。

表 5-7　某装配式混凝土结构标准层进度计划

| 序号 | 项目 | 1 | 2 | 3 | 4 | 5 | 6 | 7 | 8 | 9 | 10 |
|---|---|---|---|---|---|---|---|---|---|---|---|
| 1 | 墙下坐浆 | | | | | | | | | | |
| 2 | 预制墙体吊装 | | | | | | | | | | |
| 3 | 墙体注浆 | | | | | | | | | | |
| 4 | 竖向构件钢筋绑扎 | | | | | | | | | | |
| 5 | 支设竖向构件模板 | | | | | | | | | | |
| 6 | 吊装叠合梁 | | | | | | | | | | |
| 7 | 吊装叠合板 | | | | | | | | | | |
| 8 | 绑扎叠合板楼面钢筋 | | | | | | | | | | |
| 9 | 电气配管预埋预留 | | | | | | | | | | |
| 10 | 浇筑竖向构件及叠合板混凝土 | | | | | | | | | | |
| 11 | 吊装楼梯 | | | | | | | | | | |

## 五、总体施工准备与主要资源配置计划

1. 建立责任体系

建立装配式混凝土建筑施工的管理机构，设置装配式混凝土建筑施工管理、技术、质量、安全等岗位，建立责任体系。

2. 选择专业施工队伍

选择分包和外委的专业施工队伍，如专业吊装、灌浆、支撑队伍等。

3. 劳动力计划与培训

（1）确定装配式混凝土建筑施工作业各工种人员数量和进场时间。

（2）制订培训计划，确定培训内容、方式、时间和责任者。

关于装配式混凝土建筑施工需要的工种详见本项目。

4. 构件进场计划、进场检验清单与流程

（1）列出构件清单。

（2）编制进场计划，与工厂共同编制。合理安排装配式混凝土构件进场顺序对实现高效率低成本施工安装非常重要。可以不用或减少设置临时场地，减少装卸作业，形成流水作业，缩短安装工期，降低设备、脚手架摊销费用等。构件有序进场和安装，也会降低其磕碰损坏概率。

对于工厂而言，优化构件进场顺序可以减少场地堆放。但可能需要调节模具数量，或影响生产流程的效率。

进场顺序还与工程所在地对货车运输的限制有关。所以，构件进场顺序的优化设计应当与装配式混凝土构件制作工厂进行充分沟通后确定，要细化到每个工作区域、楼层和构件。施工组织中的施工计划应当按照进场顺序优化原则不断去调整完善。

（3）列出构件进场检验项目清单。

（4）制订构件进场检验流程。

（5）准备构件进场检验工具。虽然预制构件在制作过程中有监理人员驻厂检查，每个构件出厂前也进行出厂检验，但预制构件入场时必须进行质量检查验收。

预制构件到达现场后，施工单位应组织构件生产企业、监理单位对预制构件及其配件的质量进行验收，验收内容包括质量证明文件验收和预制构件外观质量、结构性能检验等。未经进场验收或进场验收不合格的预制构件，严禁使用。施工单位应对预制构件进行全数验收，监理单位对预制构件质量进行抽检，发现存在影响结构质量或吊装安全的缺陷时，不得验收通过。

一般情况下，预制构件直接从车上吊装，所以数量、规格、型号的核实和质量检验在车上进行，检验合格后可以直接吊装。即使不直接吊装，将构件卸到工地堆场，也应当在车上进行检验，一旦发现不合格，直接运回工厂处理。

预制构件入场检验数量包括数量核实与规格型号核实，质量证明文件检查，质量检验，外观严重缺陷检验，预留插筋、埋置套筒、预埋件等检验，梁板类简支受弯构件结构性能检验，构件受力钢筋和混凝土强度实体检验，标识检查，外观一般缺陷检查，尺寸偏差检查等内容详见项目八。

5. 预制构件场内运输与堆放及成品保护

装配式建筑的安装施工计划应考虑构件直接从车上吊装，如此不用二次运转，不需要存放场地，减少了塔式起重机工作量。考虑国内实际情况，施工车辆在一些时间段限行，在一些区域限停，工地不得不准备预制构件场内运输与临时堆放场地。

预制构件场内运输与临时堆放计划包括进场时间、次序、存放场地、运输线路、构件固定要求、码放支垫及成品保护措施等内容。对于超高、超宽、形状特殊的大型预制构件的运输和码放应采取专项质量安全保证措施。预制构件运输、堆放与成品保护详见项目四。

6. 材料进场计划、进场检验清单、检验流程

（1）列出详细的部件与材料清单。装配式混凝土建筑施工的部件和材料包括灌浆料、灌浆胶塞、灌浆堵缝材料、机械套筒、调整标高螺栓或垫片、临时支撑部件、固定螺栓、安装节点金属连接件、止水条、密封胶条、耐候建筑密封胶、发泡聚氨酯保温材料、修补料、防火塞缝材料等。这些部件和材料进场须依据设计图样与有关规范进行验收及保管。

（2）编制采购与进场计划。根据施工进度计划和安装图样编制材料采购、进场计划，计划一定要细，细到每个螺栓，每个垫片；进场时间计划到日。

装配式混凝土建筑施工用的一些部件与材料不是常用建筑材料，工程所在地附近可能没有厂家，材料计划的采购、进场时间应考虑远途运输的因素。

1）根据设计要求的标准或业主指定的品牌采购施工用部件与材料。

2）预制构件支撑系统可从专业厂家租用，或委托专业厂家负责支撑施工。应提前签订租用或外委施工合同。

3）灌浆料必须采购与所用套筒相匹配的品牌，注意套筒灌浆料与浆锚搭接灌浆料的区别。

4）安装节点连接件机械加工和镀锌对外委托合同应详细给出质量标准，镀锌层应给出厚度要求等。

（3）列出材料进场检验项目清单与时间节点。

（4）制订材料进场检验流程与责任要求。

（5）准备材料进场检验工具及各种证明文件。

装配式混凝土建筑部件与材料进场必须进行进场检验，包括数量、规格、型号检验，合格证、化验单等手续和外观检验。检查并留存出厂合格证及查收以下证明文件：

1）保温材料、拉结件、套筒等主要材料进厂复验检验报告。

2）产品合格证。

3）产品说明书。

4）其他相关的质量证明文件等资料。具体检验方法详见项目八。

此外，除常规原材料检验和施工检验外，装配式混凝土建筑应重点对灌浆料、钢筋套筒灌浆连接接头等进行检查验收。

装配整体式结构构件的竖向钢筋连接主要是采用钢筋套筒灌浆连接方式，该连接方式成功地解决了装配式混凝土建筑竖向钢筋连接的难题，但是必须对其连接的可靠性予以高度重视，除要求钢筋套筒的质量必须符合《钢筋连接用灌浆套筒》（JG/T 398—2019）的要求、灌浆料符合《钢筋连接用套筒灌浆料》（JG/T 408—2019）的要求外，还应满足《装配式混凝土结构技术规程》（JGJ 1—2014）的规定，预制结构构件采用钢筋套筒灌浆连接时，应在构件生产前进行钢筋套筒灌浆连接接头的抗拉强度试验，每种规格的连接接头试件数量不应少于3个。因此，钢筋套筒灌浆连接接头抗拉强度的见证取样试验并取得合格证明是预制混凝土构件安装施工准备的重要一环。

（6）材料储存保管。

1）装配式混凝土建筑施工用部件、材料宜单独保管。

2）装配式混凝土建筑施工用部件、材料应在室内库房存放，灌浆料等材料要避免受潮。

3）装配式混凝土建筑施工用部件、材料应按照有关标准的规定保管。

7. 单元安装试验

装配式建筑施工前应当由施工单位牵头，包括设计单位、建设单位、监理单位、构件生产单位及各个专业相关部门，选择典型单元或部件试生产和试安装，根据试验结果及时调整完善施工方案，确定单元施工的循环施工步骤。

## 六、主要施工方法

脚手架工程、起重吊装工程、临时用水用电工程、季节性施工等专项工程所采用的施工方法进行简要说明。

### 1. 塔式起重机选型布置

（1）塔式起重机选型。

（2）塔式起重机布置。

（3）个别超重或塔式起重机覆盖范围外的临时吊装设备的确定。

起重机选型与布置原则详见本项目任务一。

### 2. 吊架吊具计划

根据施工技术方案设计，制订各种构件的吊具制作或外委加工计划，以及吊装工具和吊装材料（如牵引绳）采购计划。

### 3. 设备机具计划

（1）灌浆设备。

（2）构件安装后支撑设施。临时支撑方案应在构件制作图设计阶段与设计单位共同设计。

（3）装配式混凝土建筑施工用的其他设备与工具计划。

## 七、施工现场平面布置

现场平面布置图是在拟建工程的建筑平面上（包括周围环境），布置为施工服务的各种临时建筑、临时设施及材料、施工机械、预制构件堆放场地等，是施工方案在现场的空间体现。其反映已有建筑与拟建工程之间、临时建筑与临时设施之间的相互空间关系。施工现场布置的恰当与否、执行的好坏，对现场的施工组织、文明施工，以及施工进度、工程成本、工程质量和安全都将产生直接的影响。根据现场不同施工阶段，施工现场总平面布置图可分为基础工程施工总平面图、装配式建筑工程施工阶段现场总平面图、装饰装修阶段施工总平面布置图。现针对装配式建筑施工重点介绍装配式建筑工程施工阶段现场总平面图的设计与管理工作。

### 1. 施工总平面图的布置内容

（1）装配式建筑项目施工用地范围内的地形状况。

（2）全部拟建建（构）筑物和其他基础设施的位置。

（3）项目施工用地范围内的构件堆放区、运输构件车辆装卸点、运输设施。

（4）供电、供水、供热设施与线路、排水排污设施、临时施工道路。

（5）办公用房和生活用房。

（6）施工现场机械设备布置图。

（7）现场常规的建筑材料及周转工具。

（8）现场加工区域。

（9）必备的安全、消防、保卫和环保设施。

（10）相邻的地上、地下既有建（构）筑物及相关环境。

### 2. 施工总平面图的布置原则

（1）平面布置科学合理，减少施工场地的占用面积。

（2）合理规划预制构件堆放区域，减少二次搬运；构件堆放区域单独隔离设置，禁止无关人员进入。

（3）施工区域的划分和场地的临时占用应符合总体施工部署和施工流程的要求，减少相互干扰。

（4）充分利用既有建（构）筑物和既有设施为项目施工服务，降低临时设施的建造费用。

（5）临时设施应方便生产和生活，办公区、生活区、生产区宜分离设置。

（6）符合节能、环保、安全和消防等要求。

（7）遵守当地主管部门和建设单位关于施工现场安全文明施工的相关规定。

### 3. 施工总平面图的设计要点

（1）设置大门，引入场外道路。施工现场考虑设置两个以上大门，一个为入口、另一个为出口，不影响其他运输构件车辆的进出，有利于直接从车上起吊构件安装。大门应考虑周边路网情况、道路转弯半径和坡度限制，大门的高度和宽度应满足大型运输构件车辆的通行要求。

（2）现场道路，装配式混凝土结构工程现场道路应满足运输构件的大型车辆的宽度，转弯半径要求和荷载要求，路面平整。

（3）布置大型机械设备。布置塔式起重机时，应充分考虑其塔臂覆盖范围、塔式起重机端部吊装能力、单体预制构件的质量。

（4）布置构件堆场。构件堆场应满足施工流水段的装配要求，且应满足大型运输车辆、汽车起重机的通行、装卸要求。为保证现场施工安全，构件堆场应设置围挡，防止无关人员进入。

（5）布置构件运输车辆装卸点。预制构件采用大型运输车辆运输，运输构件多、装卸时间长，因此，应该合理地布置构件运输车辆装卸点，以免因车辆长时间停留影响场内道路的畅通，阻碍现场其他工序的正常作业。装卸点应设置在塔式起重机或起重设备的塔臂覆盖范围之内，且不宜设置在道路上。

## 八、主要技术组织措施

### 1. 质量管理计划

编制装配式混凝土建筑安装各个作业环节的操作规程、图样、质量要求、操作规程交底与培训计划。质量检验项目清单流程、人员安排、检验工具准备情况。后浇区钢筋隐蔽工程验收流程。监理旁站监督重点环节（如吊装作业、灌浆作业）的确定。

### 2. 安全管理计划

除现浇混凝土工程所需要的施工安全措施外，装配式混凝土建筑施工应执行国家、地方、行业和企业的安全生产法规和规章制度，建立装配式混凝土建筑施工安全管理组织、岗位和责任体系，落实各级各类人员的安全生产责任制。运送构件道路、卸车场地要求平整、坚实。构件吊装作业区域要有临时隔离、标识。构件安装后的临时支撑采用专业厂家的支撑设施。针对装配式建筑施工作业各个环节（预制构件进场、卸车、存放、吊装、就位、支撑、后浇区施工、表面处理等环节）的安全操作规程进行编制、培训。施工单位应对从事预制构件吊装作业及相关人员进行安全培训与交底，识别预制构件进场、卸车、存放、吊装、就位各环节的作业风险，并制订防控措施。编制安全设施和护具计划，对施工作业使用的专用吊具、吊索、定型工具式支撑、支架等进行安全验算，使用中进行定期、不定期检查，确保其处于安全状态。

3. 环境保护措施计划

采用先进技术和科学管理，降低施工过程对环境的不利影响。装配式混凝土建筑施工的环境保护相较普通混凝土现浇建筑有很大的优势，除现浇混凝土工程需要的环保措施外，装配式混凝土建筑施工需要考虑的环保措施包括以下几项：

（1）现场进行构件修补打磨的防尘处理措施。

（2）构件表面清洗的废水、废液收集处理。

## 九、成本管理计划

制订避免出错和返工的措施，减少装卸环节的直接从运送构件车上吊装的流程安排。劳动力的合理组织，避免窝工。材料消耗的成本控制，施工用水、用电的控制等。

## 十、信息化管理

以 BIM 技术为导向的信息化管理可以使各参建方在信息平台上协同工作，能实现各参建方随时进行信息的沟通、交流，传递各种文件。

## 十一、季节性施工安排

建筑工程施工绝大部分工作是露天作业，受气候影响比较大。因此，在冬期、雨期施工中，必须从具体条件出发，正确选择施工方法，做好季节性施工准备工作，以保证按期、保质、安全地完成施工任务，取得较好的技术经济效果。

考核评价

任务完成后，学生完成"自我评价"，教师完成"教师评价"，并整理课堂练习，完成任务评价表 5-8。

表 5-8　任务评价表

| 序号 | 评价内容 | 分值分配 | 学生自评 | 小组互评 | 教师评价 |
|---|---|---|---|---|---|
| 1 | 能提前进行课前预习、熟悉任务内容 | 10 | | | |
| 2 | 能熟练、多渠道地查找参考资料 | 10 | | | |
| 3 | 能认真听讲，勤于思考 | 20 | | | |
| 4 | 能正确回答问题和课堂练习 | 40 | | | |
| 5 | 能在规定时间内完成教师布置的各项任务 | 20 | | | |
| 6 | 合计 | 100 | | | |

以装配式混凝土建筑施工前的准备工作为主线，通过对装配式混凝土建筑人员、技术、物资准备工作等的学习，明确装配式混凝土建筑施工准备工作的要求及内容。通过装配式混凝土建筑专项施工方案编制内容的学习，与装配式建筑施工岗位对接，提升对装配式混凝土建筑施工前准备工作的理解与应用。

**知识拓展**

自主学习《装配式混凝土建筑技术标准》（GB/T 51231—2016），填写装配式建筑中分部分项工程外墙、叠合板、阳台、楼梯的施工技术交底。

装配式施工
技术交底

《装配式混凝土
建筑技术标准》
（GB/T 51231—
2016）

# 巩固提高

**一、单选题**

1. 与现浇混凝土建筑相比，装配式混凝土建筑施工现场需要增加（     ）工种作业工人。

  A. 模具工   B. 混凝土工   C. 灌浆工    D. 钢筋工

2. 与现浇混凝土建筑相比，装配式混凝土建筑施工现场（     ）工种的作业内容有所变化。

  A. 模具工        B. 混凝土工

  C. 灌浆工        D. 塔式起重机驾驶员

3. 预制结构构件采用钢筋套筒灌浆连接时，应在构件生产前进行钢筋套筒灌浆连接接头的抗拉强度试验，每种规格的连接接头试件数量不应少于（     ）个。

  A. 三    B. 一    C. 二    D. 五

4. 装配式结混凝土结构专项施工方案宜包括工程概况，编制依据，进度计划，施工现场平面布置，预制构件场内运输与堆放，（     ），施工材料，灌浆料、钢筋套筒灌浆连接接头检查验收，安装与连接施工，绿色施工，安全管理，质量管理，信息化管理等内容。

  A. 施工企业       B. 外委加工企业和监理

  C. 预制构件入场检验    D. 设计单位

5. 在现浇混凝土作业时要对伸出钢筋采用专用模板进行定位，防止预留钢筋位置错位。一旦出现现浇层伸出钢筋无法安装情况，最可靠的方案是（     ）。

  A. 凿去混凝土一定深度，采用机械调整钢筋的办法

B．采用电焊对钢筋进行加热校直

C．采用气焊对钢筋进行加热校直

D．去掉伸出钢筋，直接进行上部工程

## 二、多选题

1．除常规原材料检验和施工检验外，装配式混凝土结构应重点对（　　）等进行检查验收。

    A．塔式起重机选型           B．钢筋套筒灌浆连接接头

    C．构件安装后支撑设施       D．灌浆料

    E．临时吊装设备

2．装配式混凝土构件安装工艺主要包括（　　）。

    A．测量放线               B．构件吊装

    C．临时固定               D．节点施工

    E．成品保护及修补措施

3．技术交底的内容包括（　　）。

    A．测量放线               B．图纸交底

    C．施工方案交底           D．设计变更交底

    E．分项工程技术交底

4．工程施工技术交底的内容包括（　　）。

    A．施工图样的解说        B．施工方案措施

    C．工艺质量标准和评定办法    D．技术检验和检查验收要求

    E．技术记录内容和要求

5．灌浆料搅拌设备与工具包括（　　）。

    A．砂浆搅拌机              B．搅拌桶

    C．机械套筒               D．电子秤

    E．灌浆料

## 三、简答题

1．装配式混凝土建筑项目的新技术点有哪些？

2．外墙、叠合板、阳台、楼梯分部分项工程装配式施工技术交底内容有哪些？

3．装配式混凝土建筑作业增加了哪些新工种？可否直接上岗操作？

# 项目六 预制构件的安装施工

"重""大""高""难"——精吊细筑

《大国建造》第二集《栋梁之材》系列节目中重庆朝天门广场 8 座超过 250 m 的摩天大楼高度处"横躺"着 300 m 的观景长廊，如图 6-1 所示。片中来福士的工程师运用高科学技术，将质量 3 000 t 的钢结构吊装至 250 m 的高空，最终完成了空中连廊的建设，创造了世界首座横向摩天大楼，吊装的质量和体量均创世界之最。展现了中国建造迈向绿色化、工业化、智能化、信息化的征程，以及在推进中国式现代化中的中国智慧、中国方案与中国力量。拼搏进取的中建人，"建"证了中华民族从站起来到富起来再到强起来，吾辈将不忘初心、牢记使命，为实现中华民族伟大复兴的中国梦而不懈奋斗！

图 6-1　重庆朝天门广场摩天大楼上的观景长廊

## 知识目标

1. 熟悉装配式混凝土预制构件安装前，主体结构应具备的安装施工条件、现场环境及环保要求。

2. 掌握装配式建筑结构施工与相关专业的技术协调和现场施工配合。

3. 熟悉装配式混凝土预制构件现场施工试验及施工验收标准。

4. 掌握装配式混凝土预制构件安装的安全施工技术要点。

1. 能够熟练使用装配式混凝土结构安装机具设备，对常用机具、设备进行保养和故障排除。

2. 能够按照正确的安装工艺流程完成装配式混凝土预制构件吊装工艺操作。

3. 能够根据验收规范完成装配式混凝土预制构件安装质量检查。

4. 能够对施工过程安全隐患进行防范和排除，能做到施工自身安全保护，并监督管理好班组人员安全作业施工。

5. 通过实训达到"1+X"装配式实操混凝土预制构件吊装考核标准。

## 素质目标

1. 培养过硬的职业能力和良好的职业素养，具备团队合作的能力和良好的沟通协调能力，树立技能造就美好、创新赢得未来的正确价值观。

2. 通过预制构件安装学习，培养严格遵守规范标准意识，牢固树立安全意识、质量意识。

## 思维导图

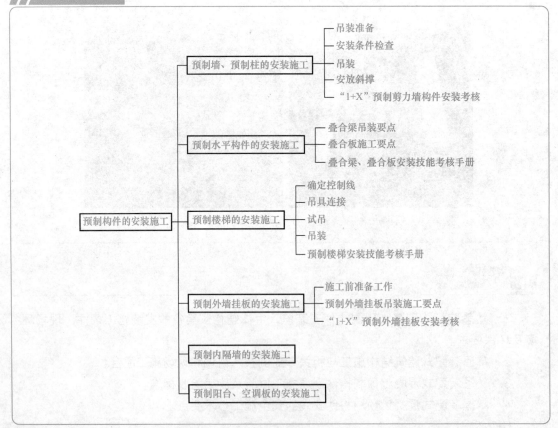

# 任务一　预制墙、预制柱的安装施工

1. 能够进行预制墙、柱图纸的识读，根据图纸和施工组织方案进行构件的安装施工。
2. 掌握预制墙、预制柱安装的工艺流程。
3. 能够进行预制墙、柱安装过程中各工位的操作。

**任务描述**

某园区一期综合楼A栋，采用钢筋混凝土装配整体式框架－钢支撑结构体系，地上9层，首层现浇，2层以上预制。结构采用预应力叠合楼板、预制叠合梁、预制柱、预制楼梯、支撑等组成装配式建筑结构体系。内隔墙主要部分采用蒸压加气混凝土条板、轻钢龙骨墙体、玻璃隔断等，装修采用装配式全装修设计，结构和机电管线分离。

A楼预制构件使用情况如下：

预制水平构件：叠合楼板为2～机房层、叠合梁为2～机房层、预制楼梯为2～9层，水平构件应用比例74.4%。

预制竖向构件：预制柱为2～9层，竖向构件应用比例56.6%。

根据部分图纸信息和施工组织方案，完成预制外墙WQ3225C的吊运及安装，平面布置图和构件模板图如图6-2所示，要求操作规范，构件质量符合标准要求。

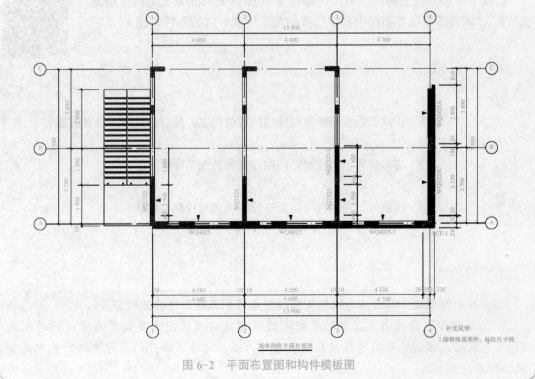

图 6-2　平面布置图和构件模板图

133

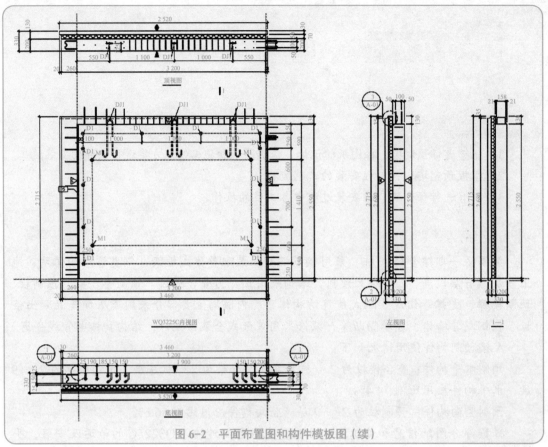

图 6-2 平面布置图和构件模板图（续）

扫描二维码，自主阅读"某园区综合楼 A 栋装配式混凝土结构专项施工方案"，该资源也是本项目中其他任务的配套资源，之后不再赘述。

某园区综合楼 A 栋
装配式混凝土结构
专项施工方案

1. 识读图纸，列举预制外墙的规格尺寸、预埋件及吊点位置数据。

2. 查阅资料了解预制竖向构件安装的施工环境是怎样的？

3. 预制墙、预制柱吊运及安装的工艺流程都有哪些？

**任务内容**

1. 按照预制墙安装的施工规范及标准完成预制混凝土外墙板的安装。

2. 本部分内容为高职、中职装配式建筑智能建造技能大赛必考内容，同时也是"1+X"装配式预制构件制作与安装技能考核内容，通过本部分的学习要达到装配式安装工职业技能要求。

1. 学生在教师指导下，熟悉预制墙吊运安装所使用的各种设备、工具。
2. 装配式混凝土预制外墙安装方案设计。
3. 根据实训任务工单分组进行实训，每组4人。
4. 领取预制外墙安装实训工具，按步骤进行操作。
5. 操作以学生为主，教师进行指导并做出评价。
6. 学生根据下面的实训任务工单，完成实训工作，任务工单在实训前以活页的形式发给学生（表6-1）。
7. 本部分工作内容需要在实训基地或实训场所进行操作完成。

表6-1  实训任务工单

| 任务名称 | 预制外墙吊装 | | 指导教师 | |
|---|---|---|---|---|
| 实训日期 | | | 班级 | |
| 组别 | | | 组长 | |
| 组员姓名 | | | | |
| 任务要求 | | | | |
| 资讯与参考 | | | | |
| 设备、模具、工具 | | | | |
| 预制外墙吊装方案 | 1. 图纸识读与标记<br><br>2. 预制外墙吊装方案 | | | |
| 实施步骤与过程记录 | 步骤一：<br><br>步骤二：<br><br>步骤三：<br><br>步骤四： | | | |
| 自我评价与反思 | | | | |
| 教师评价 | 制作前准备是否充分（20分） | 操作规范程度（50分） | 操作熟练程度（20分） | 进度执行情况（10分） | 总分 |
| | | | | | |

预制外墙吊装主要包括吊装准备、安装条件检查、吊装、安放斜撑、后浇段施工几大步骤。

## 一、吊装准备

（1）吊装就位前将所有柱、墙的位置在地面弹好墨线，根据后置埋件布置图，采用后钻孔法安装预制构件定位卡具，并进行复核检查。

（2）对起重设备进行安全检查，并在空载状态下对吊臂角度、负载能力、吊绳等进行检查，对吊装困难的部件进行空载实际演练（必须进行），将导链、斜撑杆、膨胀螺栓、扳手、2 mm 靠尺、开孔电钻等工具准备齐全，操作人员对操作工具进行清点。

（3）检查预制构件预留灌浆套筒是否有缺陷，是否有杂物和油污，保证灌浆套筒完好，提前架好经纬仪、激光水准仪并调平。

## 二、安装条件检查

预制构件安装施工前，应当对前道工序的质量进行检查，确认具备安装条件时，才可以进行构件安装。

（1）现浇混凝土伸出钢筋。检查现浇混凝土伸出钢筋的位置和长度是否正确。现浇层伸出钢筋位置不准确构件无法安装。一旦出现现浇层伸出钢筋无法安装的情况，施工者不能自行决定如何处理，应当由设计和监理共同给出处理方案。钢筋倾斜时应进行校直，禁止使用电焊加热或气焊对钢筋加热校直。

（2）连接部位标高和表面平整度。构件安装连接部位表面标高应当在误差允许范围内，如果标高偏差较大或表面倾斜，会影响上部构件安装的平整和水平缝灌浆厚度的均匀，需要经过处理后才能进行构件安装。

（3）连接部位混凝土质量。连接部位混凝土是否存在酥松、离析、蜂窝等情况，如果存在，须经过补强修补处理后才能吊装。

现场修补包括由于运输或安装磕碰造成的构件缺棱掉角和表面破损应进行修补。修补用的砂浆应当保证强度，与混凝土构件粘结牢固。砂浆内掺加树脂类聚合物会提高强度和粘结力。修补过的地方应进行保持湿度的养护，也可以表面涂刷养护剂养护。

对于清水混凝土构件和装饰混凝土构件的表面，修补用砂浆应与构件颜色一致，修补砂浆终凝后，应当采用砂纸或抛光机进行打磨，保证修补痕迹在 2 mm 处看不出来。对于磕碰掉装饰层的表面应采用专用胶粘剂进行粘结修复，保证修复部位粘结的牢固性和耐久性。

（4）填写施工准备情况登记表，施工现场负责人检查核对签字后方可开始吊装。

吊装人员操作
准备

## 三、吊装

（1）在预制墙安装过程中，必须根据构件质量和形状特点，选用专用夹具，采取一定保护措施，以防止墙板在运输、堆放和安装过程中变形与墙板的外饰贴面及门窗框的损坏。吊装时，采用带倒链的扁担式吊装设备，加设揽风绳，并根据预制外墙形状特点选择适合的吊具。图6-3所示为揽风绳布置图。

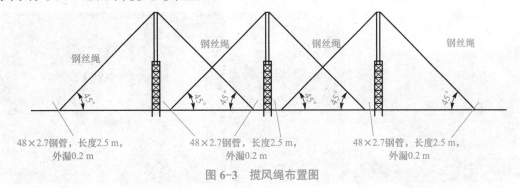

钢丝绳　　　　　钢丝绳　　　　　钢丝绳　　　　　钢丝绳

45°　　45°　45°　　45°　45°　　45°

48×2.7钢管，长度2.5 m，　　48×2.7钢管，长度2.5 m，　　48×2.7钢管，长度2.5 m，
外漏0.2 m　　　　　　　　　外漏0.2 m　　　　　　　　　外漏0.2 m

图 6-3　揽风绳布置图

（2）顺着吊装前所弹墨线缓缓下放墙板，吊装经过的区域下方设置警戒区，施工人员应撤离，由信号工指挥，就位时待构件下降至作业面1 m左右高度时施工人员方可靠近操作，以保证操作人员的安全。

（3）墙板下放好金属垫块，垫块保证墙板底标高准确，也可提前在预制墙板上安装定位角码，顺着定位角码的位置安放墙板。

（4）墙板底部若局部套筒未对准时，可使用倒链将墙板手动微调，重新对孔。

（5）底部没有灌浆套筒的外填充墙板直接顺着角码缓缓放下墙板。垫板造成的空隙可采用坐浆方式填补。为防止坐浆料填充到外叶板之间，在聚苯板处补充 50 mm×20 mm 的保温板（或橡胶止水条）堵塞缝隙。

### 四、安放斜撑

（1）墙板垂直坐落在准确位置后，使用激光水准仪复核水平是否有偏差。无误差后，利用预制墙板上的预埋螺栓和地面后置膨胀螺栓安装斜支撑杆，用检测尺检测预制墙体垂直度及复测墙顶标高后，利用斜撑杆调节好墙体的垂直度，方可松开吊钩。在调节斜撑杆时必须由两名工人同时间、同方向进行操作，如图6-4所示。

图 6-4　安放斜撑、调节墙板垂直度

（2）调节斜撑杆完毕后，再次校核墙体的水平位置和标高、垂直度、相邻墙体的平整度，完成安装，如图 6-5 所示。其检查工具包括经纬仪、水准仪、靠尺、水平尺（或软管）、重锤、拉线等。

图 6-5　预制墙安装完成

练一练　预制柱安装的施工要点有哪些？你能找出与预制外墙安装的区别吗？

**提示：** 预制柱安装施工要点。

1. 吊装准备

（1）检查预制框架柱进场的尺寸、规格，混凝土的强度是否符合设计和规范要求，检查柱上预留套管及预留钢筋是否满足图纸要求，套管内是否有杂物。清理柱子安装部位的杂物，将松散的混凝土及高出定位预埋钢板的粘结物清除干净。

检查柱子轴线及定位板的位置、标高和锚固是否符合设计要求。对预制柱伸出的上下主筋进行检查，按设计长度要求将超出部分割掉，确保定位小柱头平稳地坐落在柱子接头的定位钢板上。将下部伸出的主筋调直、理顺，保证同下层柱子钢筋搭接时贴靠紧密，便于施焊。同时做好记录，并与现场预留套管的检查记录进行核对。

（2）吊装前对预制框架柱四面进行定位放线，确定地面钢筋位置、规格与数量、几何形状和尺寸是否与定位钢模一致，测量预制框架柱底面标高控制件预埋螺栓标高，并应满足相关要求。

（3）根据预制框架柱平面各轴的控制线和柱框线校核预埋套管位置的偏移情况，并做好记录，若预制框架柱有小距离的偏移，需借助就位设备进行调整，无误后方可进行吊装。

2. 吊装

预制框架柱的吊装采用单元吊装模式并沿着轴线长方向进行。

一般沿纵轴方向往前推进，逐层分段流水作业，每个楼层从一端开始，以减少反复作业，当一道横轴线上的柱子吊装完成后，再吊装下一道横轴线上的柱子。

柱子吊点位置与吊点数量由柱子长度、断面形状决定，一般选用正扣绑扎，吊点选择在距离柱上端 600 mm 处卡好特制的柱箍。在柱箍下方锁好卡环钢丝绳，吊装机械的钩绳与卡环相钩区用卡环卡住，吊绳应处于吊点正上方。为控制起吊就位时不来回摆动，在预制柱下部拴好溜绳，检查各部分连接情况，无误后方可起吊。慢速起吊，待吊绳绷紧后暂停上升，及时检查自动卡环的可靠情况，防止自行脱扣。

（1）吊装前在柱四角放置金属垫块，以利于预制柱的垂直度校正，按照设计标高，结合柱子长度对偏差进行确认。用经纬仪控制垂直度，若有少许偏差可运用千斤顶等进行调整。

（2）预制框架柱采用单点慢速起吊，使其在吊升中所受震动较小，并在起吊中用方木保护。

（3）预制框架柱初步就位时应将预制柱下部钢筋套筒与下层预制柱的预留钢筋初步试对，无问题后准备进行固定。

（4）对位与临时固定。预制框架柱起吊后，停在预留筋上 30～50 mm 处进行对位，使预制框架柱的套筒与预留钢筋吻合，并采用提前预埋的螺栓控制 2 cm 施工拼缝，调整垂直误差在 2 mm 之内，最后采用三面斜支撑将其固定。预制柱就位及调整如图 6-6 所示。预制框架柱垂直偏差的检验用两架经纬仪检查预制框架柱吊装准线的垂直度。预制柱吊装完成如图 6-7 所示。

图 6-6　预制柱就位及调整

图 6-7 预制柱吊装完成

🔊 考核评价

预制外墙板吊装评分见表 6-2。

表 6-2 预制外墙板吊装评分

| 评分项 | 评分内容 | 扣分点 | 分值 |
|---|---|---|---|
| 劳保用品准备 | 领取并佩戴安全帽、穿戴劳保工装、防护手套 | 安全帽穿戴标准如下：<br>（1）内衬圆周大小以调节到头部稍有约束感为宜；<br>（2）系好下颚带，下颚带应紧贴下颚，松紧以下颚有约束感，但不难受为宜，正确穿戴劳保工装、防护手套。<br>劳保工装、防护手套穿戴标准如下：<br>（1）劳保工装做到统一、整齐、整洁，并做到"三紧"，即领口紧、袖口紧、下颚紧，严禁卷袖口、卷裤腿等现象；<br>（2）必须正确佩戴手套，方可进行实操考核 | 5 |
| 设备检查 | 检查施工设备（如吊装机具、吊具等） | 操作开关检查吊装机具是否正常运转，吊具是否正常使用 | 5 |
| 施工准备 | 领取工具 | 根据安装工艺流程领取全部工具 | 10 |
| | 领取材料 | 根据安装工艺流程领取全部材料 | |
| | 领取钢筋 | 依据图纸进行节点钢筋选型（规格、加工尺寸、数量）及钢筋清理 | |
| | 领取模板 | 根据图纸进行模板选型及数量确定 | |
| | 领取辅材 | 根据图纸进行辅材选型（扎丝、垫块等）及数量确定 | |
| | 卫生检查及场地清理 | 施工场地卫生检查及清扫 | |

| 评分项 | 评分内容 | 扣分点 | 分值 |
|---|---|---|---|
| 预制外墙吊装工艺流程 | 构件质量检查 | 依据图纸使用工具（钢卷尺、靠尺、塞尺）进行预制外墙质量检查（尺寸、外观、平整度、埋件位置及数量等） | 70 |
| | 连接钢筋处理 – 连接钢筋除锈 | 使用工具（钢丝刷），对生锈钢筋处理，若没有生锈钢筋，则说明钢筋无须除锈 | |
| | 连接钢筋处理 – 连接钢筋长度检查 | 使用工具（钢卷尺），对每个钢筋进行测量，将不符合要求的钢筋指示出来 | |
| | 连接钢筋处理 – 连接钢筋垂直度检查 | 用钢筋定位模板对钢筋位置、垂直度进行测量，将不符合要求的钢筋指示出来 | |
| | 连接钢筋处理 – 连接钢筋校正 | 使用工具（钢套管），将钢筋长度、位置、垂直度等不符合要求的项目进行校正 | |
| | 工作面处理 – 凿毛处理 | 使用工具（铁锤、錾子），对定位线内工作面进行粗糙面处理 | |
| | 工作面处理 – 工作面清理 | 使用工具（扫把），对工作面进行清理 | |
| | 工作面处理 – 洒水湿润 | 使用工具（喷壶），对工作面进行洒水湿润处理 | |
| | 弹控制线 | 使用工具（钢卷尺、墨盒、铅笔），根据已有轴线或定位线引出 200 ～ 500 mm 控制线 | |
| | 放置橡塑棉条 | 使用材料（橡塑棉条），根据定位线或图纸放置橡塑棉条至保温板位置 | |
| | 放置垫块 | 使用材料（垫块），在墙两端距离边缘 4 cm 以上，远离钢筋位置处放置 2 cm 高垫块 | |
| | 标高找平 | 使用工具（水准仪、水准尺），先后视假设标高控制点，再将水准尺分别放置垫块，若垫块标高符合要求则不需调整，若垫块不在误差范围内，则需换不同规格垫块 | |
| | 预制外墙吊装 – 吊具连接 | 选择吊孔，满足吊链与水平夹角不宜小于 60° | |
| | 预制外墙吊装 – 预制外墙试吊 | 操作吊装设备起吊构件至距离地面约 300 mm，停滞，观察吊具是否安全 | |
| | 预制外墙吊装 – 预制外墙吊运 | 操作吊装设备吊运剪力墙，缓起、匀升、慢落 | |
| | 预制外墙吊装 – 预制外墙安装对位 | 使用工具（镜子），将镜子放置墙体两端钢筋相邻处，观察套筒与钢筋位置关系，边调整剪力墙位置边下落 | |
| | 预制外墙临时固定 | 使用工具（斜支撑、扳手、螺栓），临时固定墙板 | |
| | 预制外墙调整 – 预制外墙位置测量及调整 | 使用工具（钢卷尺、撬棍），先进行剪力墙位置测量是否符合要求，如误差 > 10 mm，则用撬棍进行调整 | |
| | 预制外墙调整 – 预制外墙垂直度测量及调整 | 使用工具（有刻度靠尺），检查是否符合要求，如误差 > 10 mm 则调整斜支撑进行校正 | |
| | 预制外墙终固定 | 使用工具（扳手）进行终固定 | |
| | 摘除吊钩 | 摘除吊钩 | |

| 评分项 | 评分内容 | 扣分点 | 分值 |
|---|---|---|---|
| 工完料清 | | 材料浪费 | 10 |
| | | 工具清点、清理、入库 | |
| | | 设备检查、复位 | |
| | | 场地清理 | |
| | | 总分 | 100 |

## 🔊 榜样力量

### 建证榜样——罗龙：与装配式建筑同行

"在钢结构装配式住宅建造这方面，我们是新生，应该多学、多问、多思考。"罗龙常常这样告诫自己和团队成员。从实验室模型搭建到应力测试，从装配成型到运出工厂，再到现场一件件组装，到处都可以看到他们的身影，伴朝阳而来，踏星月而归。

扫码学习他的先进事迹。

——摘自中华网

## 🔊 技能提升

### 预制剪力墙吊装职业技能考核评价

预制剪力墙吊装为"1+X"装配式构件制作与安装职业技能考试必考内容，本部分考试时间 60 min，4 人为一组，配合完成预制剪力墙吊装，单人评分。

"1+X"装配式职业技能等级考试在专用的实训室内进行，实训条件、实训环境要符合职业技能等级考试要求，考试前实训条件要经过检验达到考试要求才能开始考核。

技能考核人员要经过专门的培训学习并经过考核认定被评为职业技能等级考评员后方可从事该实训任务的考核工作。教学过程中考官（考评员）由实训指导教师担任。

## 🔊 知识拓展

请扫码"预制柱构件安装"技能考核评分手册自主学习并进行实操练习。

"预制柱构件安装"
技能考核评分手册

## 任务二 预制水平构件的安装施工

**学习目标**

1. 能够进行预制水平构件叠合梁、叠合板等图纸的识读。
2. 掌握预制水平构件吊装的工艺流程。
3. 能够进行预制水平构件吊装中各工位的操作。

**任务描述**

选取的项目与任务一相同，根据图纸和施工组织方案，完成预制水平构件的吊运及安装。图6-8所示为叠合板平面布置图、叠合梁、叠合板模板图（YB46.24.3）。吊装要求操作规范，构件质量符合标准要求。

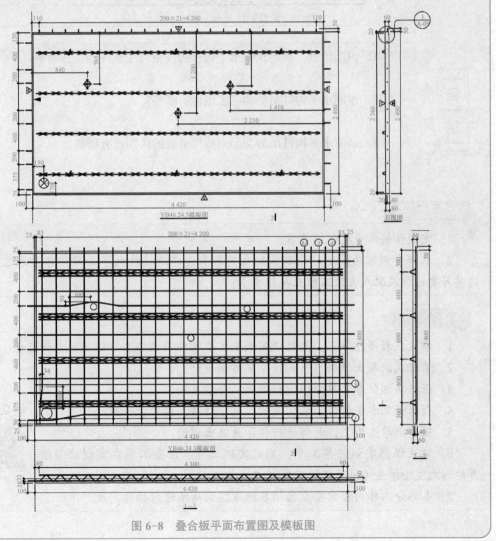

图6-8 叠合板平面布置图及模板图

143

| 配件表 | | | | | |
|---|---|---|---|---|---|
| 编号 | 数量 | 名称 | 规格 | 符号 | 备注 |
| CH1 | 3 | PVC线盒 | 75×75×100 | ⊕ | |
| | 6 | PVC螺接 | φ20 | ▫ | |
| D3 | 1 | 预留洞口 | φ150 | ⊗ | |

| 钢筋表 | | | | | |
|---|---|---|---|---|---|
| 编号 | 数量 | 规格 | 加工尺寸 | 总重/kg | 备注 |
| ① | 22 | $\underline{\Phi}8$ | 50 ｜ 2400 | 21.29 | 纵向钢筋 |
| ② | 8 | $\underline{\Phi}10$ | 100 ｜ 4420 ｜ 100 | 22.81 | 水平向钢筋 |
| ③ | 2 | $\underline{\Phi}6$ | 2370 | 1.06 | 板边钢筋 |
| ④ | 2 | $\underline{\Phi}6$ | 4390 | 1.95 | 板边钢筋 |
| A1 A1a | 4 | $\underline{\Phi}10$ | 4300 | 10.62 | 桁架上弦钢筋 |
| A1b | 8 | $\underline{\Phi}8$ | 4300 | 13.59 | 桁架下弦钢筋 |
| A1c | 8 | φ6 | 21.5个节间，间距200 mm | 11.18 | 桁架腹杆钢筋 |

图 6-8 叠合板平面布置图及模板图（续）

1. 识读图纸，确定预制水平构件的规格尺寸及位置，并列举。

2. 预制水平构件吊装的工艺流程有哪些？

3. 预制水平构件吊装与竖向构件吊装的区别点有哪些？

### 任务内容

1. 完成预制水平构件的吊装。

2. 本部分内容为高职、中职装配式建筑智能建造技能大赛必考内容，通过本部分的学习要达到装配式安装工职业技能要求。

### 任务要求

1. 学生在教师指导下，熟练使用预制水平构件吊运安装所使用的各种设备、工具。

2. 装配式混凝土预制水平构件安装方案设计。

3. 根据实训任务工单分组进行实训，每组4人。

4. 领取预制水平构件吊装需要的工具、材料，按实训步骤进行操作。

5. 操作以学生为主，教师进行指导并做出评价。

6. 学生根据实训任务工单，完成实训工作。任务工单在实训前以活页的形式发给学生（扫码自行下载打印）。

7. 本部分工作内容需要在实训基地或实训场所进行操作完成。

实训任务工单

任务实施

预制水平构件的操作流程包括构件进场、验收、放线、搭设底部支撑、吊装就位、微调定位、摘钩几大步骤。

## 一、叠合梁吊装要点

（1）弹控制线。测量出柱顶与梁底标高误差，在柱上弹出梁边控制线。

（2）注写编号。在构件上标明每个构件所属的吊装顺序和编号，便于吊装人员辨认，如图6-9所示。

（3）梁底支撑。梁底支撑采用立杆支撑＋可调顶托＋100 mm×100 mm木方，叠合梁的标高通过支撑体系的顶丝来调节。

图6-9 构件施工现场检验编号核对

（4）起吊。

1）叠合梁起吊时，用吊索勾住该梁的吊环，吊索应有足够的长度以保证吊索和梁之间的角度≥60°。

2）当叠合梁初步就位后，两侧借助柱头上的梁定位线将梁精确校正，在调平的同时将下部可调支撑上紧，这时方可松开吊钩。

3）主梁吊装结束后，根据柱上已放出的梁边和梁端控制线，检查主梁上的次梁缺口位置是否正确，如不正确，需做相应处理后方可吊装次梁，梁在吊装过程中要按柱对称吊装。

4）根据结构图按照设计说明给出的吊装顺序吊装其他梁。

整体吊装原则：先主梁再次梁，根据钢筋搭接上下位置关系，谁的钢筋在下谁先吊装。吊装过程如图6-10所示。

图6-10 叠合梁吊装过程

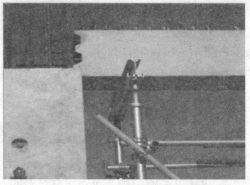

图 6-10　叠合梁吊装过程（续）

（5）预制梁板柱接头连接。

1）键槽混凝土浇筑前应将键槽内的杂物清理干净，并提前 24 h 浇水湿润。

2）键槽钢筋绑扎时，为确保钢筋位置准确，键槽须预留 U 形开口箍，待梁、柱钢筋绑扎完成，在键槽上安装 ∩ 形开口箍与原预留 U 形开口箍双面焊接 5d（d 为钢筋直径）。

## 二、叠合板施工要点

（1）进场验收。

1）进场验收主要检查资料和外观质量，防止在运输过程中发生损坏现象。

2）叠合板进入工地现场，堆放场地应夯实平整，并应防止地面不均匀下沉。

3）叠合板进场堆放时，应采用板肋朝上叠放的堆放方式，严禁倒置，每层之间采用的垫木应垫放在起吊位置下方，垫木应上下对齐，不得脱空，如图 6-11 所示。

4）叠合板应按照不同型号、规格分类堆放，如图 6-12 所示。

图 6-11　叠合板下方放置垫木

图 6-12　叠合板分类堆放

5）吊装叠合板及叠合板混凝土浇筑前，需要对叠合板的叠合面及桁架钢筋进行检查、验收，桁架钢筋不得变形、弯曲。

（2）弹控制线和注写编号。在每条吊装完成的梁或墙上测量并弹出相应预制板四周控制线，并在构件上标明每个构件所属的吊装顺序和编号，便于吊装人员辨认。

（3）板底支撑。在叠合板两端部位设置临时可调节支撑杆。预制楼板的支撑设置应符合以下要求：

1）梁、板支撑体系Ⅰ形梁设置方向垂直于叠合板内格构梁的方向。梁底边支座不得大于 500 mm，间距不大于 1 200 mm。

2）起始支撑设置根据叠合板与边支座的搭设长度来决定。当叠合板边与边支座的搭接长度大于或等于 40 mm 时，楼板边支座附近 1.5 m 内无须设置支撑，当叠合板与边支座的搭接长度小于 35 mm 时，需要在楼板边支座附近 200 ~ 500 mm 设置一道支撑体系。

3）梁、板的支撑体系必须有足够的强度和刚度，楼板支撑体系的水平高度必须达到精准的要求，以保证楼板浇筑成型后底面平整。

4）支架立杆应竖直设置，2 m 高度的垂直允许偏差为 12 mm。调节钢支柱的高度应该留出浇筑荷载所形成的变形量，跨度大于 4 m 时中间的位置要适当起拱，抵抗自重和施工过程中所产生的荷载及风荷载所形成的变形量。

5）确保支撑系统的间距及距离墙、柱、梁边的净距符合系统验算要求，上下层支撑应在同一直线上。板下支撑间距不大于 3.3 m，当支撑间距大于 3.3 m 且板面施工荷载较大时，跨中需在预制楼板中间加设支撑，如图 6-13 所示。

图 6-13　叠合板支撑系统

（4）吊装。采用硬架支模或直接就位方法，在梁侧面按设计图纸画出板及板缝位置线，标出板的型号。将梁或墙上皮清理干净，检查标高，复查轴线，将所需板吊装就位。

在可调节顶撑上架设木方，调节木方顶面至板底设计标高，开始吊装预制楼板。预制楼板的吊点位置应合理设置，起吊就位应垂直平稳，两点起吊或多点起吊时吊索与板水平面所成夹角不宜小于 60°，不应小于 45°，如图 6-14 所示。

吊装应按顺序连续进行，板吊至柱上方 3 ~ 6 cm 后，调整板位置使锚固筋与梁箍筋错开便于就位，板边线基本与控制线吻合。将预制楼板坐落在木方顶面，及时检查板底与预制叠合梁的接缝是否到位，预制楼板钢筋入墙长度是否符合要求，直至吊装完成，如图 6-15 所示。

图 6-14　叠合板吊装

图 6-15　叠合板吊装就位及校正

当一跨叠合板吊装结束后，要根据叠合板四周边线及板柱上弹出的标高控制线对板标高及位置进行精确调整，误差控制在 2 mm。

根据结构图按照设计说明给出的吊装顺序吊装其他板。

吊装按顺序依次铺开，不宜间隔吊装；吊装时先吊铺边缘窄板，然后按照顺序吊装剩下板块；每块板吊装就位后偏差不得大于 3 mm，累计误差不得大于 10 mm。

叠合板吊装完成后，不得集中堆放重物，施工区不得集中站人，不得在叠合板上蹦跳、重击，以免造成叠合板损坏。

上述所有工作都完成以后，施工单位质检人员应先对其进行全面检查，自检合格后，报监理单位（或业主单位）进行隐藏工程验收；经验收合格，方可进行下道工序施工。

🔊 考核评价

此处仅以叠合板吊装举例，见表 6-3，叠合梁类似，不再赘述。

表 6-3  叠合板吊装评分表

| 评分项 | 评分内容 | 扣分点 | 分值 |
|---|---|---|---|
| 劳保用品准备 | 佩戴安全帽 | （1）内衬圆周大小以调节到头部稍有约束感为宜。<br>（2）系好下颚带应紧贴下颚，松紧以下颚有约束感，但不难受为宜 | 5 |
| | 穿戴劳保工装、防护手套 | （1）劳保工装做到统一、整齐、整洁，并做到"三紧"，即领口紧、袖口紧、下摆紧，严禁卷袖口、卷裤腿等现象。<br>（2）必须佩戴手套，方可进行实操考核 | |
| 施工准备 | 检查施工设备（如：吊装机具、吊具等） | 操作开关检查吊装机具是否正常运转，吊具是否正常使用 | 15 |
| | 根据安装工艺流程领取全部工具 | 根据安装工艺流程领取全部工具 | |
| | 根据安装工艺流程领取全部材料 | 根据安装工艺流程领取全部材料 | |
| | 施工场地卫生检查及清扫 | 对施工场地卫生进行检查，并使用扫把规范清理场地 | |
| 叠合板吊装工艺流程 | 构件质量检查 | 依据图纸使用工具（钢卷尺、靠尺、塞尺），检查叠合板尺寸、外观、平整度、埋件位置及数量等是否符合图纸要求 | 60 |
| | 测量放线－支撑位置线 | 使用工具（钢卷尺、墨盒、铅笔），根据已有轴线或定位线引出支撑位置线 | |
| | 测量放线－叠合板板底标高 | 使用工具（水准仪、水准尺、墨盒、铅笔），根据已有控制线引出叠合板板底标高线 | |
| | 测量放线－叠合板水平位置线 | 使用工具（钢卷尺、墨盒、铅笔），根据已有轴线或定位线在墙上引出叠合板水平位置线 | |
| | 安装底板支撑 | 按照以下流程完成底板支撑安装：将带有可调装置的独立钢支撑立杆放置在位置标记处→设置三脚架稳定立杆→安装可调顶托→安装木楞→安装支撑构件间连接件等稳固措施 | |

| 评分项 | 评分内容 | 扣分点 | 分值 |
|---|---|---|---|
| 叠合板吊装工艺流程 | 调整底板支撑高度 | 使用工具（水准仪、水准尺），根据板底标高线，微调节支撑的支设高度，使木楞顶面达到设计位置，并保持支撑顶部位置在平面内 | 60 |
| | 水平构件（叠合板）吊装－吊具连接 | 满足倒链与水平夹角不宜小于60° | |
| | 水平构件（叠合板）吊装－试吊 | 操作吊装设备起构件至距离地面约300 mm，停滞，观察吊具是否安全 | |
| | 水平构件（叠合板）吊装－吊运 | 操作吊装设备吊运，缓起、匀升、慢落 | |
| | 水平构件（叠合板）吊装－安装对位 | 使用工具（撬棍），边调整底板位置边下落 | |
| | 叠合板底板位置测量及调整 | 使用工具（钢卷尺、撬棍），先进行底板位置测量是否符合要求，如误差＞5 mm，则用撬棍进行调整 | |
| | 叠合板底板标高测量及调整 | 使用工具（水准仪、水准尺），检查底板标高是否符合要求，如误差＞5 mm，则调整可调顶托进行校正 | |
| | 摘除吊钩 | 摘除吊钩 | |
| 质量控制 | 底板支撑安装牢固程度 | （1）该质量控制在底板吊装完成以后执行。<br>（2）根据测量数据判断是否符合标准 | 10 |
| | 底板安装位置误差范围（5 mm，0） | | |
| | 底板标高误差范围（5 mm，0） | | |
| 工完料清 | 拆除构件并放置存放架 | 使用吊装设备依据先装后拆的原则将构件放置原位 | 10 |
| | 工具入库 | 清点工具，对需要保养工具（如工具污染、损坏）进行保养或交于工作人员处理 | |
| | 材料回收 | 回收可再利用材料，放置原位，分类明确，摆放整齐 | |
| | 场地清理 | 使用工具（扫把）清理模台和地面，不得有垃圾，清理完毕后归还清理工具 | |
| 总分 | | | 100 |

🔊 **技能拓展**

　　"1+X"装配式职业技能考试中重点考核预制竖向构件的吊装，预制水平构件的吊装可以作为教学中技能提升的拓展部分。扫码下载"'叠合板安装'技能考核评分手册"自主学习。

"叠合板安装"
技能考核评分
手册

# 任务三 预制楼梯的安装施工

**学习目标**

1. 加深对预制构件安装施工工艺流程的理解。
2. 正确完成预制楼梯的施工前准备工作。
3. 在保证质量标准和安全生产的前提下，能够按照正确的施工工艺流程协作完成预制楼梯的安装施工。

1. 与现浇楼梯相比，预制楼梯施工的难点有哪些？

2. 与任务一、任务二中的预制构件相比，预制楼梯安装的难点有哪些？

**任务内容**

1. 完成预制楼梯的安装。
2. 通过本部分的学习要达到装配式安装工职业技能要求。

**任务要求**

1. 对预制楼梯进行安装保护

（1）预制楼梯进场后堆放不得超过4层。堆放时垫木必须垫放在楼梯吊装点下方，如图6-16所示。

（2）在吊装前，预制楼梯采用多层板钉成整体踏步台阶形状，保护踏步面不发生损坏，并且将楼梯两侧用多层板固定做保护。

（3）在吊装预制楼梯之前将楼梯预留灌浆圆孔处砂浆、灰土等杂质清除干净，确保预制楼梯灌浆质量。

图6-16 预制楼梯堆放，下设垫木

（4）施工前，搭设楼梯梁（平台板）支撑排架，以施工标高控制高度，按照先梯梁后楼梯（板）的顺序进行。楼梯与梯梁搁置前，先在楼梯L形内铺砂浆，采用软坐灰方式。

2. 楼梯找平层

构件安装前，应将水泥砂浆找平层清扫干净，并在梯段上、下口梯梁处铺 15 mm 厚 M10 水泥砂浆找平层（M10 水泥砂浆采用成品干拌砂浆），上铺 5 mm 厚聚乙烯板坐浆。砂浆找平层标高要控制准确，以保证构件与梯梁之间的良好结合与密实。找平层施工完毕后，应对找平层标高用拉线、尺量的方法进行复核，标高允许偏差为 5 mm。

**任务实施**

### 一、确定控制线

根据施工图纸，测量并弹出相应楼梯构件端部和侧边的控制线，对控制线及标高进行复核。楼梯侧面距离结构墙体预留 10 mm 孔隙，为后续塞防火岩棉预留空间。

### 二、吊具连接

预制楼梯采用水平吊装。吊装时，应使踏步呈水平状态，便于就位。吊装吊环用螺栓将通用吊耳与楼梯板预埋内螺纹连接，使钢丝绳吊具及倒链连接吊装。起吊前检查卸卡环，确认牢固后方可继续缓慢起吊。

### 三、试吊

调整索具铁链长度，使楼梯段休息平台处于水平位置，试吊预制楼梯，检查吊点位置是否准确，吊索受力是否均匀等，试吊高度不应超过 2 m。

### 四、吊装

（1）将预制楼梯吊至梁上方 30 ～ 50 cm 处，调整该楼梯位置使上下平台锚固筋与梁箍筋错开，板边线基本与控制线吻合。

（2）根据楼梯控制线，用就位协助设备将构件根据控制线精确就位，先保证楼梯两侧准确就位，再使用水平尺和倒链调节楼梯水平。

（3）预制楼梯就位时，楼梯板要从上向下垂直安装，在作业面上空 300 mm 处略做停顿，施工人员手扶楼梯板调整方向，将楼梯板的边线与梯梁上的安放位置线对准，放下时要稳停慢放，严禁快速猛放，以免冲击力过大造成楼板面振折或裂缝，如图 6-17 所示。

（4）楼梯板基本就位后，根据控制线，利用撬棍微调楼梯板，直到位置正确，搁置平实。安装楼梯板时应特别注意标高位置，校正后再脱钩。全预制楼梯吊装如图 6-18 所示。

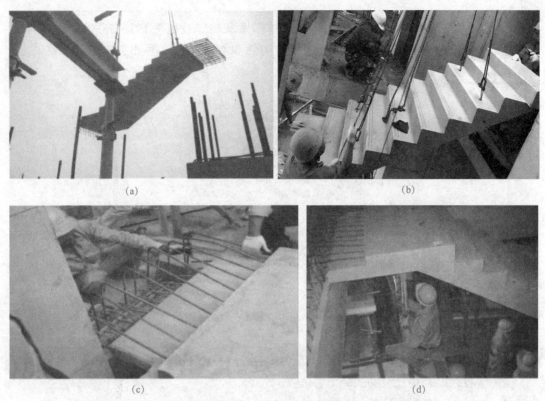

图 6-17　预制楼梯吊装过程

(a) 预制楼梯吊装；(b) 预制楼梯吊装位；(c) 预制楼梯钢筋调整入梁；(d) 预制楼梯顶撑

图 6-18　全预制楼梯吊装

扫描二维码，学习"'预制楼梯安装'技能考核评分手册"，区别于任务一、任务二中的预制竖向构件和水平构件，写出预制楼梯安装的关键点。

"预制楼梯安装"技
能考核评分手册

## 任务四 预制外墙挂板的安装施工

### 学习目标

1. 能够进行预制外墙挂板图纸的识读，根据图纸和施工组织方案进行构件的安装施工。
2. 掌握预制外墙挂板安装的工艺流程。
3. 能够进行预制外墙挂板吊装工位的操作。

### 任务内容

1. 掌握预制外墙挂板的现场装配准备和吊装内容。
2. 正确选用预制外墙挂板安装的起重吊装设备、吊具，安装的施工流程和施工工艺。

### 任务要求

1. 加深对预制构件安装施工工艺流程的理解。
2. 在保证质量标准和安全生产的前提下，能够按照正确的施工工艺流程协作完成预制外墙挂板的安装施工。
3. 本任务中作业清单与实训任务工单，结合本项目已学部分，打印资源库中空白页自行编制填写。

### 任务实施

预制外墙挂板是在预制车间加工后运输到施工现场进行吊运安装的钢筋混凝土外墙板，预制外墙挂板在板底设置预埋件，在板底设置预埋铁件，通过与楼板上的预埋螺栓连接达到底部固定，再通过连接件达到顶部与楼板的固定，如图 6-19 所示，具有施工速度快、质量好、维修费用低的特点。

## 一、施工前准备工作

（1）预制外墙挂板安装前应该编制安装方案，确定其水平运输、垂直运输的吊装方式，进行设备选型和安装调试，如图 6-20 所示。

（2）主体结构预埋件应在主体结构施工时按设计要求埋设；预制外墙挂板安装前应在施工单位对主体结构和预埋件验收合格的基础上进行复测，对存在的问题应与施工、监理、设计单位进行协调解决。

（3）预制外墙挂板在进场前应进行检查验收，不合格的构件不得安装使用，安装采用连接件及配套材料，并应进行现场报验，复试合格后方可使用。

（4）预制外墙挂板的现场存放应按安装顺序排列并采取保护措施。

（5）预制外墙挂板安装人员应提前进行安装技能和安装培训工作，安装前施工管理人员通过动画模拟等方式要做好技术交底和安全交底。

外墙挂板设置
控制点

图 6-19　预制外墙挂板

图 6-20　设备选型和安装调试

## 二、预制外墙挂板吊装施工要点

（1）预制外墙挂板正式安装前要根据施工方案要求进行试安装，经过试安装并验收合格后方可进行正式安装。

（2）预制外墙挂板应该按顺序分层或分段吊装，预制构件应按照施工方案吊装顺序预先编号，吊装应采用慢起、稳升、缓放的操作方式，并应系好缆风绳控制构件转动；在吊装过程中应保持稳定，不得偏斜、摇摆和扭转，如图 6-21 所示。

（3）预制外墙挂板安装就位后应对连接节点进行检查验收，隐藏在墙内的连接节点必须在施工过程中及时做好隐检记录。

图 6-21　预制外墙挂板吊运

（4）预制外墙挂板的校核与偏差调整应满足以下要求：

1）预制外墙挂板侧面中线及板面垂直度的校核，应以中线为主调整。

2）预制外墙挂板上下校正时，应以竖缝为主调整。

3）墙板接缝应以满足外墙面平整为主，内墙面不平或翘曲时，在误差允许范围内可通过内装饰或内保温层调整。

4）预制外墙挂板山墙阳角与相邻板的校正，以阳角为基准调整。

5）预制外墙挂板拼缝平整的校核，应以楼地面水平线为准调整。

（5）预制外墙挂板安装和固定：

1）预制外墙挂板与主体结构的连接采用柔性连接构造，主要有点支撑和线支撑两种安装方式，按装配式结构的装配工艺分类，属于"干作业法"。

2）节点连接处露明铁件均应做防腐处理，对于焊接处镀锌层破坏部位必须涂刷三道防腐涂料防腐，有防火要求的铁件应采用防火涂料喷涂处理。

3）根据预制外墙挂板的特点，要保证外挂节点的安装质量和可靠性；对于预制外墙挂板之间必须有的构造"缝隙"，必须进行填缝处理和打胶密封。

> 你能绘制预制外墙挂板的施工流程图吗？

# 任务五　预制内隔墙的安装施工

## 学习目标

1. 能够进行预制内隔墙图纸的识读。
2. 掌握预制内隔墙的工艺流程。
3. 能够进行预制内隔墙吊装工位的操作。

**任务内容**

1. 掌握预制内隔墙的现场装配准备和吊装内容。

2. 正确选用预制内隔墙安装的起重吊装设备、吊具，预制内隔墙的施工流程和施工工艺。

**任务要求**

1. 加深对预制构件安装施工工艺流程的理解。

2. 正确完成预制内隔墙的施工前准备。

3. 在保证质量标准和安全生产的前提下，能够按照正确的施工工艺流程协作完成预制内隔墙的安装施工。

**任务实施**

（1）对照图纸在现场弹出轴线，并按排板设计标明每块板的位置，放线后需经技术员校核认可。

（2）吊装。

1）预制构件应按照施工方案吊装顺序预先编号，严格按照编号顺序起吊，如图 6-22 所示；吊装应采用慢起、稳升、缓放的操作方式，应系好缆风绳控制构件转动；在吊装过程中，应保持稳定，不得出现偏斜、摇摆和扭转。吊装前在底板测量、放线（也可提前在墙板上安装定位角码）。

图 6-22 吊装前编号

2）将安装位置洒水阴湿，在地面上、墙板下放好垫块，垫块保证墙板底标高正确。垫板造成的空隙可用坐浆方式填补，坐浆的具体技术要求同外墙板的坐浆。

内填充墙底部坐浆材料的强度等级不应小于被连接的构件强度，坐浆层的厚度不应大于 20 mm，底部坐浆强度检验以每层为一检验批，每工作班组应制作一组且每层不应少于 3 组边长为 70.7 mm 的立方体试件，标准养护 28 d 后进行抗压强度试验。

3）起吊内墙板，沿着所弹墨线缓缓下放，直至坐浆密实，复测墙板水平位置是否偏差，确定无偏差后，利用预制墙板上的预埋螺栓和地面后置膨胀螺栓（将膨胀螺栓在环氧树脂内蘸一下，立即打入地面），安装斜支撑杆，如图 6-23 所示。

图 6-23 调整位置、安装斜支撑

4）安装斜撑杆。利用斜撑杆调节墙板垂直度，刮平并补齐底部缝隙的坐浆。采用斜撑杆进行墙体的临时支撑工作时，每个预制构件的临时支撑不宜少于2道，其支撑点与板底的距离不宜小于构件高度的2/3，且不应小于构件高度的1/2，安装好斜撑杆后，通过微调临时斜支撑使预制构件的位置和垂直度应满足相关规范要求。

在利用斜撑杆调节墙体垂直度时必须两名工人同时间、同方向，分别调节两根斜撑杆。

5）复核墙体的水平位置和标高、垂直度，相邻墙体的平整度。检查工具包括经纬仪、水准仪、靠尺、水平尺（或软管）、重锤、拉线。

6）复测无误方可松开吊钩，进行下一块墙板的吊装工作。

（3）填写预制构件安装验收表，施工现场负责人及甲方代表、项目管理、监理单位签字后进入下道工序。

## 任务六 预制阳台、空调板的安装施工

### 学习目标

1. 能够进行预制阳台、空调板图纸的识读，根据图纸和施工组织方案进行构件的安装施工。
2. 掌握预制阳台、空调板安装的工艺流程。
3. 能够进行预制阳台、空调板安装过程中各工位的操作。

### 任务内容

1. 掌握预制阳台、空调板的现场装配准备和吊装内容。
2. 正确选用预制阳台、空调板安装的起重吊装设备、吊具，安装的施工流程和施工工艺。

### 任务要求

1. 加深对预制构件安装施工工艺流程的理解。
2. 正确完成预制阳台、空调板的施工前准备。
3. 在保证质量标准和安全生产的前提下，能够按照正确的施工工艺流程协作完成阳台、空调板的安装施工。

### 一、预制阳台板的安装施工要求

（1）装配式混凝土结构中预制阳台一般有叠合板式阳台、全预制板式阳台和全预制梁式阳台三种形式。图6-24所示为叠合板式阳台和全预制板式阳台。

(a)　　　　　　　　　　　　　　　　　　　　　(b)

图6-24　预制阳台

(a) 叠合板式阳台；(b) 全预制板式阳台

（2）预制阳台板施工前，按照图纸深化后，投入批量生产。运送至施工现场后，由塔式起重机吊运到楼层上铺放。

（3）安装前，应检查复核吊装设备及吊具处于安全操作状态，并应检查支座顶面标高及支撑面的平整度。

（4）每块预制构件吊装前测量放线并弹出相应周边（隔板、梁、柱）控制线，设置构件安装定位标识。对构件规格、型号核对后才可吊装安装。

（5）吊装前应设置支撑架，防止构件倾覆。板底支撑采用钢管脚手架 + 可调顶托 + 100 mm×100 mm 木方（或 I 形木等）。

（6）预制阳台板吊放前，先搭设叠合阳台板排架，排架面铺放木板，放置水平。

（7）预制阳台吊装前应进行试吊装，且检查吊具预埋件是否牢固。预制阳台板吊装宜使用专用型钢扁担，起吊时，绳索与型钢扁担的水平夹角宜为 55°～65°。

（8）预制阳台板通过起重设备吊装至设计固定的脚手架支撑平面位置上方 3～6 cm 处调整位置。首先检查预制阳台板的稳定性，反复检测其四角位置，人工校正后，确保四角在同一设计水平高度上，使锚固筋与已完成结构预留筋错开便于就位，预制阳台板边线基本与控制线吻合，位置准确后方可摘下吊装挂钩。

（9）当一跨板吊装结束后，要根据板周边线、隔板上弹出的标高控制线对板标高及位置进行精确调整，以确保误差控制在 2 mm 之内。

（10）预制阳台板钢筋插入梁内长度按图纸要求，预制阳台预留的锚固钢筋与现浇梁受力预留钢筋焊接，施工后由质检员对焊接处进行全数检查。飘窗、窗台板抗倾覆梁主筋在两侧现浇暗柱进行锚固。

（11）预制阳台板安装、固定后，再按结构层施工工序进行下一道工序施工。

（12）待预制阳台板与连接部位的主体结构（梁、板、柱、墙）混凝土强度达到设计要求强度的100%，且装配式结构能达到后续施工承载要求后，方可拆除支撑架。

## 二、预制空调板的安装施工要求

（1）预制空调板安装定位与预制阳台板相同，不做赘述。

（2）预制空调板吊装前，应检查复核吊装设备及吊具处于安全操作状态，并应进行测量放线、设置构件安装定位标识。

（3）采用四点起吊，起吊时绳索与预制空调板的水平夹角宜为55°～60°。

（4）预制空调板安装前，应设置支撑架，防止构件倾覆。在施工过程中，应连续两层设置支撑架；待上一层预制空调板结构施工完成，并与连接部位的主体结构（梁、墙）混凝土强度达到设计强度的100%，并应在装配式结构能达到后续施工承载要求后，才可以拆除下一层支撑架。上、下层支撑架应处在同一条竖直线上，临时支撑的悬挑部分不允许有施工堆载。

## 小　结

根据装配式混凝土构件施工的组织方案、技术标准、施工方法，严格按照设计要求和施工方案进行必要的施工验算，编制专项施工方案，制订预制构件安装施工流程，按要求做好人、机、料的各项要求，严格按照操作规程和规范在控制质量、保证安全的前提下完成预制剪力墙、预制柱、叠合梁、叠合板、预制楼梯等构件的吊装。

## 🔊 知识拓展

扫描二维码，自主学习《装配式混凝土建筑技术标准》（GB/T 51231—2016）。

《装配式混凝土建筑技术标准》
（GB/T 51231—2016）

**一、判断题**

1. 装配整体式框架结构按连接方式分为刚性连接（等同现浇结构）和柔性连接两类。　　　　　　　　　　　　　　　　　　　　　　　　　　　（　　）

2. 预制外墙挂板的连接节点不仅要有足够的强度和刚度保证墙板与主体结构可靠连接，还要避免主体结构位移作用于墙板形成力。　　　　　　　　　（　　）

3. 预制构件吊装前，应检查构件的类型与编号。检查并确认灌浆套筒内干净、无杂物，如有影响灌浆、出浆的异物须清理干净。　　　　　　　　　（　　）

4. 临时支撑的作用是保证装配式构件安装的空间稳定性。　　　　（　　）

5. 安装作业开始前，应对安装作业区进行围护并做出明显的标识，拉警戒线，根据危险源级别安排旁站，外来参观人员可以进入现场观摩安装施工作业。（　　）

6. 构件安装就位后，可通过临时支撑对构件的位置和垂直度进行微调。（　　）

7. 预制构件中预埋门窗框时，应在模具上设置限位装置进行固定，并逐件检验。　　　　　　　　　　　　　　　　　　　　　　　　　　　　　（　　）

8. 预制外墙挂板的连接节点及接缝构造应符合设计要求；墙板安装完成后，应及时移除临时支承支座、墙板接缝内的传力垫块。　　　　　　　　　（　　）

9. 安装作业开始前，应对安装作业区进行围护并做出明显的标识，拉警戒线，根据危险源级别安排旁站，外来参观人员可以进入现场观摩安装施工作业。（　　）

10. 构件安装就位后，可通过临时支撑对构件的位置和垂直度进行微调。（　　）

**二、单选题**

1. 装配整体式建筑结构可采用湿式连接或干式连接，下面关于湿式连接的说法，不正确的是（　　）。

　　A. 湿式连接整体性能更好

　　B. 湿式连接需要后浇混凝土，现场工作量大

　　C. 湿式连接承载力和刚度均较干式连接大

　　D. 湿式连接施工工期较长

2. 墙板的主要功能是隔声、防火及保持稳定性等。按规定，墙板的隔声指数不小于（　　）dB。

　　A. 45　　　　　　B. 35　　　　　　C. 40　　　　　　D. 30

3. 2017年2月，国务院办公厅印发《关于促进建筑业持续健康发展的意见》。提出力争用（　　）年左右的时间，使装配式建筑占新建建筑面积的比例达到（　　）%。

　　A. 5　15　　　　B. 10　30　　　　C. 5　30　　　　D. 15　50

4. 预制构件使用的吊具和吊装时吊索的夹角，涉及拆模吊装时的安全，此项内容非常重要，应严格执行。在吊装过程中，吊索水平夹角不宜小于（　　）且不应小于（　　）。

　　A. 90°　60°　　　B. 90°　45°　　　C. 60°　30°　　　D. 60°　45°

5. 构件起吊前，其（　　）应符合设计规定，并应将其上的模板、灰浆残渣、垃圾碎块等全部清除干净。

    A．垂直度　　　　　B．标高　　　　　C．长度　　　　　D．宽度

6. 框架柱吊装时，上节柱的安装应在下节柱的梁和柱间支撑安装焊接完毕，下节柱接头混凝土达到设计强度的（　　）%及以上后，方可进行。

    A．50　　　　　　B．65　　　　　　C．75　　　　　　D．90

7. 预制构件安装施工前，应编制专项施工方案，并按设计要求对各工况进行施工验算和（　　）。

    A．塔式起重机布置　　　　　　　　B．施工技术交底

    C．生产技术交底　　　　　　　　　D．施工场地勘察

8. 《建筑施工起重吊装工程安全技术规范》（JGJ 276—2012）等文件规定，开始起吊时，应先将构件吊离地面（　　）mm后暂停，检查起重机的稳定性、制动装置的可靠性、构件的平衡性和绑扎的牢固性等。

    A．200～300　　　　　　　　　　B．300～500

    C．500～600　　　　　　　　　　D．700～800

9. 预制构件安装就位后应及时采取临时固定措施。预制构件与吊具的分离应在校准定位及（　　）后进行。

    A．后浇混凝土浇筑　　　　　　　　B．临时固定措施安装完成

    C．构件灌浆　　　　　　　　　　　D．焊接锚固

10. 下列不符合预制外墙挂板的一般规定的是（　　）。

    A．预制外墙挂板应采用合理的连接节点并与主体结构可靠连接

    B．支承预制外墙挂板的结构构件应具有足够的承载力和刚度

    C．预制外墙挂板与主体结构宜采用刚性连接，连接节点应具有足够的承载力和适应主体结构变形的能力

    D．预制外墙挂板与主体结构的连接节点应采取可靠的防腐、防锈和防火措施

### 三、多选题

1. 预制混凝土构件吊装，当绑扎竖直吊升的构件时，应符合下列规定的有（　　）。

    A．绑扎点位置应略高于构件重心

    B．绑扎点位置应略低于构件重心

    C．在柱不翻身或吊升中不会产生裂缝时，可采用斜吊绑扎法

    D．天窗架宜采用四点绑扎

2. 装配式混凝土建筑预制外墙挂板安装时应符合下列规定的有（　　）。

    A．安装前应进行技术交底

    B．墙板应设置临时固定和调整装置

    C．墙板在轴线、标高和垂直度调校合格后方可永久固

    D．当条板采用双层墙板安装时，内、外层墙板的拼缝宜重合

3. 在吊运过程中，根据构件在空中的位置，吊装可分为（　　）。

    A．平吊　　　　　B．直吊　　　　　C．翻转吊　　　　　D．斜吊

4．预制墙板、预制柱等竖向构件安装后，应对（　　）进行检查校核调整。

A．安装位置　　　　　B．构件平整度　　　C．安装标高　　　　　D．垂直度

5．装配式混凝土构件吊装时，应注意的安全事项有（　　）。

A．构件吊装阶段的整体稳定性

B．吊装阶段的高空坠落防范及高空坠物的伤害防范

C．电击、机械伤害防范

D．坍塌伤害

# 项目七　预制构件的连接

## 一带一路，预制连接

近年来，"一带一路"倡议的优先领域是基础设施的互联互通。在尊重国家主权和安全的基础上，沿线国家加强基础设施建设规划、技术标准体系的对接，共同推进国际骨干通道建设，如图 7-1 所示，逐步形成连接亚洲各区域及亚欧非之间的基础设施网络。为落实和树立创新、协调、绿色、开放、共享的新发展理念，我国近年来大力推广装配式建筑和钢结构，具备了自主研发的生产流水线和自动化生产全套设备，以及一批有着丰富理论和实践经验的高级专家和产业工人。"一带一路"强化基础设施绿色低碳化建设和运营管理，装配式技术及钢结构率先代表中国建筑业走出去，实现了在国内工厂预制部分或全部构件，然后运输到海外施工现场，通过输出标准的成套装备和技术服务造福"一带一路"沿线国家。

图 7-1　国际骨干通道

### 知识目标

1. 熟悉预制构件连接的设备及工具。
2. 掌握预制构件灌浆施工工艺及要求。
3. 掌握预制构件竖向现浇连接、水平现浇连接的施工工艺和方法。
4. 掌握混凝土预制构件连接安全施工的规定和技术要点。

技能目标

1. 能够按照施工要求完成预制构件连接前的施工准备工作。
2. 能够熟练对装配式建筑混凝土预制构件进行连接和检验。
3. 能够根据验收规范完成装配式建筑混凝土预制构件连接质量检查。
4. 能够对施工过程安全隐患进行防范和排除,能做到施工自身安全保护,并监督管理好班组人员的安全作业施工。
5. 能够对初级工进行技术指导,做好传、帮、带,协助施工队长搞好现场施工管理。

素质目标

1. 培养过硬的职业能力和良好的职业素养,具备团队合作的能力和良好的沟通协调能力,树立技能造就美好、创新赢得未来的正确价值观。
2. 通过预制构件连接的学习,培养严格遵守规范标准,牢固树立安全意识,质量意识,培养精益求精、团队协作的工匠精神。

思维导图

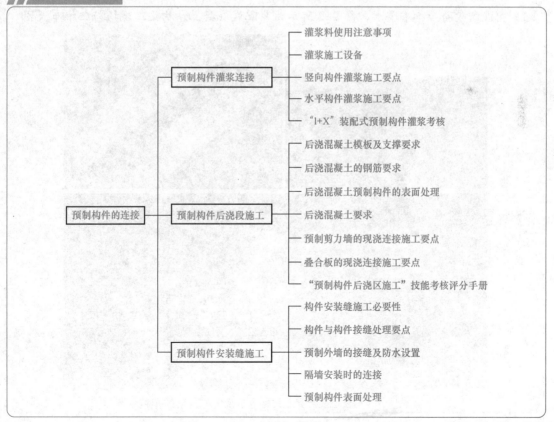

# 任务一　预制构件灌浆连接

**学习目标**

1. 能正确完成预制构件的灌浆施工前准备工作。

2. 在保证质量标准和安全生产的前提下，能够按照正确的施工工艺流程协作完成预制混凝土剪力墙、预制柱的灌浆施工。

**任务描述**

某园区一期综合楼A栋，采用钢筋混凝土装配整体式框架-钢支撑结构体系，地上9层，首层现浇，二层以上预制。结构采用预应力叠合楼板、预制叠合梁、预制柱、预制楼梯、支撑等组成装配式建筑结构体系。

A楼预制构件使用情况如下：

预制水平构件：叠合楼板为2～机房层、叠合梁为2～机房层、预制楼梯为2～9层，水平构件应用比例为74.4%。

预制竖向构件：预制柱为2～9层，竖向构件应用比例为56.6%。

根据部分图纸信息和施工组织方案，完成预制构件灌浆及后浇连接，要求操作规范，构件质量符合标准要求，图7-2所示为装配式混凝土结构施工现场与三维布置图。

图7-2　某装配式混凝土结构施工现场与三维布置图

1. 装配式混凝土建筑施工流程是怎样的？本任务定位在整个施工过程中的哪个部分？

2. 案例属于哪种结构类型？有哪些构件需要连接？预制构件连接的方式有哪些？

## 任务内容

1. 按正确的操作流程完成预制构件灌浆连接工艺。

2. 本部分内容为装配式智能建造技能大赛必考内容，同时也是"1+X"装配式职业资格考核内容，通过本部分的学习要达到装配式职业技能考核的要求。

## 任务要求

1. 学生在教师指导下，熟悉灌浆工位所提供的各种设备、工具。

2. 根据实训任务工单分组进行实训，每组3人。

3. 选取构件灌浆材料及工具，按步骤进行实训操作。

4. 操作以学生为主，教师进行指导并做出评价。

5. 学生根据下面的实训任务工单，完成实训工作，任务工单在实训前以活页的形式发给学生。

6. 本部分工作内容需要在实训基地或实训场所进行操作完成。

## 任务实施

在装配式混凝土建筑中，钢筋连接方式不仅包括传统的焊接、机械连接和搭接，还包括钢筋套筒灌浆连接和浆锚搭接连接。其中，钢筋套筒灌浆连接的应用最为广泛。

### 一、灌浆料使用注意事项

灌浆料进场验收应符合《钢筋套筒灌浆连接应用技术规程（2023年版）》（JGJ 355—2015）的规定。灌浆料性能指标应符合《钢筋连接用套筒灌浆料》（JG/T 408—2019）中规定的灌浆料在标准温度和湿度条件下的各项性能指标的要求。其中，抗压强度值越高，对灌浆接头连接性能越有利；流动度越高，对施工作业越方便，接头灌浆饱满度越容易得到保证。

不同厂家的灌浆料产品配方设计不同，具有不同的工作性能，对环境条件的适应能力不同，灌浆施工的工艺也会有所差别。操作人员需要严格掌握并准确执行产品使用说明书规定的操作要求。

（1）使用时应检查产品包装上印制的有效期和产品外观，无过期情况和异常现象后方可开袋使用。

（2）应按产品说明书要求计量灌浆料和水的用量，经搅拌均匀并测定其流动度满足要求后才可灌注。

（3）加水。浆料拌和时严格控制加水量，必须执行产品生产厂家规定的加水率。加水过多时，会造成灌浆料泌水、离析、沉淀，多余的水分挥发后形成孔洞，严重降低灌浆料抗压强度；加水过少时，灌浆料胶凝材料部分不能充分发生水化反应，无法达到预期的工作性能。

（4）搅拌。灌浆料与水的拌和应充分、均匀，并应保证搅拌容器底部边缘死角处的灌浆料干粉与水充分拌和搅拌均匀。搅拌机、搅拌桶就位后，将灌浆料倒入搅拌桶内加水搅拌，通常先加料70%搅拌3～4 min后，再将所剩的30%加入搅拌桶，搅拌均匀后静置2～3 min排气，使其具备应有的工作性能，保证最终灌浆料的强度性能，然后进行灌浆作业。图7-3所示为灌浆料充分搅拌后准备灌浆作业。

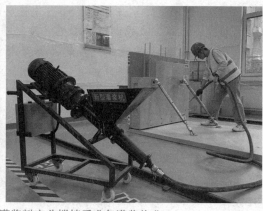

图7-3　灌浆料充分搅拌后准备灌浆作业

（5）流动度检测。灌浆料流动度是保证灌浆连接施工的关键性能指标，灌浆施工环境的温度、湿度差异，影响灌浆的可操作性。在任何情况下，流动度低于要求值的灌浆料都不能用于灌浆连接施工，以防止构件灌浆失败造成事故。

为此在灌浆施工前，应首先进行流动度（截锥试验）的检测，在流动度值满足要求后方可施工，施工中注意灌浆时间应短于灌浆料具有规定流动度值的时间（可操作时间）。

每工作班应检查灌浆料拌合物初始流动度不少于一次，确认合格后，用于灌浆留置灌浆料强度检验试件的数量应符合验收及施工控制要求。

（6）灌浆料的强度与养护温度。灌浆料拌合物应在灌浆料厂家给出的有效时间内使用完毕，且不宜超过30 min，以防止后续灌浆遇到意外情况时灌浆料可流动的操作时间不足，已经开始初凝的灌浆料不能使用。

灌浆料是水泥基制品，其抗压强度增长速度受养护环境的温度影响。冬期施工灌浆料强度增长慢，后续工序应在灌浆料达到规定强度值后方可进行；而夏期施工灌浆料凝固速度加快，灌浆施工时间必须严格控制。

（7）散落的灌浆料拌合物成分已经改变，不得二次使用；剩余的灌浆料拌合物由于已经发生水化反应，如再次加灌浆料、水后混合使用，可能出现早凝或泌水，故不能使用。

## 二、灌浆施工设备

（1）灌浆设备。灌浆设备可分为电动灌浆设备和手动灌浆设备。手动灌浆设备适用于单仓套筒灌浆、制作灌浆接头及水平缝连通腔不超过30 cm的少量接头灌浆补浆施工。

机械灌浆采用专用的灌浆机进行灌浆。该灌浆机使用一定的压力，由墙体下部中间的灌浆孔进行灌浆，灌浆料先流向墙体下部 20 mm 找平层。当找平层灌浆注满后，上部排气孔有浆料溢出时，用软木塞进行封堵。该墙体所有孔洞均溢出浆料后，视为该面墙体灌浆完成。

（2）灌浆料称量、检测工具，如图 7-4 所示。

1）流动度检测：圆截锥试模、钢化玻璃板。

2）抗压强度检测：试块试模 40 mm×40 mm×160 mm。

3）施工环境及材料的温度检测：测温计。

4）灌浆料、拌合水称重：电子秤。

5）拌合水计量：量杯。

6）灌浆料拌合工具：电动搅拌机灌浆设备及称量检测工具。

图 7-4　灌浆料称量、检测工具

### 三、竖向构件灌浆施工要点

灌浆作业是装配整体式结构工程施工质量控制的重要环节之一。

（1）灌浆施工需要按施工方案执行灌浆作业。对作业人员应进行培训考核，并持证上岗，同时，要求全过程有专职检验人员与监理旁站，负责现场监督并及时形成施工质量检查记录影像存档。

（2）灌浆施工环境温度要求。灌浆施工时，环境温度应符合灌浆料产品使用说明书要求；冬期施工时环境温度应在 5 ℃以上，并应对连接处采取加热保温措施，保证浆料在 48 h 凝结硬化过程中连接部位温度不低于 10 ℃。环境温度低于 5 ℃时不宜施工，低于 0 ℃时不得施工。当环境温度高于 30 ℃时，应采取降低灌浆料拌合物温度的措施。

（3）灌浆前应检查套筒、预留孔的规格、位置、数量和深度。

（4）灌浆前应进行连接处的分仓、封仓。其施工要点见表 7-1。

表 7-1　分仓、封仓施工要点

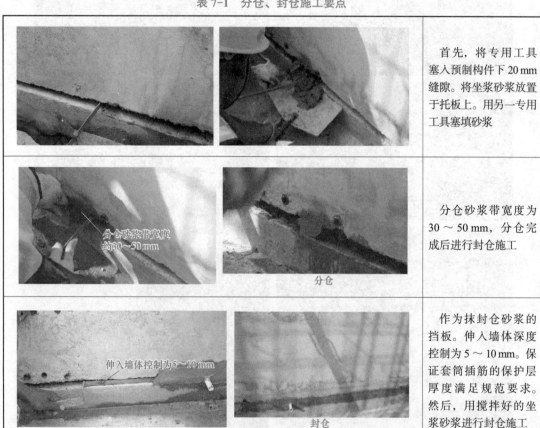

| | |
|---|---|
| | 首先，将专用工具塞入预制构件下 20 mm 缝隙。将坐浆砂浆放置于托板上。用另一专用工具塞填砂浆 |
| | 分仓砂浆带宽度为 30 ~ 50 mm，分仓完成后进行封仓施工 |
| | 作为抹封仓砂浆的挡板。伸入墙体深度控制为 5 ~ 10 mm。保证套筒插筋的保护层厚度满足规范要求。然后，用搅拌好的坐浆砂浆进行封仓施工 |

（5）竖向钢筋套筒灌浆连接时，将另一构件的连接钢筋全部插入该构件上对应的灌浆连接套筒，从构件下部各个套筒的灌浆孔向各个套筒内灌注高强度灌浆料，至灌浆料充满套筒与连接钢筋的间隙从所有套筒上部出浆孔流出，保持压力 30 s 后再封堵灌浆口。灌浆料凝固后，即形成钢筋套筒灌浆接头，从而完成两个构件之间的钢筋连接。图 7-5 所示为灌浆施工过程。

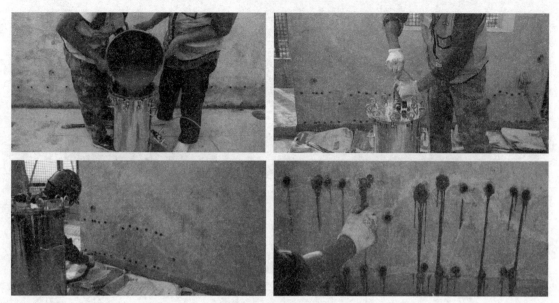

图 7-5 灌浆施工过程

（6）灌浆后 12 h 内不得使构件和灌浆层受到振动、碰撞。

（7）灌浆完毕后，立即清洗搅拌机、搅拌桶、灌浆筒等器具，以免灌浆料凝固、清理困难，注意灌浆筒每灌注完成一筒后需清洗一次，清洗完毕后方可再次使用。灌浆作业完成后 12 h 内，构件和灌浆连接接头不应受到振动或冲击作用。

（8）灌浆施工异常的处置。接头灌浆出现无法出浆的情况时，应查明原因，采取补救施工措施；对于未密实饱满的竖向连接灌浆套筒，当在灌浆料加水拌和 30 min 内时，应首选在灌浆孔补灌；当灌浆料拌合物已无法流动时，可从出浆孔补灌，并应采用手动设备结合细管压力灌浆，但此时应制订专门的补灌方案并严格执行。

一旦灌浆作业过程发现封堵处漏浆，无法保证套筒出浆口出浆；此时，必须将已灌浆料用高压水枪冲洗干净，重新封堵后再次灌浆。剪力墙灌浆应进行分仓，分仓长度应通过计算或按照灌浆料厂家提供的数据确定。

（9）灌浆作业应及时做好施工质量检查记录，并按要求每工作班制作一组试件。与灌浆套筒匹配的灌浆料按照每个施工段的所取试块组进行抗压检测。每组 3 个试块，试块规格为 40 mm×40 mm×160 mm，如图 7-6 所示。

图 7-6 制作试块

图 7-6 制作试块（续）

### 四、水平构件灌浆施工要点

预制梁钢筋的水平连接采用全灌浆套筒连接，灌浆套筒各自独自灌浆。预制梁和既有结构改造现浇部分的水平钢筋采用套筒灌浆连接时，施工措施应符合下列规定：

（1）灌浆前应检查套筒、预留孔的规格、位置、数量和深度。连接钢筋的外表面应标记插入灌浆套筒最小锚固长度的标志，标志位置应准确、颜色应清晰。与既有结构的水平钢筋相连接时，新连接钢筋的端部应设有保证连接钢筋同轴稳固的装置。灌浆套筒安装就位后，灌浆孔、出浆孔应在套筒水平轴正上方 ±45° 的锥体范围内，安装有孔口超过灌浆套筒外表面最高位置的连接管或连接头。

（2）水平钢筋套筒灌浆连接，灌浆作业应采用压浆法从灌浆套筒一侧灌浆孔注入，当拌合物在另一侧出浆孔流出时应停止灌浆。套筒灌浆孔、出浆孔应朝上，保证灌满后浆面高于套筒内壁最高点。

（3）对灌浆套筒与钢筋之间的缝隙应采取防止灌浆时灌浆料拌合物外漏的封堵措施。

（4）预制梁的水平连接钢筋轴线偏差不应大于 5 mm，超过允许偏差的应予以处理。

（5）灌浆施工异常的处理。

1）水平钢筋连接灌浆施工停止后 30 s，如发现灌浆料拌合物高度下降，应检查灌浆套筒两端的密封或灌浆料拌合物排气情况，并及时补灌或采取其他措施。

2）补灌应在灌浆料拌合物达到设计规定的位置后停止，并应在灌浆料凝固后再次检查其位置是否符合设计要求。

练一练

1. 绘制一张用于预制构件灌浆操作技术交底的流程图。

2. 灌浆连接与浆锚搭接连接的操作流程和关键点有哪些？

### 🔊 知识链接

钢筋浆锚搭接连接是指在预制混凝土构件中预留孔道，在孔道中插入需要搭接的钢筋，并灌注水泥基灌浆料而实现的钢筋搭接连接方式。构件安装时，将需要搭接的钢筋插入孔洞内至设定的搭接长度，通过灌浆孔和排气孔向孔洞内灌入灌浆料，经灌浆料凝结硬化后，完成两根钢筋的搭接。其中，预制构件的受力钢筋在采用有螺旋箍筋约束的孔道中进行搭接的技术，称为钢筋约束浆锚搭接连接，如图 7-7 所示。

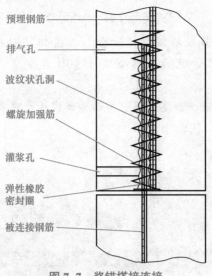

图 7-7　浆锚搭接连接

预埋钢筋
排气孔
波纹状孔洞
螺旋加强筋
灌浆孔
弹性橡胶
密封圈
被连接钢筋

🔊 考核评价

灌浆操作评分表见表 7-2。

表 7-2　灌浆操作评分表

| 评分项 | 评分内容 | 分值 |
|---|---|---|
| 施工人员准备 | 劳保用品准备 | 9 |
| 施工现场准备 | 环境温度测量 | 7 |
| | 湿润灌浆孔 | |
| 灌浆料制作与检测 | 依照配比进行灌浆料制作 | 15 |
| | 灌浆料流动度检测 | |
| 封缝料制作 | 依照配比进行封缝浆料制作 | 12 |
| 封边与分仓 | 根据构件尺寸进行分仓操作 | 10 |
| | 操作封边设备进行封边操作 | |
| 灌浆操作 | 操作灌浆设备进行灌浆操作 | 24 |
| | 出浆孔封堵 | |
| 施工记录 | 填写施工记录表 | 14 |
| 工完料清 | 工具清点、清理、入库 | 9 |
| | 设备检查、清理、保养 | |
| | 材料清点、清理、入库 | |
| | 施工场地清理 | |
| 总分 | | 100 |

### 观摩装配式典范工程，全面学习技术亮点！

"2021年度装配式建筑现场观摩活动会"在薯田埔社区保障性住房及基地产业配套宿舍项目举行。观摩会现场来自全市近300名专家、业界同行共享这场交流盛宴（图7-8）。

创新引领，"智"造未来。新发展理念推动着现代绿色建筑产业转型升级。

扫码学习典范工程技术亮点。

——摘自搜狐网

图7-8　装配式建筑现场观摩活动会

◀)) **技能提升**

### 预制构件灌浆职业技能考核评价

预制构件灌浆为"1+X"装配式职业技能考试必考内容，本部分考试4人为一组，配合完成灌浆操作，单人评分。

"1+X"装配式职业技能等级考试在专用的实训室内进行，实训条件、实训环境要符合职业技能等级考试要求，考试前实训条件要经过检验达到考试要求才能开始考核。

技能考核人员要经过专门的培训学习并经过考核认定被评为职业技能等级考评员后方可从事该实训任务的考核工作。教学过程中考官（考评员）由实训指导教师担任。

"预制构件封缝"技能考核评分手册见表7-3。

表7-3 "预制构件封缝"技能考核评分手册

操作人员：_____ 实训场所：_____ 时间：_____ 时长：_____

| 序号 | 考核项 | 考核内容（工艺流程＋质量控制＋组织能力＋施工安全） | | 评分标准 | 分值 | 评分 | 说明 |
|---|---|---|---|---|---|---|---|
| 1 | 施工前准备工艺流程（10分） | 劳保用品准备 | 佩戴安全帽 | （1）内衬圆周大小以调节到头部稍有约束感为宜。<br>（2）系好下颚带，下颚带应紧贴下颚，松紧以下额有约束感，但不难受为宜。均满足以上要求可得满分，否则得0分 | 2 | | |
| | | | 穿戴劳保工装、防护手套 | （1）劳保工装做到统一、整齐、整洁，并做"三紧"，即领口紧、袖口紧、下摆紧，严禁卷袖口、卷裤腿等现象。<br>（2）必须正确佩戴手套，方可进行实操考核。均满足以上要求可得满分，否则得0分 | 2 | | |
| | | 设备检查 | 检查施工设备（如吊装机具、吊具等） | 发布"设备检查"指令，指挥主操人员操作开关（如有）或手动检查吊装机具是否正常运转，吊具是否正常使用。满足以上要求可得满分，否则不得分 | 3 | | |
| | | 领取工具 | 领取构件制作所有工具 | 发布"领取工具"指令，指挥主操人员领取工具，放在指定位置，摆放整齐。满足以上要求可得满分，否则不得分 | 1 | | |
| | | 领取材料 | 领取构件灌浆所有材料 | 发布"领取材料"指令，指挥主操人员领取材料，放置指定位置，摆放整齐满足以上要求可得满分，否则不得分 | 1 | | |
| | | 卫生检查及清理 | 施工场地卫生检查及清扫 | 发布"卫生检查及清理"指令，指挥主操人员正确使用工具（扫把），规范清理场地。满足以上要求可得满分，否则不得分 | 1 | | |

| 序号 | 考核项 | 考核内容（工艺流程＋质量控制＋组织能力＋施工安全） | | 评分标准 | 分值 | 评分 | 说明 |
|---|---|---|---|---|---|---|---|
| 2 | 封缝料制作与封缝（70分） | 封缝料制作 | 根据配合比计算封缝料干料和水用量 | 发布"根据配合比计算封缝料干料和水用量"指令，指挥主操人员正确使用工具（钢卷尺），测量构件长和宽（或看图纸），先给定计算条件：封缝料密度假设 2 300 kg/m³，水∶封缝料干料 =12∶100（质量比），考虑封缝料充足情况留出 10% 富余量。根据公式 $m=\rho V$（1+10%）计算水和封缝料干料分别用量。满足以上要求可得满分，否则不得分 | 5 | | |
| | | | 称量水 | 发布"称量水"指令，指挥主操人员正确使用工具（量筒或电子秤），根据计算水用量称量。满足以上要求可得满分，否则不得分 | 5 | | |
| | | | 称量封缝料干料 | 发布"称量封缝料干料"指令，指挥主操人员正确使用工具（电子秤、小盆），根据计算封缝料干料用量称量，注意小盆去皮。满足以上要求可得满分，否则不得分 | 5 | | |
| | | | 将全部水倒入搅拌容器 | 发布"将全部水倒入搅拌容器"指令，指挥主操人员正确使用工具（量筒、搅拌容器），将水全部导入搅拌容器。满足以上要求可得满分，否则不得分 | 5 | | |
| | | | 加入封缝料干料 | 发布"加入封缝料干料"指令，指挥主操人员正确使用工具（小盘），推荐分两次加料，第一次先将 70% 干料倒入搅拌容器，第二次加入 30% 干料。满足以上要求可得满分，否则不得分 | 5 | | |
| | | | 封缝料搅拌 | 发布"封缝料搅拌"指令，指挥主操人员正确使用工具［搅拌器（若料太少直接用小铲子拌制）］，沿一个方向均匀搅拌封缝料，总共搅拌不少于 5 min。满足以上要求可得满分，否则不得分 | 5 | | |

| 序号 | 考核项 | 考核内容（工艺流程＋质量控制＋组织能力＋施工安全） | | 评分标准 | 分值 | 评分 | 说明 |
|---|---|---|---|---|---|---|---|
| 2 | 封缝料制作与封缝（70分） | 封缝操作 | 放置内衬 | 发布"放置内衬"指令，指挥主操人员正确使用材料（内衬，如PVC管或橡胶条），先沿一边布置，使封缝宽度控制在1.5～2 cm。满足以上要求可得满分，否则不得分 | 4 | | |
| | | | 封缝 | 发布"封缝"指令，指挥主操人员正确使用工具（托板、小抹子）和材料（封缝料），沿布置好内衬一边进行封缝。满足以上要求可得满分，否则不得分 | 8 | | |
| | | | 抽出内衬 | 发布"抽出内衬"指令，指挥主操人员从一侧竖直抽出内衬，保证不扰动封缝，然后进行下一边封缝。满足以上要求可得满分，否则不得分 | 4 | | |
| | | | 清理工作面 | 发布"清理工作面"指令，指挥主操人员正确使用工具（扫把、抹布），清理工作余浆。满足以上要求可得满分，否则不得分 | 4 | | |
| | | 检查封缝质量 | 吊起构件 | 发布"吊起构件"指令，指挥主操人员正确使用工具操作吊装设备吊起构件并安全放置指定位置。满足以上要求可得满分，否则不得分 | 2 | | |
| | | | 检查封缝宽度 | 发布"检查封缝宽度"指令，此项需要考评员肉眼观察封缝饱满度情况。满足以上要求可得满分，否则不得分 | 2 | | |
| | | | 检查封缝饱满度 | 发布"检查封缝饱满度"指令，指挥主操人员正确使用工具（钢直尺），按照考核员指定任意位置测量封缝宽度。满足以上要求可得满分，否则不得分 | 2 | | |
| | | | 清理封缝料 | 发布"清理封缝料"指令，指挥主操人员正确使用工具（铲子、水枪、气泵、扫把），先将封缝料铲除，然后用高压水枪从一侧清洗，最后用气泵或扫把清洗积水。满足以上要求可得满分，否则不得分 | 2 | | |
| | | | 称量剩余封缝料 | 发布"称量剩余封缝料"指令，指挥主操人员正确使用工具（小盆、电子秤），称量封缝料（注意去皮）。满足以上要求可得满分，否则不得分 | 2 | | |

| 序号 | 考核项 | 考核内容（工艺流程＋质量控制＋组织能力＋施工安全） | | 评分标准 | 分值 | 评分 | 说明 |
|---|---|---|---|---|---|---|---|
| 2 | 封缝料制作与封缝（70分） | 密封 | 放置密封装置 | 发布"放置密封装置"指令、指挥主操人员放置密封装置，采取漏浆措施。满足以上要求可得满分，否则不得分 | 5 | | |
| | | | 安装构件 | 发布"安装构件"指令，指挥主操人员正确使用吊装设备，再次安装构件。满足以上要求可得满分，否则不得分 | 5 | | |
| 3 | 质量控制（10分） | 封缝料搅拌质量 | 无干料、无明水、手握成团 | 在操作过程中根据质量要求由考评员打分 | 2 | | |
| | | 封缝质量 | 工作面清洁程度 | | 1 | | |
| | | | 1.5 cm封缝宽度≤2 cm | | 2 | | |
| | | | 封缝饱满度 | | 2 | | |
| | | | 封缝料剩余量≤0.5 kg | | 1 | | |
| | | 清理封缝料质量 | 无残余料、无积水 | | 2 | | |
| 4 | 组织协调（10分） | 指令明确 | | 指令明确，口齿清晰，无明显错误得满分，否则不得分 | 4 | | |
| | | 分工合理 | | 分工合理，无窝工或分工不均情况得满分，否则不得分 | 3 | | |
| | | 纠正错误操作 | | 及时纠正主操人员错误操作，并给出正确指导得满分，否则不得分 | 3 | | |
| 5 | 安全施工 | 施工过程中严格按照安全文明生产规定操作，无恶意损坏工具、原材料且无因操作失误造成考试干系伤害等行为 | | 出现严重损坏设备、伤人事件，判定对应操作人和主导人不合格 | 合格/不合格/扣分 | | 1号不合格/2号不合格/3号不合格/扣分注：此处可多选 |
| | | | | 出现墙板碰撞、手放置墙底等一般危险行为，出现则对对应人扣10分，主导人制止则不扣分，未提前干预或制止则对主导人扣10分，上不封顶 | | | |
| | | 总分 | | | 100 | | |

"预制构件灌浆"技能考核评分手册见表 7-4。

表 7-4 "预制构件灌浆"技能考核评分手册

操作人员：_____    实训场所：_____    时间：_____    时长：_____

| 序号 | 考核项 | | 考核内容（工艺流程＋质量控制＋组织能力＋施工安全） | 评分标准 | 分值 | 评分 | 说明 |
|---|---|---|---|---|---|---|---|
| 1 | 灌浆工艺流程（70分） | 灌浆料制作 | 温度检测 | 发布"温度检测"指令，指挥主操人员正确使用工具（温度计）测量室温，并做记录。满足以上要求可得满分，否则不得分 | 2 | | |
| | | | 依据配合比计算灌浆料干料和水用量 | 发布"依据配合比计算灌浆料干料和水用量"指令，根据图纸识读构件长度和宽度、套筒型号和数量，先给定计算条宽度、套筒型号和数量，先给定计算条件：封缝料密度假设 2 300 kg/m³，水与灌浆料质量比根据材料使用说明确实套筒灌浆料质量 0.4 kg，考虑灌浆泵内有残余浆料，考虑 10% 富余量。$m=(\rho V+0.4n)(1+10\%)$，其中 $n$ 为套筒数量。再根据灌浆料总量计算水和灌浆料干料分别用量。满足以上要求可得满分，否则不得分 | 3 | | |
| | | | 称量水 | 发布"称量水"指令，指挥主操人员正确使用工具（量筒或电子秤），根据计算水用量称量。满足以上要求可得满分，否则不得分 | 3 | | |
| | | | 称量灌浆料干料 | 发布"称量灌浆料干料"指令，指挥主操人员正确使用工具（电子秤、小盆），根据计算灌浆干料用量称量，注意小盆去皮，满足以上要求可得满分，否则不得分 | 3 | | |
| | | | 将全部水倒入搅拌容器 | 发布"将全部水倒入搅拌容器"指令，指挥主持人员正确使用工具（量筒、搅拌容器），将水全部导入搅拌容器，满足以上要求可得满分，否则不得分 | 1 | | |
| | | | 加入灌浆料干料 | 发布"加入灌浆干料"指令，指挥主操人员正确使用工具（小盆），推荐分两次加料，第一次先将 70% 干料倒入搅拌容器，第二次加入 30% 干料。满足以上要求可得满分，否则不得分 | 3 | | |

| 序号 | 考核项 | 考核内容（工艺流程+质量控制+组织能力+施工安全） | | 评分标准 | 分值 | 评分 | 说明 |
|---|---|---|---|---|---|---|---|
| 1 | 灌浆工艺流程（70分） | 灌浆料制作 | 灌浆料搅拌 | 发布"灌浆料搅拌"指令，指挥主操人员正确使用工具（搅拌器），推荐分两次搅拌，沿一个方向均匀搅拌灌浆料，总共搅拌不少于5 min，满足以上要求可得满分，否则不得分 | 3 | | |
| | | | 静置约2 min | 发布"静置约2 min"指令，使灌浆料内气体自然排出，满足以上要求可得满分，否则不得分 | 1 | | |
| | | 流动度检验 | 放置并湿润玻璃板 | 发布"放置并湿润玻璃板"指令，指挥主操人员正确使用工具（玻璃板、抹布），用湿润抹布擦拭玻璃板，并放置平稳位置。满足以上要求可得满分，否则不得分 | 1 | | |
| | | | 放置截锥试模 | 发布"放置截锥试模"指令，指挥主操人员正确使用工具（截锥试模），大口朝下、小口朝上，放置玻璃板正中央。满足以上要求可得满分，否则不得分 | 2 | | |
| | | | 倒入灌浆料 | 发布"倒入灌浆料"指令，指挥主操人员正确使用工具（勺子），舀出一部分灌浆料倒入截锥试模，满足以上要求可得满分，否则不得分 | 2 | | |
| | | | 抹面 | 发布"抹面"指令，指挥主操人员正确使用工具（小棒子），将截锥试模顶多余灌浆抹平，满足以上要求可得满分，否则不得分 | 2 | | |
| | | | 竖直提起截锥试模 | 发布"竖直提起截锥试模"指令，指挥主操人员竖直提起截锥试模，满足以上要求可得满分，否则不得分 | 2 | | |
| | | | 测量灰饼直径 | 发布"测量灰饼直径"指令，指挥主操人员正确使用工具（钢直尺），等灌浆料停止流动后，测量最大灰饼直径，并做记录，满足以上要求可得满分，否则不得分 | 2 | | |
| | | | 填写灌浆料拌制记录表 | 发布"填写灌浆料拌制记录表"指令，主导人将以上记录数据整理到此记录表上，满足以上要求可得满分，否则不得分 | 1 | | |

| 序号 | 考核项 | | 考核内容（工艺流程＋质量控制＋组织能力＋施工安全） | 评分标准 | 分值 | 评分 | 说明 |
|---|---|---|---|---|---|---|---|
| 1 | 灌浆工艺流程（70分） | 同条件试块 | 倒入灌浆料 | 发布"倒入灌浆料"指令，正确使用工具（勺子），舀出一部分灌浆料倒入试模。满足以上要求可得满分，否则不得分 | 2 | | |
| | | | 抹面 | 发布"抹面"指令，指挥主操人员正确使用工具（小抹子），将试模顶多余灌浆料抹平。满足以上要求可得满分，否则不得分 | 2 | | |
| | | 灌浆 | 湿润灌浆泵 | 发布"湿润灌浆泵"指令，指挥主操人员正确使用工具（灌浆泵、塑料勺）和材料（水），将水倒入灌浆泵进行湿润，并将水全部排出。满足以上要求可得满分，否则不得分 | 2 | | |
| | | | 倒入灌浆料 | 发布"倒入灌浆料"指令，指挥主操人员正确使用工具（灌浆泵、搅拌器），将灌浆料倒入灌浆泵，满足以上要求可得满分，否则不得分 | 2 | | |
| | | | 排出前端灌浆料 | 发布"排出前端灌浆料"指令，指挥主操人员正确使用工具（灌浆泵），由于灌浆泵内有少量积水，因此需要排出前端灌浆料。满足以上要求可得满分，否则不得分 | 3 | | |
| | | | 选择灌浆孔 | 发布"选择灌浆孔"指令，指挥主操人员正确使用工具（灌浆泵），选择下方灌浆孔，一仓室只能选择一个灌浆孔，其余为排浆孔，中途不得换灌浆孔。满足以上要求可得满分，否则不得分 | 3 | | |
| | | | 灌浆 | 发布"灌浆"指令，指挥主操人员正确使用工具（灌浆泵），灌浆时应连续灌浆，中间不得停顿。满足以上要求可得满分，否则不得分 | 5 | | |
| | | | 封堵排浆孔 | 发布"封堵排浆孔"指令，指挥主操人员正确使用工具（橡胶锤）和材料（橡胶塞），待排浆孔流出浆料并成圆柱状时进行封堵。满足以上要求可得满分，否则不得分 | 5 | | |
| | | | 保压 | 发布"保压"指令，指挥主操人员正确使用工具（灌浆泵），待排孔全部封堵后保压或慢速保持约30 s，保证内部浆料充足。满足以上要求可得满分，否则不得分 | 3 | | |

| 序号 | 考核项 | | 考核内容（工艺流程＋质量控制＋组织能力＋施工安全） | 评分标准 | 分值 | 评分 | 说明 |
|---|---|---|---|---|---|---|---|
| 1 | 灌浆工艺流程（70分） | 灌浆 | 封堵灌浆孔 | 发布"封堵灌浆孔"指令，指挥主操人员正确使用工具（橡胶锤）和材料（橡胶塞）待灌浆泵移除后迅速封堵灌浆孔。满足以上要求可得满分，否则不得分 | 3 | | |
| | | | 工作面清理 | 发布"工作面清理"指令，指挥主操人员正确使用工具（扫把、抹布），清理工作面，保持干净。满足以上要求得满分，否则不得分 | 3 | | |
| | | | 称量剩余灌浆料 | 发布"称量剩余灌浆料"指令，指挥主操人员正确使用工具（灌浆泵、电子秤、小盆），将浆料排入小盆，称量质量（注意去皮）。满足以上要求可得满分，否则不得分 | 3 | | |
| | | | 填写灌浆施工记录表 | 发布"填写灌浆施工记录表"指令，主导人将以上灌浆记录数据整理到此记录表上。满足以上要求可得满分，否则不得分 | 3 | | |
| 2 | 工完料清（10分） | 设备拆除、清洗、复位 | 设备拆除 | 发布"设备拆除"指令，指挥主操人员操作吊装设备将灌浆上部构件吊至清洗区。满足以上要求可得满分，否则不得分 | 1 | | |
| | | | 清洗套筒、墙底、底座 | 发布"清洗套筒、墙底、底座"指令，指挥主操人员正确使用工具（高压水枪）针对每个套筒彻底清洗至无残余浆料。满足以上要求可得满分，否则不得分 | 2 | | |
| | | | 设备复位 | 发布"设备复位"指令，指挥主操人员正确使用吊装设备将上部构件调至原位置。满足以上要求可得满分，否则不得分 | 1 | | |
| | | 工具清洗维护 | 灌浆泵清洗维护 | 发布"灌浆泵清洗维护"指令，指挥主操人员着重清洗灌浆泵，先将水倒入灌浆泵然后排出，清洗3遍，再将海绵球放置灌浆泵并排出，清洗3遍。满足以上要求可得满分，否则不得分 | 2 | | |
| | | | 其他工具清洗维护 | 发布"其他工具清洗维护"指令，指挥主操人员清洗有浆料浮浆工具（搅拌器、小盆、铲子、抹子等）。满足以上要求可得满分，否则不得分 | 2 | | |

| 序号 | 考核项 | | 考核内容（工艺流程＋质量控制＋组织能力＋施工安全） | 评分标准 | 分值 | 评分 | 说明 |
|---|---|---|---|---|---|---|---|
| 2 | 工完料清（10分） | 工具清洗维护 | 工具入库 | 发布"工具入库"指令，指挥主操人员将工具放置原位置，满足以上要求可得满分，否则不得分 | 1 | | |
| | | | 场地清理 | 发布"场地清理"指令，指挥主操人员正确使用工具（高压水枪、扫把）将场地清理干净，并将工具归还，满足以上要求可得满分，否则不得分 | 1 | | |
| 3 | 质量控制（10分） | 灌浆料制作与检验 | 灌浆料拌制记录表 | 在操作过程中根据质量要求由考评员打分 | 1 | | |
| | | | 静置无气泡排出 | | 1 | | |
| | | | 初始流动度≥300 mm | | 1 | | |
| | | 灌浆质量 | 是否饱满 | | 1 | | |
| | | | 是否漏浆 | | 1 | | |
| | | | 灌浆施工记录表 | | 1 | | |
| | | | 灌浆料剩余量≤1 kg | | 1 | | |
| | | 工完料清 | 设备清洗是否干净 | | 1 | | |
| | | | 工具清洗是否干净 | | 1 | | |
| | | | 场地清洗是否干净 | | 1 | | |
| 4 | 组织协调（10分） | | 指令明确 | 指令明确，口齿清晰，无明显错误得满分，否则不得分 | 4 | | |
| | | | 分工合理 | 分工危险操作，主导人及时制止，判定主导人合格，判定对应主操人不合格 | 3 | | |
| | | | 纠正错误操作 | 出现危险操作，主导人未制止，判定主导人和对应主操人不合格 | 3 | | |
| 5 | 安全施工 | | 施工过程中严格按照安全文明生产规定操作，无恶意损坏工具、原材料且无因操作失误造成考试干系人伤害等行为 | 出现严重损坏设备、伤人事件，判定对应操作人和主导人不合格 | 合格/不合格/扣分 | | 1号不合格/2号不合格/3号不合格/扣分 注：此处可多选 |
| | | | | 出现墙板碰撞、手放置墙底等一般危险行为，出现则对对应人扣10分，主导人制止则不扣分，未提前干预或制止则对主导人扣10分，上不封顶 | | | |
| | 总分 | | | | 100 | | |

## 任务二 预制构件后浇段施工

**学习目标**

1. 掌握预制构件后浇段施工的工艺流程。
2. 能够进行预制构件后浇段工位的操作。

**任务描述**

选取的项目与任务一相同，图7-9所示为部分信息，根据图纸和施工组织方案，完成预制构件的后浇段施工，要求操作规范，构件质量符合标准要求。

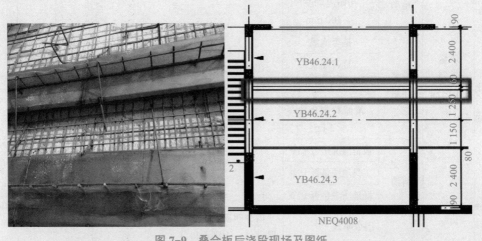

图 7-9 叠合板后浇段现场及图纸

1. 识读图纸，确定后浇区尺寸及位置。

2. 你认为装配式混凝土结构后浇段施工与现浇混凝土结构后浇段施工的区别点有哪些？

**任务内容**

1. 巩固预制竖向构件、水平构件的后浇施工的原理。
2. 正确选用预制竖向构件、水平构件的后浇段施工的设施设备，采用正确的后浇施工流程完成后浇段施工工艺。

**任务要求**

1. 学生在教师指导下，完成预制竖向构件、水平构件的后浇施工前准备工作。

2. 根据实训任务工单分组进行实训，每组3人；任务工单在实训前以活页的形式发给学生（见资源包）。

3. 操作以学生为主，教师进行指导并做出评价。

**任务实施**

装配式混凝土结构预制竖向构件安装完成后，应及时穿插进行边缘构件等连接节点后浇混凝土带的钢筋绑扎和模板安装，并应完成后浇混凝土施工。

---

## 一、后浇混凝土模板及支撑要求

（1）装配式混凝土结构宜采用工具式支架和定型模板，具有标准化、模块化、可周转、易于组合、便于安装、通用性强、造价低等特点。

（2）后浇混凝土的模板与支撑应根据工程结构形式、预制构件类型、荷载大小、施工设备和材料供应等条件确定，应具有足够的承载力、刚度，并应保证其整体稳固性。

（3）模板与支撑安装应保证工程结构的构件各部分形状、尺寸和位置的准确，模板安装应牢固、严密、不漏浆，且应便于钢筋敷设和混凝土浇筑、养护。预制构件的支撑系统如图7-10所示。

（4）预制构件接缝处宜采用与预制构件可靠连接的定型模板。定型模板与预制构件之间应粘贴密封条，在混凝土浇筑时节点处模板不应产生明显变形和漏浆。预制构件接缝处模板支设如图7-11所示。

图7-10 预制构件的支撑系统

图7-11 预制构件接缝处模板支设

（5）模板宜涂刷水性脱模剂。脱模剂应能有效减小混凝土与模板之间的吸附力，并应具有一定的成模强度，且不应影响脱模后混凝土表面的后期装饰。

（6）模板与支撑安装。

1）预制构件宜预留与模板连接用的孔洞、螺栓，预留位置应与模板模数相协调并便于模板安装。预制墙板现浇节点区的模板支设是施工的重点，为了保证节点区模板支设的可靠性，通常采用在预制构件上预留螺母、孔洞等连接方式，施工单位应根据节点区选用的模板形式，使构件预埋与模板固定相协调，图 7-12、图 7-13 所示为不同节点选用的模板形式。

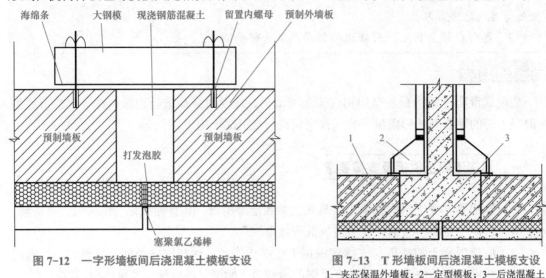

图 7-12　一字形墙板间后浇混凝土模板支设

图 7-13　T 形墙板间后浇混凝土模板支设
1—夹芯保温外墙板；2—定型模板；3—后浇混凝土

2）安装预制墙板、预制柱等竖向构件时，应采用可调斜支撑临时固定；斜支撑的位置应避免与模板支架、相邻支撑冲突。

3）夹芯保温外墙板竖缝采用后浇混凝土连接时，宜采用工具式定型模板支撑，并应符合下列规定：

①定型模板应通过螺栓或预留孔洞拉结的方式与预制构件可靠连接。

②定型模板安装应避免遮挡预制墙板下部灌浆预留孔洞。

③夹芯墙板的外叶板应采用螺栓拉结或夹板等加强固定。

④对夹芯保温外墙板拼接竖缝节点后浇混凝土采用的定型模板，通过在模板与预制构件、预制构件与预制构件之间采取可靠的密封防漏措施，使后浇混凝土与预制混凝土相接表面平整度符合验收要求。

4）叠合楼板的预制底板安装时，可采用龙骨及配套支撑并进行设计计算。宜选用可调整标高的定型独立钢支柱作为支撑，龙骨的顶面标高应符合设计要求，并准确控制预制底板搁置面的标高。浇筑叠合层混凝土时，预制底板上部应避免集中堆载。

5）预制梁下部的竖向支撑可采取点式支撑，支撑位置与间距应根据施工验算确定；预制梁竖向支撑宜选用可调标高的定型独立钢支架；预制梁的搁置长度及搁置面的标高应符合设计要求。

（7）模板与支撑拆除。

1）临时支撑系统拆除时，要检查支撑对象即预制构件经过安装后的连接情况，确认其已与主体结构形成稳定的受力体系后，方可拆除临时支撑系统。

模板拆除时，应按照先拆非承重模板、后拆承重模板的顺序。水平结构模板应由跨中向两端拆除，竖向结构模板应自上而下进行拆除；多个楼层连续支模的底层支架拆除时间应根据连续支模的楼层间荷载分配和后浇混凝土强度的增长情况确定；当后浇混凝土强度能保证构件表面及棱角不受损伤时，方可拆除侧模模板。

2）叠合构件的后浇混凝土同条件立方体抗压强度达到设计要求时，方可拆除龙骨及下一层支撑，当设计无具体要求时，同条件养护的后浇混凝土立方体试件抗压强度应符合规定。

3）预制墙板斜支撑和限位装置应在连接节点和连接接缝部位后浇混凝土或灌浆料强度达到设计要求后拆除；当设计无具体要求时，后浇混凝土或灌浆料应达到设计强度的75%以上方可拆除。

4）预制柱斜支撑应在预制柱与连接节点部位后浇混凝土或灌浆料强度达到设计要求且上部构件吊装完成后进行拆除。

灌浆料具有早强和高强的特点，采用套筒灌浆或浆锚搭接工艺的竖向构件，一般可在灌浆作业完成3 d后拆除斜支撑。

5）拆除的模板和支撑应分散堆放并及时清运，并应采取措施避免施工集中堆载。

## 二、后浇混凝土的钢筋要求

应检查被连接钢筋的规格、数量、位置和长度。当连接钢筋倾斜时，应进行校直；连接钢筋偏离套筒或孔洞中心线不宜超过3 mm。当连接钢筋中心位置存在严重偏差影响预制构件安装时，应会同设计单位制订专项处理方案，严禁随意切割、强行调整定位钢筋。

（1）后浇混凝土内的连接钢筋应埋设准确，连接与锚固方式应符合设计和现行有关技术标准的规定。

（2）构件连接处钢筋位置应符合设计要求。当设计无具体要求时，应保证主要受力构件和构件中主要受力方向的钢筋位置，并应符合下列规定：框架节点处，梁纵向受力钢筋宜置于柱纵向受力钢筋内侧；当主、次梁底部标高相同时，次梁下部钢筋应放在主梁下部钢筋之上；剪力墙中水平分布筋宜置于竖向钢筋外侧，并在墙端弯折锚固。

（3）钢筋套筒灌浆连接接头的预留钢筋应采用专用模具进行定位；应采用可靠的固定措施控制连接钢筋的中心位置及外露长度满足设计要求。

定位钢筋中心位置存在细微偏差时，宜采用钢套管方式进行细微调整；定位钢筋中心位置存在严重偏差影响预制构件安装时，应按照设计单位确认的技术方案处理；预留钢筋定位精度对预制构件的安装有重要影响，因此，对预埋于现浇混凝土内的预留钢筋采用专用定型钢模具对其中心位置进行控制，采取可靠的绑扎固定措施对连接钢筋的外露长度进行控制。模具定位钢筋位置如图7-14所示。

图7-14　模具定位钢筋位置

（4）预制构件的外露钢筋应防止弯曲变形，并应采取可靠的保护措施，防止钢筋偏移及受到污染，并在预制构件吊装完成后，对其位置进行校核与调整。

（5）预制梁柱节点区的箍筋应预先安装于预制柱钢筋上，随预制柱一同安装就位；预制叠合梁采用封闭箍筋时，预制梁上部纵筋应预先穿入箍筋内临时固定，并随预制梁一同安装就位；预制叠合梁采用开口箍筋时，预制梁上部纵筋可在现场安装。梁柱节点区纵筋、箍筋绑扎如图 7-15 所示。

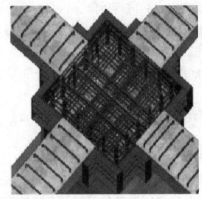

图 7-15　梁柱节点区纵筋、箍筋绑扎

（6）叠合板上部后浇混凝土中的钢筋宜采用成型钢筋网片整体安装就位，如图 7-16 所示。板底纵筋直接搭接构造措施如图 7-17 所示。

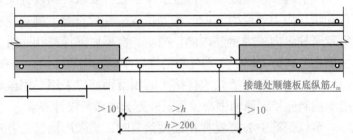

接缝处顺缝板底纵筋 $A_m$

$>10$　　$>h$　　$>10$

$h>200$

图 7-16　叠合板钢筋绑扎　　　　　图 7-17　板底纵筋直接搭接构造措施

### 三、后浇混凝土预制构件的表面处理

混凝土连接主要是预制构件与后浇混凝土的连接。为加强预制构件与后浇混凝土之间的连接，预制构件与后浇混凝土的结合面要设置相应的粗糙面和抗剪键槽，如图 7-18 所示。

图 7-18　后浇混凝土结合面处理

键槽是指预制构件混凝土表面规则且连续的凹凸构造，其可实现预制构件和后浇混凝土的共同受力作用。粗糙面处理即通过外力使预制构件与后浇混凝土结合处变得粗糙，露出碎石等骨料。

粗糙面处理通常有人工凿毛法、机械凿毛法和缓凝水冲法三种方法。

（1）人工凿毛法。人工凿毛法是指工人使用铁锤和凿子剔除预制部件结合面的表皮，露出碎石骨料，增加结合面的粘结粗糙度。此方法的优点是简单、易于操作；缺点是费工费时，效率低。结合面毛化处理如图7-19所示。

图7-19　结合面毛化处理

（2）机械凿毛法。机械凿毛法是使用专门的小型凿岩机配置梅花平头钻，剔除结合面混凝土的表皮，增加结合面的粘结粗糙度。此方法的优点是方便、快捷，机械小巧、易于操作；缺点是操作人员的作业环境差，有粉尘污染。预制柱、预制剪力墙板和预制楼板等构件的接缝处，结合面宜优选混凝土粗糙面的做法；预制梁侧面应设置键槽，且宜同时设置粗糙面，键槽的尺寸和数量应满足受剪承载力的要求。

（3）缓凝水冲法。缓凝水冲法是混凝土结合面粗糙度处理的一种新工艺，是指在构件混凝土浇筑前，将含有缓凝剂的浆液涂刷在模板壁上；浇筑混凝土后，利用已浸润缓凝剂的表面混凝土与内部混凝土的缓凝时间差，用高压水冲洗未凝固的表层混凝土，冲掉表面浮浆，显露出骨料，形成粗糙的表面。此方法具有成本低、效果佳、功效高且易于操作的优点，应用广泛。

1. 说一说预制构件连接部位钢筋的安装顺序。

2. 查阅资料，说一说键槽的尺寸和数量如何确定。

---

### 四、后浇混凝土要求

（1）后浇混凝土施工应采用预拌混凝土。预制构件的连接处混凝土强度等级不应低于所连接的预制构件混凝土强度等级中的较大值。与《混凝土结构工程施工规范》（GB 50666—2011）中对装配整体式混凝土结构接缝现浇混凝土的要求一致。当预制梁、柱混凝土强度等级不同时，预制梁柱节点区混凝土应按强度等级高的混凝土浇筑。

（2）后浇混凝土施工中的结合部位或接缝处混凝土的工作性能应符合设计施工规定；由于工作面限制，不便于混凝土振捣密实而采用自密实混凝土时，应符合现行相关标准的规定。

用于预制构件连接处的混凝土或砂浆，宜采用无收缩混凝土或砂浆，并宜采取提高混凝土或砂浆早期强度的措施。

（3）浇筑混凝土过程中应按规定见证取样留置混凝土试件。同一配合比的混凝土，每工作班且建筑面积不超过 1 000 m² 应制作一组标准养护试件，同一楼层应制作不少于 3 组标准养护试件。

（4）装配整体式混凝土结构工程在浇筑混凝土前应进行隐蔽项目的现场检查与验收。

对预制墙板斜支撑和限位装置，应在连接节点和连接接缝部位后浇混凝土或灌浆料强度达到设计要求后拆除；当设计无具体要求时，后浇混凝土或灌浆料应达到设计强度的 75% 以上方可拆除。

## 五、预制剪力墙的现浇连接施工要点

预制竖向构件安装完成后应及时穿插进行边缘构件后浇带的钢筋和模板施工，并完成后浇混凝土施工。

（1）钢筋施工。预制墙板连接部位宜先校正水平连接钢筋，后安装箍筋套，待墙体竖向钢筋连接完成后，绑扎箍筋，连接部位加密区的箍筋宜采用封闭箍筋。

预制墙板间构件竖缝有附加连接钢筋的做法：如果竖向分布钢筋按搭接做法预留，封闭箍筋或附加连接（也是封闭）钢筋均无法安装，只能用开口箍筋代替。

后浇混凝土节点间的钢筋安装做法受操作顺序和空间的限制与常规做法有很大的不同，必须在符合相关规范要求的同时顺应装配整体式混凝土结构的要求。

（2）模板安装。墙板间混凝土后浇带连接宜采用工具式定型模板支撑，除应满足本任务的相关规定外，还应符合下列规定：定型模板应通过螺栓（预置内螺母）或预留孔洞拉结的方式与预制构件可靠连接；夹芯墙板的外板应采用螺栓拉结或夹板等加强固定；墙板接缝部位及与定型模板连接处均应采取可靠的密封防漏浆措施。

## 六、叠合板的现浇连接施工要点

（1）叠合板浇筑前施工准备。叠合面对于预制与现浇混凝土的结合有重要作用。浇筑前应清除叠合面上的杂物、浮浆及松散骨料，表面干燥时应洒水润湿，洒水后不得留有积水。预制混凝土与后浇混凝土之间的结合面应设置粗糙面。粗糙面的凹凸深度不应小于 4.0 mm，以保证叠合面具有较强的粘结力，使两部分混凝土共同有效工作。叠合构件混凝土浇筑前，应检查并校正预制构件的外露钢筋。

（2）叠合板混凝土浇筑时宜采取由中间向两边的方式，目的是保证叠合构件混凝土浇筑时，下部底板的龙骨与支撑的受力均匀，减小施工过程中不均匀分布荷载的不利作用。

（3）叠合板与现浇构件交接处混凝土应加密振捣点，并适当延长振捣时间。叠合构件混凝土浇筑时，不应移动预埋件的位置，且不得污染预埋件的连接部位。

（4）叠合板上一层混凝土剪力墙吊装施工，应在剪力墙锚固的叠合构件后浇层混凝土达到足够强度后进行。叠合构件的叠合层混凝土同条件立方体抗压强度达到混凝土设计强度等级值的 75% 后，方可拆除下一层支撑。

（5）预制板厚度由于脱模、吊装、运输、施工等因素，厚度不宜小于 60 mm。后浇混凝土层厚度不应小于 60 mm，主要考虑楼板的整体性及管线预埋、面筋铺设、施工误差等因素。

（6）当板跨度大于3 m时，宜采用桁架钢筋混凝土叠合板，可增加预制板的整体刚度，提高水平抗剪性能；当板跨度大于6 m时，宜采用预应力混凝土预制板，节省工程造价；板厚大于180 mm的叠合板，其预制部分采用空心板，空心部分板端空腔应封堵，可减轻楼板自重，提高经济性能。

🔊 考核评价

现浇连接评分表见表7-5。

表7-5　现浇连接评分表

| 评分项 | 评分内容 | 分值 |
|---|---|---|
| 施工人员准备 | 劳保用品准备 | 5 |
| 底部结合面处理 | 后浇接触面处理 | 10 |
| | 结合面洒水湿润 | |
| 钢筋处理及钢筋连接 | 钢筋检查、除锈及校正 | 5 |
| | 钢筋布置与绑扎 | |
| 模板施工 | 模板安装位置测量放线 | 25 |
| | 粘贴防侧漏和底漏胶条 | |
| | 模板选型及拼接组装 | |
| | 模板安装与调整 | |
| 混凝土浇筑及养护 | 混凝土分层浇筑 | 50 |
| | 混凝土分层振捣 | |
| | 后浇节点浇筑完毕抹面处理 | |
| | 后浇混凝土养护 | |
| 工完料清 | 工具清点、清理、入库 | 5 |
| 总分 | | 100 |

🔊 技能考核

全国职业院校技能大赛装配式建筑智能建造赛项涉及预制构件后浇区施工，请结合以下技能考核评分手册学习（表7-6）。

表7-6　"预制构件后浇区施工"技能考核评分手册

| 评分项 | 评分内容 | 扣分点 | 分值 |
|---|---|---|---|
| 劳保用品准备 | 安全帽领取 | 领取安全帽 | 5 |
| | 佩戴安全帽 | 穿戴标准：<br>（1）内衬圆周大小以调节到头部稍有约束感为宜。<br>（2）系好下颚带，下颚带应紧贴下颚，松紧以下颚有约束感，但不难受为宜 | |

| 评分项 | 评分内容 | 扣分点 | 分值 |
|---|---|---|---|
| 劳保用品准备 | 劳保工装、防护手套领取 | 领取劳保工装、防护手套 | 5 |
| | 穿戴劳保工装、防护手套 | 穿戴标准：<br>（1）劳保工装做到统一、整齐、整洁，并做到"三紧"，即领口紧、袖口紧和下颚紧，严禁卷袖口、卷裤腿等现象。<br>（2）必须正确佩戴手套，方可进行实操考核 | |
| 设备检查 | 检查施工设备 | 操作开关检查吊装机具是否正常运转 | 3 |
| 施工准备 | 领取工具 | 根据工艺流程领取全部工具 | 5 |
| | 领取材料 | 根据工艺流程领取全部材料 | |
| | 领取钢筋 | 依据图纸进行节点钢筋选型（规格、加工尺寸、数量）及钢筋清理 | |
| | 领取模板 | 根据图纸进行模板选型及数量确定 | |
| | 领取辅材 | 根据图纸进行辅材选型（扎丝、垫块等）及数量确定 | |
| | 卫生检查及场地清理 | 施工场地卫生检查及清扫 | |
| 后浇段连接施工 | 连接钢筋处理 - 连接钢筋除锈 | 使用工具（钢丝刷）对生锈钢筋进行处理，若没有生锈钢筋，则说明钢筋无须除锈 | 80 |
| | 连接钢筋处理 - 连接钢筋长度检查 | 使用工具（钢卷尺）对每个钢筋进行测量，将不符合要求的钢筋指示出来 | |
| | 连接钢筋处理 - 连接钢筋垂直度检查 | 用直角尺对钢筋位置、垂直度进行测量，将不符合要求的钢筋指出 | |
| | 连接钢筋处理 - 连接钢筋校正 | 使用工具（钢套管），对钢筋长度、垂直度等不符合要求进行校正 | |
| | 分仓判断 | 根据图纸提供信息计算，当套筒距离 ≤ 1.5 m 时不需要分仓，否则需要分仓 | |
| | 工作面处理 - 凿毛处理 | 使用工具（铁锤、錾子），对定位线内工作面进行粗糙面处理 | |
| | 工作面处理 - 工作面清理 | 使用工具（扫把），对工作面进行清理 | |
| | 工作面处理 - 洒水湿润 | 使用工具（喷壶），对水平工作面和竖向工作面进行洒水湿润处理 | |
| | 工作面处理 - 接缝保温防水处理 | 使用材料（橡塑棉条），根据图纸沿板缝填充橡塑棉条 | |
| | 弹控制线 | 使用工具（钢卷尺、墨盒、铅笔），根据已有轴线或定位线引出 200 ～ 500 mm 的控制线 | |
| | 钢筋连接 - 摆放水平钢筋 | 根据图纸将水平钢筋摆放指定位置，并用工具（扎钩、镀锌钢丝）临时固定 | |
| | 钢筋连接 - 竖向钢筋与底部连接钢筋连接 | 根据图纸将竖向钢筋与节点连接钢筋用直螺纹套筒连接 | |

| 评分项 | 评分内容 | 扣分点 | 分值 |
|---|---|---|---|
| 后浇段连接施工 | 钢筋连接－钢筋绑扎 | 使用工具（扎钩）和材料（扎丝）依次绑扎钢筋连接处，不少于 10 处绑扎部位 | 80 |
| | 钢筋连接－固定保护层垫块 | 使用工具（扎钩）和材料（扎丝、垫块）固定保护层垫块，一般垫块间距 500 mm 左右 | |
| | 钢筋连接质量 | 使用相关工具对钢筋绑扎进行质量检测（钢筋间距、钢筋绑扎处牢固、垫块） | |
| | 模板安装－粘贴防侧漏、底漏胶条 | 使用材料（胶条）沿墙边竖直粘贴胶条 | |
| | 模板安装－模板选型 | 使用工具（钢卷尺）和肉眼观察选择合适模板 | |
| | 模板安装－粉刷脱模剂 | 使用工具（滚筒）和材料（脱模剂），均匀涂刷与混凝土的接触面 | |
| | 模板安装－模板初固定 | 使用工具（扳手、螺栓），依次用扳手初固定 | |
| | 模板安装－模板位置检查与校正 | 使用工具（钢卷尺、橡胶锤），检查模板安装位置是否符合要求。若超出误差＞ 1 cm，则用橡胶锤进行位置调整 | |
| | 模板安装－模板终固定 | 使用工具（扳手），对螺栓进行终拧 | |
| | 模板质量 | 使用相关工具对模板成果进行质量检测（牢固、位置偏差） | |
| 工完料清 | 拆解并复位模板 | 使用工具（扳手）依据先装后拆的原则拆除模板，并放置原位 | 7 |
| | 拆解并复位钢筋 | 使用工具（钢丝钳）依据先装后拆的原则拆除钢筋，并放置原位 | |
| | 拆除构件并放置存放架 | 使用吊装设备依据先装后拆的原则将构件放置原位 | |
| | 工具入库 | 清点工具并放置原位 | |
| | 材料回收 | 回收可再利用材料，放置原位，分类明确，摆放整齐 | |
| | 场地清理 | 使用工具（扫把）清理模台和地面，不得有垃圾（扎丝），清理完毕后归还清理工具 | |
| 总分 | | | 100 |

## 任务三 预制构件安装缝施工

**学习目标**

1. 掌握构件与构件安装缝施工要点。
2. 正确操作构件与构件接缝与防水施工工艺流程。

3. 本部分内容为"1+X"装配式预制构件制作与安装技能考核内容，通过本部分的学习要达到装配式安装工接缝处理职业技能要求。

预制构件之间为什么要进行接缝处理？

**任务内容**

选取的项目与任务一相同，根据施工组织方案，完成预制构件的安装缝施工，要求操作规范，接缝质量符合标准要求。

**任务要求**

1. 学生在教师指导下，熟悉构件接缝防水的各种设备、工具。
2. 根据实训任务分组进行实训，每组2人完成实训工作，任务工单在实训前以活页的形式发给学生（见资源包）。
3. 操作以学生为主，教师进行指导并做出评价。
4. 本部分工作内容需要在实训基地或实训场所进行操作完成。

**任务实施**

**一、构件安装缝施工必要性**

预制构件安装后需要对构件与构件之间的缝、外墙挂板构件与其他围护墙体之间的缝进行处理。

接缝处理最主要的任务是防水。若夹芯保温板有雨水渗漏进去后会导致保温板受潮，影响保温效果，在北方会导致内墙冬季结霜。雨水还可能渗透进墙体，导致内墙受潮变霉等。外墙挂板透水有可能影响连接件的耐久性，引发安全事故。

接缝处理必须严格按照设计要求施工，必须保证美观、干净。接缝如图7-20所示。

图7-20 接缝

**二、构件与构件接缝处理要点**

（1）构件接缝处理前应先修整接缝，清除浮灰，然后打密封胶。
（2）施工前打胶缝两侧须粘贴胶带或美纹纸，防止污染。

（3）外墙挂板构件接缝在设计阶段应当设置三道防水处理，第一道密封胶，第二道构造防水，第三道气密条（止水胶条）。

（4）建筑密封胶应与混凝土有良好的粘结性，还应具有耐候性、可涂装性和环保性。密封胶应填充饱满、平整、均匀、顺直、表面平滑，厚度应符合设计要求，并应有较好的弹性以适应构件的变形。

（5）外墙挂板构件接缝有气密条（止水胶条）时，应当在构件安装前黏结到构件上。

（6）根据缝宽选用合适的垫材，根据设计要求填充垫材。

（7）外墙挂板是自承重构件，不能通过板缝进行传力，所以，在施工时保证四周空腔内不得混入硬质杂物。

接缝组成如图 7-21 所示。

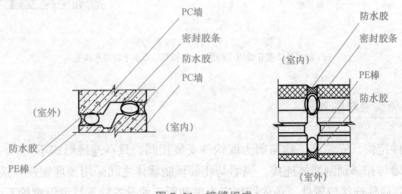

图 7-21　接缝组成

### 三、预制外墙的接缝及防水设置

墙板为建筑物的外部结构，直接受到雨水的冲刷，预制外墙板接缝（包括屋面女儿墙、阳台、勒脚等处的竖缝、水平缝及十字缝与窗口处）必须进行处理，并根据不同部位接缝特点及当地气候条件选用构造防水、材料防水或构造防水与材料防水相结合的防排水系统。为了有效地防止外墙渗漏的发生，在外墙板接缝及门窗洞口等防水薄弱部位宜采用材料防水和构造防水相结合的做法。挑出外墙的阳台、雨篷等构件的周边应在板底设置滴水线。

（1）材料防水。预制外墙板接缝采用材料防水时，必须用防水性能可靠的嵌缝材料。板缝宽度不宜大于 20 mm，材料防水的嵌缝深度不得小于 20 mm。对于普通嵌缝材料，在嵌缝材料外侧应勾水泥砂浆保护层，其厚度不得小于 15 mm；对于高档嵌缝材料，其外侧可不做保护层。

对于高层建筑、多雨地区的预制外墙板接缝防水宜采用两道密封防水构造做法，即在外部密封胶防水的基础上，增设一道发泡氯丁橡胶密封防水构造。

（2）构造防水。构造防水是采取合适的构造形式阻断水的通路，以达到防水的目的。如在外墙板接缝外口设置适当的线型构造（立缝的沟槽，平缝的挡水台、披水等），形成空腔，截断毛细管通路，利用排水沟将渗入板缝的雨水排出墙外，防止向室内渗漏。即使有雨水渗入，也能沿槽口引流至墙外。预制外墙板接缝采用构造防水时，水平缝宜采用企口缝或高低缝，少雨地区可采用平缝；竖缝宜采用双直槽缝，少雨地区可采用单斜槽缝。接缝防水构造措施如图 7-22 所示。

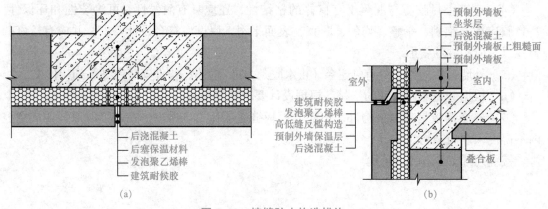

图 7-22　接缝防水构造措施
（a）预制外墙垂直缝防水构造；（b）预制外墙水平缝防水构造

## 四、隔墙安装时的连接

隔墙构件定位、安装施工均与剪力墙构件安装相同，只有连接形式不同。

（1）隔墙与相邻预制墙体连接。隔墙与相邻预制墙体之间采用预埋螺栓连接。预制隔墙在与相邻预制墙体连接位置处，预先按规定高度和距离埋设螺栓，且埋设螺栓不少于两个。

相邻预制剪力墙体在工厂加工时就在与隔墙连接处规定高度和距离处设置预埋铁盒，铁盒与预制剪力墙整体连接牢固，铁盒一面开口露在墙外留一洞口，且洞口尺寸应略大，便于调整。在螺栓与铁盒之间放置一块与铁盒壁厚相同比洞口略大的垫片。现场安装时，待预制隔墙的标高和水平、垂直都到位后，将螺栓拧紧。

（2）隔墙与相邻现浇墙体连接。隔墙构件加工时预埋钢筋，预埋位置与现浇墙体相对应的上、下各 500 mm 处，待现浇墙体施工时进行锚固。

（3）隔墙预埋管线连接。隔墙下部在楼板表面预留管线接头位置，预留（宽）10 cm×（高）20 cm×（厚）5 cm 的凹槽，墙内预埋管线在凹槽处甩出接头，作为隔墙管线与下层管线连接处；隔墙预留管线接头在上部叠合板交接处与现浇板内铺设的管线相接；接头处用胶带缠绑紧密。

（4）隔墙板与楼板相接处，在隔墙板两侧预留 2 cm 凹槽，在楼板对应位置处也预留 2 cm 凹槽，等隔墙板安装完毕后用水泥砂浆抹平。

（5）墙体安装完毕后，四周接缝用砂浆封堵。

## 五、预制构件表面处理

大多数预制构件的表面处理在工厂完成，如喷刷涂料、真石漆、乳胶漆等，在运输、工地存放和安装过程中须注意成品保护。

部分构件在安装后需要进行表面处理，如在运输和安装过程中被污染的外围护构件表面的清洗、清水混凝土构件表面涂刷透明保护涂料等。

装饰混凝土表面清洗可用稀释的盐酸溶液（浓度低于5%）进行清洗，再用清水将盐酸溶液冲洗干净。清水混凝土表面可采用清水或5%的磷酸溶液进行清洗。构件表面处理可在"吊篮"上作业，应自上而下进行。

📢 考核评价

任务完成后，学生完成"学生自评"和"小组互评"，教师整理课堂练习完成"教师评价"，填写任务评价表7-7。

表7-7　任务评价表

| 序号 | 评价内容 | 分值分配 | 学生自评 | 小组互评 | 教师评价 |
|------|---------|---------|---------|---------|---------|
| 1 | 能提前进行课前预习、熟悉任务内容 | 10 | | | |
| 2 | 能熟练、多渠道地查找参考资料 | 10 | | | |
| 3 | 能认真听讲，勤于思考 | 20 | | | |
| 4 | 能正确回答教师问题和课堂练习 | 40 | | | |
| 5 | 能在规定时间内完成教师布置的各项任务 | 20 | | | |
| 6 | 合计 | 100 | | | |

📢 技能考核

"密封防水"技能考核评分手册见表7-8。

表7-8　"密封防水"技能考核评分手册

操作人员：_____　　实训场所：_____　　时间：_____　　时长：_____

| 序号 | 考核项 | 考核内容（工艺流程+质量控制+组织能力+施工安全） | 评分标准 | 分值 | 评分 | 说明 |
|------|--------|------|---------|------|------|------|
| 1 | 施工前准备工艺流程（15分） | 劳保用品准备 / 佩戴安全帽 | （1）内衬圆周大小以调节到头部稍有约束感为宜。<br>（2）系好下颚带，下颚带应紧贴下颚，松紧以下颚有约束感，但不难受为宜。均满足以上要求可得满分，否则得0分 | 2 | | |
| | | 穿戴劳保工装、防护手套 | （1）劳保工装做到统一、整齐和整洁，并做到"三紧"，即领口紧、袖口紧和下摆紧，严禁卷袖口、卷裤腿等现象。<br>（2）必须正确佩戴手套，方可进行实操考核，均满足以上要求可得满分，否则得0分 | 2 | | |
| | | 穿戴安全带 | 固定好胸带、腰带、腿带、安全带进行贴身 | 3 | | |

197

| 序号 | 考核项 | 考核内容（工艺流程＋质量控制＋组织能力＋施工安全） | | 评分标准 | 分值 | 评分 | 说明 |
|---|---|---|---|---|---|---|---|
| 1 | 施工前准备工艺流程（15分） | 设备检查 | 检查施工设备（吊篮、打胶装置） | 发布"设备检查"指令，考核人员操作开关检查吊篮和打胶装置是否正常运转。满足以上要求可得满分，否则不得分 | 2 | | |
| | | 领取工具 | 领取打胶所有工具 | 发布"领取工具"指令，考核人员领取工具，放置指定位置，摆放整齐。满足以上要求可得满分，否则不得分 | 2 | | 如后期操作发现缺少工具，可回到此项扣分 |
| | | 领取材料 | 领取打胶所有材料 | 发布"领取材料"指令，考核人员领取材料，放置指定位置，摆放整齐，满足以上要求可得满分，否则不得分 | 2 | | 如后期操作发现缺少材料，可回到此项扣分 |
| | | 卫生检查及清理 | 施工场地卫生检查及清扫 | 发布"卫生检查及清理"指令，考核人员正确使用工具（扫把），规范清理场地。满足以上要求可得满分，否则不得分 | 2 | | |
| 2 | 封缝打胶工艺流程（50分） | 基层处理 | 采用角磨机清理浮浆 | 发布"采用角磨机清理浮浆"指令，考核人员正确使用工具（角磨机），沿板缝清理浮浆。满足以上要求可得满分，否则不得分 | 3 | | |
| | | | 采用钢丝刷清理墙体杂质 | 发布"采用钢丝刷清理墙体杂质"指令，考核人员正确使用工具（钢丝刷），沿板缝清理浮浆。满足以上要求可得满分，否则不得分 | 3 | | |
| | | | 采用毛刷清理残留灰尘 | 发布"采用毛刷清理残留灰尘"指令，考核人员正确使用工具（毛刷），沿板缝清理浮浆。满足以上要求可得满分，否则不得分 | 3 | | |
| | | 填充PE棒（泡沫棒） | | 发布"填充PE棒（泡沫棒）"指令，考核人员正确使用工具（铲子）和材料（PE棒），沿板缝竖向顺直填充PE棒。满足以上要求可得满分，否则不得分 | 6 | | |
| | | 粘贴美纹纸 | | 发布"粘贴美纹纸"指令，考核人员正确使用材料（美纹纸），沿板缝竖向顺直粘贴。满足以上要求可得满分，否则不得分 | 6 | | |
| | | 涂刷底涂液 | | 发布"涂刷底涂液"指令，考核人员正确使用工具（毛刷）和材料（底涂液），沿板缝内侧均匀涂刷。满足以上要求可得满分，否则不得分 | 5 | | |

| 序号 | 考核项 | 考核内容（工艺流程＋质量控制＋组织能力＋施工安全） | | 评分标准 | 分值 | 评分 | 说明 |
|---|---|---|---|---|---|---|---|
| 2 | 封缝打胶工艺流程（50分） | 打胶 | 竖缝打胶 | 发布"竖缝打胶"指令，考核人员正确使用工具（胶枪）和材料（密封胶），沿竖向板缝打胶。满足以上要求可得满分，否则不得分 | 8 | | |
| | | | 水平缝打胶 | 发布"水平打胶"指令，考核人员正确使用工具（胶枪）和材料（密封胶），沿水平缝打胶。满足以上要求可得满分，否则不得分 | 8 | | |
| | | 刮平压实密封胶 | | 发布"刮平压实密封胶"指令，考核人员正确使用工具（刮板），沿板缝匀速刮平，禁止反复操作。满足以上要求可得满分，否则不得分 | 5 | | |
| | | 打胶质量检验 | | 发布"打胶质量检验"指令，考核人员打开打胶设备，正确使用工具（钢卷尺）对打胶厚度进行测量。满足以上要求可得满分，否则不得分 | 3 | | |
| 3 | 工完料清（10分） | 清理板缝 | | 发布"清理板缝"指令，考核人员正确使用工具（抹布、铲子），将密封胶依次清理至垃圾桶。满足以上要求可得满分，否则不得分 | 2 | | |
| | | 拆除美纹纸 | | 发布"拆除美纹纸"指令，考核人员依次拆除美纹纸。满足以上要求可得满分，否则不得分 | 2 | | |
| | | 打胶装置复位 | | 发布"打胶装置复位"指令，考核人员点击开关，复位打胶装置。满足以上要求可得满分，否则不得分 | 1 | | |
| | | 工具清理入库 | 工具清理 | 发布"工具清理"指令，考核人员正确使用工具（抹布）清理工具，满足以上要求可得满分，否则不得分 | 2 | | |
| | | | 工具入库 | 发布"工具入库"指令，考核人员依次将工具放置原位。满足以上要求可得满分，否则不得分 | 1 | | |

| 序号 | 考核项 | 考核内容（工艺流程+质量控制+组织能力+施工安全） | | 评分标准 | 分值 | 评分 | 说明 |
|---|---|---|---|---|---|---|---|
| 3 | 工完料清（10分） | 施工场地清理 | | 发布"施工场地清理"指令，考核人员正确施工工具（扫把），对施工场地进行清理。满足以上要求可得满分，否则不得分 | 2 | | |
| 4 | 质量控制（25分） | 工具选择合理、数量齐全 | | 打胶结束后考核人员配合考评员对打胶质量进行检查 | 2 | | |
| | | 材料选择合理、数量齐全 | | | 2 | | |
| | | PE棒填充质量 | 是否顺直 | | 3 | | |
| | | 打胶质量 | 胶面是否平整 | | 4 | | |
| | | | 厚度为1～1.5 cm | | 4 | | |
| | | 工完料清 | 打胶装置是否清理干净 | | 4 | | |
| | | | 工具是否清理干净 | | 4 | | |
| | | | 施工场地是否清理干净 | | 2 | | |
| 5 | 安全施工 | 施工过程中严格按照安全文明生产规定操作，无恶意损坏工具、原材料且无因操作失误造成考试相关人伤害等行为 | | | 合格/不合格 | | |
| 总分 | | | | | 100 | | |

## 小 结

根据装配式混凝土构件施工的组织方案、技术标准、施工方法，严格按照设计要求和施工方案制订预制构件连接施工流程，按要求做好人、机、料的各项准备工作，按照操作规程和规范在控制质量、保证安全的前提下，完成预制构件灌浆、后浇段施工及接缝的防水处理。

**知识拓展**

扫描二维码，自主学习《装配式混凝土连接节点构造》（15G310—1、15G310—2）。

《装配式混凝土连接节点构造》
（15G310—1）

《装配式混凝土连接节点构造》
（15G310—2）

# 巩固提高

## 一、判断题

1．钢筋套筒灌浆连接主要适用于装配整体式混凝土结构的预制剪力墙、预制柱等预制构件的纵向钢筋连接。（　　）

2．装配式建筑产业基地是指具有明确的发展目标、较好的产业基础、技术先进成熟、研发创新能力强、产业关联度大、注重装配式建筑相关人才培养培训、能够发挥示范引领和带动作用的装配式建筑相关企业。（　　）

3．全灌浆接头与半灌浆接头，应分别进行型式检验，两种类型接头的型式检验报告不可互相替代。（　　）

4．预制混凝土构件与后浇混凝土的接触面需做成粗糙面或键槽面，以提高抗剪能力。（　　）

5．在钢筋套筒灌浆接头性能要求中，连接接头应能满足单向拉伸、高应力反复拉压、大变形反复拉压的检验项目要求。（　　）

6．采用后浇混凝土或砂浆、灌浆料连接的预制构件结合面，制作时应按设计要求进行粗糙面处理。设计无具体要求时，可采用拉毛或凿毛等方法制作粗糙面，但不允许采用化学处理方式进行粗糙面处理。（　　）

7．当施工过程中灌浆料抗压强度、灌浆质量不符合要求时，施工单位可自行处理，不需要经设计、监理单位认可。（　　）

8．钢筋套筒灌浆连接应用于装配式混凝土结构中竖向构件钢筋对接时，钢筋灌浆套筒预埋在竖向预制混凝土构件底部，连接时在灌浆套筒中插入带肋钢筋后注入灌浆料拌合物。（　　）

9．叠合板的连接方式有密拼接缝、集中约束搭接连接、后浇带形式接缝。（　　）

10．装配式混凝土建筑相较于现浇混凝土建筑更加节省时间。（　　）

## 二、单选题

1．剪力墙竖向纵筋采用套筒灌浆连接时，自套筒底部至套筒顶部并向上延伸（　　）mm范围内，预制剪力墙的水平分布筋应加密，套筒上端第一道水平分布钢筋距离套筒顶部不应大于（　　　）mm。

  A．250 50   B．300 70   C．250 70   D．300 50

  2．钢筋连接灌浆套筒是通过（　　　）的传力作用将钢筋与所用的金属套筒对接连接。

  A．水泥基灌浆料        B．石灰灌浆料

  C．石膏灌浆料        D．混凝土灌浆料

  3．构件连接处钢筋位置应符合设计要求。当设计无具体要求时，应保证（　　　）。

  A．框架节点处，梁纵向受力钢筋宜置于柱纵向钢筋内侧

  B．框架节点处，梁纵向受力钢筋宜置于柱纵向钢筋外侧

  C．框架节点处，梁纵向受力钢筋宜置于柱纵向钢筋上侧

  D．框架节点处，梁纵向受力钢筋宜置于柱纵向钢筋下侧

  4．下列不属于预制构件粗糙面常用处理工艺的是（　　　）。

  A．水洗法   B．拉毛   C．凿毛   D．喷砂

  5．《钢筋套筒灌浆连接应用技术规程（2023年版）》（JGJ 355—2015）规定灌浆料拌合物应采用电动设备搅拌充分、均匀，并宜静止（　　　）min后使用。

  A．1    B．2    C．3    D．5

  6．灌浆操作施工时，应做好灌浆作业的视频资料，质量检验人员进行全程施工质量检查，能提供（　　　）记录。

  A．灌浆料强度报告     B．灌浆套筒型式检验报告

  C．可追溯的全过程灌浆质量检查  D．出厂合格证

  7．预制叠合板构件，外露桁架钢筋、埋件在混凝土浇筑前宜采取（　　　）措施，防止混凝土掉落在上面。

  A．检查   B．防污染   C．纠正   D．支撑

  8．预制混凝土楼板浇筑施工工艺为（　　　）。

  A．底模固定及清理→绑扎钢筋及预埋、预留孔→浇筑混凝土及振捣→表面扫毛

  B．绑扎钢筋及预埋预留孔→底模固定及清理→浇筑混凝土及振捣→表面扫毛

  C．绑扎钢筋及预埋、预留孔→浇筑混凝土及振捣→表面扫毛→底模固定及清理

  D．浇筑混凝土及振捣→绑扎钢筋及预埋、预留孔→表面扫毛→底模固定及清理

  9．竖向钢筋套筒灌浆连接采用连通腔灌浆时，宜采用（　　　）灌浆的方式。

  A．多点   B．一点   C．两点   D．三点

  10．墙、柱构件钢筋套筒灌浆连接接头、浆锚搭接接头在灌浆时，下列不符合国家现行有关标准规定的是（　　　）。

  A．灌浆施工时，环境温度不应低于5℃

  B．灌浆作业应采用压浆法从下口灌注，当浆料从上口留出后应及时封堵

C．灌浆料拌合物应在制备后 30 min 内使用完毕，若有剩余，可添加灌浆料、水搅拌后使用

D．竖向构件宜采用连通腔灌浆，墙类构件可分段实施

## 三、多选题

1．下列预制构件灌浆套筒之间的净距错误的是（　　）mm。

　　A．10　　　　　　　　B．15　　　　　　　　C．20　　　　　　　　D．25

2．预制构件混凝土浇筑前应进行隐蔽工程检验，下列属于隐蔽检验内容的有（　　）。

　　A．钢筋的牌号、规格、数量、位置和间距，钢筋混凝土的保护层厚度

　　B．纵向受力钢筋的连接方式、接头位置、接头质量、接头面积百分率、搭接长度、锚固方式及锚固长度

　　C．箍筋弯钩的弯折角度及平直段长度

　　D．预埋件、吊环、插筋、灌浆套筒、预留孔洞、金属保温管的规格、数量、位置及固定措施

3．装配整体式混凝土结构是由预制混凝土构件或部件通过（　　）加以连接并现场浇筑混凝土而形成整体的结构。

　　A．钢筋　　　　　　　B．连接件　　　　　　C．施加预应力　　　　D．钢筋套筒

　　E．墙柱

4．灌浆料检查要点有（　　）。

　　A．强度　　　　　　　B．流动性　　　　　　C．耐久性　　　　　　D．和易性

5．套筒灌浆连接技术可分为（　　）。

　　A．浆锚搭接连接　　　　　　　　　　　B．半灌浆套筒连接

　　C．全灌浆套筒连接　　　　　　　　　　D．螺纹套筒连接

# 项目八　装配式混凝土建筑施工质量与安全

**大国工程彰显中国力量**

"推动中国制造向中国创造转变、中国速度向中国质量转变、中国产品向中国品牌转变"，这是习近平总书记于 2014 年考察中铁工程装备集团时，对我国制造业和国有企业发展提出的重大要求。2023 年 2 月，中共中央、国务院印发《质量强国建设纲要》，提出建设质量强国是推动高质量发展、促进我国经济由大向强转变的重要举措，是满足人民美好生活需要的重要途径。

百年大计，质量第一。2023 年 2 月 6 日，一场强烈地震袭击了土耳其南部和中部及叙利亚北部和西部，仅在土耳其就造成了近 5 万人死亡。地震摧毁了该地区大部分建筑物，居民伤亡惨重。形成鲜明对比的是，在土耳其地震中心地带，由中国修建的两座大型建筑，历经两次 7.8 级强震，不但毫发无损，还为抗震救灾提供了大帮助，一座是位于土耳其南部阿达那省的胡努特鲁发电厂，该电厂距离地震震中只有 90 km，处于地震中心地带，周围很多区域被夷为平地，但这座发电厂安然无恙；另一座是位于土耳其西部恰纳卡莱省的 1915 恰纳卡莱大桥，桥长为 2 023 m，是世界上最大的跨境悬索桥，由我国四川路桥建设集团设计建造。

这两座稳如泰山的建筑，用这种独特的方式向世界彰显了中国人的担当、责任和智慧，要为我国的工程技术人员点赞，为中国制造点赞，为勤劳智慧的中国人点赞。

## 知识目标

1. 了解装配式混凝土建筑质量控制的概念及特点。
2. 掌握装配式混凝土构件生产阶段的质量控制与验收要点。
3. 掌握装配式混凝土结构施工阶段质量控制与验收要点。
4. 了解装配式混凝土建筑安全生产管理体系。
5. 掌握装配式混凝土建筑高处作业施工安全技术、起重吊装施工安全技术及施工现场防火安全管理等。

**技能目标**

    1. 能够对装配式混凝土构件的生产阶段按照施工规范进行检查，并对楼板、墙板、梁柱桁架类构件及装饰构件进行外观尺寸偏差的检查。

    2. 能够对装配式混凝土构件进行进场验收。

    3. 能够对装配式混凝土构件安装施工过程进行质量控制。

    4. 能够对装配式混凝土结构子分部工程进行验收。

    5. 能够对装配式混凝土结构施工现场进行安全管理。

**素质目标**

    1. 培养具备装配式建筑施工技能和专业知识，以及独立完成简单装配式建筑工程施工与安全管理的高素质技术人才。

    2. 具有良好的职业道德和职业精神、精益求精的工作态度、良好的沟通协调能力，热爱劳动。

    3. 培养具有创新精神和实践能力，能熟练运用有关装配式建筑施工的最新理论、软件进行计算、分析，在装配式建筑施工管理方面具有创新能力的人才。

**思维导图**

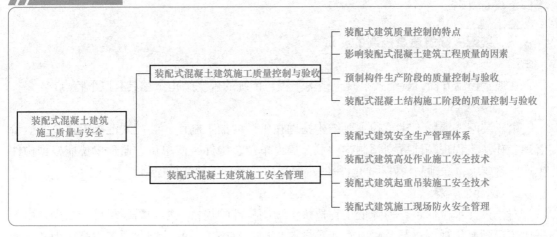

## 任务一　装配式混凝土建筑施工质量控制与验收

**任务描述**

　　某园区一期综合楼A栋，地上九层，结构体系为装配整体式混凝土框架结构。装配式构件包含预制柱、预制叠合梁、预应力混凝土钢筋桁架叠合板、预制楼梯、预制外墙板等。该建筑物竖向装配式构件应用比例为56.6%，装配率得分24.8分，水平装配式构件应用比例为74.4%，装配率得分14.4分。

　　装配式构件在工厂已经预制完毕，要求对装配式构件进行生产阶段的质量控制与验收，装配式构件出场阶段的验收及施工现场的质量控制与验收。

**任务思考**

　　1. 在质量控制与验收方面，装配式构件与普通混凝土构件有哪些异同？
　　2. 有哪些因素影响装配式构件质量？
　　3. 预制构件生产阶段的质量控制与验收有哪些规定？请按构件类型进行列举。
　　4. 预制构件现场施工阶段的质量控制与验收有哪些规定？
　　5. 装配式混凝土建筑子分部工程如何验收？验收依据是什么？

**应知应会**

### 一、装配式建筑质量控制的特点

在质量控制方面，装配式混凝土结构工程与传统的现浇结构工程具有以下特点。

1. 质量管理工作前置

由于装配式混凝土建筑的主要结构构件在工厂内加工制作，装配式混凝土建筑的质量管理工作从工程现场前置到预制构件厂，建设单位、构件生产单位、监理单位应根据构件生产质量要求，在预制构件生产阶段即对预制构件生产质量进行控制。

2. 设计更加精细化

对于设计单位而言，为降低工程造价，预制构件的规格、型号需要尽可能的少，由于采用工厂预制、现场拼装及水电管线等提前预埋，对施工图的精细化要求更高，因此，相对于传统的现浇结构工程，设计质量对装配式混凝土建筑工程的整体质量影响更大，设计人员需要进行更加精细的设计，才能保证生产和安装的准确性。

3. 工程质量更易于保证

由于采用精细化设计、工厂化生产和现场机械拼装，构件的观感、尺寸偏差都比现浇结构更易于控制，强度更加稳定，避免了现浇结构质量通病的出现，因此，装配式混凝土建筑工程的质量更易于控制和保证。

### 4. 信息化技术应用

随着互联网技术的不断发展，数字化管理已成为装配式混凝土建筑质量管理的一项重要手段，尤其是BIM技术的应用，使质量管理过程更加透明、细致、可追溯。

## 二、影响装配式混凝土建筑工程质量的因素

影响装配式混凝土结构工程质量的因素很多，归纳起来主要有五个方面，即人工、材料、机械、方法和环境。

### 1. 人工

装配式混凝土建筑工程由于机械化水平高、批量生产、安装精度高等特点，对人员的素质尤其是生产加工和现场施工人员的文化水平、技术水平及组织管理能力都有更高的要求。培养高素质的产业化工人是确保建筑产业现代化向前发展的必然选择。

### 2. 材料

与传统的现浇结构相比，预制构件、灌浆料及连接套筒的质量是装配式混凝土建筑质量控制的关键，预制构件混凝土强度、钢筋设置、规格尺寸是否符合设计要求、力学性能是否合格、运输保管是否得当、灌浆料和连接套筒的质量是否合格等，都将直接影响工程的使用功能、结构安全、使用安全与外表及观感等。

### 3. 机械

装配式混凝土建筑采用的机械设备可分为三类：第一类是指工厂内生产预制构件的工艺设备和各类机具，即生产机具设备；第二类是指施工过程中使用的各类机具设备，即施工机具设备；第三类是指生产和施工中都会用到的各类测量仪器和计量器具等，即测量设备。无论是生产机具设备、施工机具设备，还是测量设备都对装配式混凝土结构工程的质量有着非常重要的影响。

### 4. 方法

装配式混凝土结构的构件主要通过节点连接，节点连接部分的施工是装配式结构质量保证的核心，对结构安全起决定性影响。采用新技术、新工艺、新方法，不断提高工艺技术水平，是保证工程质量稳定提高的重要因素。

### 5. 环境

环境条件是指对工程质量特性起重要作用的环境因素，包括自然环境、作业环境、工程管理环境及周边环境等。环境条件往往会对工程质量造成特定的影响。

## 三、预制构件生产阶段的质量控制与验收

### 1. 生产制度管理

（1）设计交底与会审。预制构件生产前，应由建设单位组织设计、生产、施工单位进行设计文件交底和会审，当原设计文件深度不够，不足以指导生产时，需要生产单位或专业公司另行制作加工详图。如果加工详图与设计文件意图不同时，应经原设计单位认可。

（2）生产方案。预制构件生产前应编制生产方案，生产方案包括生产计划及生产工艺、

模具方案及计划、技术质量控制措施、成品存放、运输和保护方案等。预制构件和部品生产中采用新技术、新工艺、新材料、新设备时,生产单位应制订专门的生产方案。

（3）首件验收制度。预制构件生产宜建立首件验收制度。首件验收制度是指结构较复杂的预制构件或新型构件首次生产或间隔较长时间重新生产时,生产单位需会同建设单位、设计单位、施工单位监理单位共同进行首件验收,重点检查模具、构件、预埋件、混凝土浇筑成型中存在的问题,确认该批预制构件生产工艺是否合理,质量能否得到保障,共同验收合格之后方可批量生产。

（4）原材料检验。预制构件的原材料质量、钢筋加工和连接的力学性能、混凝土强度、构件结构性能、装饰材料、保温材料及拉结件的质量等均应根据现行国家有关标准进行检查和检验,并应具有生产操作规程和质量检验记录。

（5）预制构件检验。预制构件生产的质量检验应按模具、钢筋、混凝土、预应力、预制构件等检验进行。当各项检验项目的质量均合格时,方可评定为合格产品。检验时对新制或改制后的模具应按件检验,对重复使用的定型模具、钢筋半成品和成品应分批随机抽样检验,对混凝土性能应按批检验。

（6）预制构件表面标识。预制构件和部品经检查合格后,宜设置表面标识。预制构件的表面标识宜包含构件编号、制作日期、合格状态、生产单位等信息。

（7）质量证明文件。预制构件和部品出厂时,应出具质量证明文件。目前,有些地方的预制构件生产实行了监理驻厂监造制度,应根据各地方技术发展水平细化预制构件生产全过程监测制度,驻厂监理应在出厂质量证明文件上签字。

2. 预制构件生产质量控制

生产过程的质量控制是预制构件质量控制的关键环节,需要做好生产过程各个工序的质量控制、隐蔽工程验收、质量评定和质量缺陷的处理等工作。在预制构件生产之前,应对各工序进行技术交底,上道工序未经检查验收合格,不得进行下道工序。

3. 预制构件质量验收

预制构件脱模后,应对其外观质量和尺寸进行检查验收。对于已经出现的一般缺陷,应进行修补处理,并重新检查验收;对于已经出现的严重缺陷,修补方案应经设计、监理单位认可之后进行修补处理,并重新检查验收。

4. 预制构件成品的出厂质量检验

预制构件成品出厂前应对其成品质量进行检查验收,合格后方可出厂。

（1）预制构件资料。预制构件的资料应与产品生产同步形成、收集和整理。

（2）质量证明文件。预制构件交付的产品质量证明文件应包括以下内容:

1）出厂合格证。

2）混凝土强度检验报告。

3）钢筋套筒等其他构件钢筋连接类型的工艺检验报告。

4）合同要求的其他质量证明文件。

 依据本书配套实训图纸《某园区一期综合楼 A 栋施工图》,按照《装配式混凝土建筑技术标准》(GB/T 51231—2016),填写预制柱、预制梁构件的检验记录表(扫描二维码下载)。

## 四、装配式混凝土结构施工阶段的质量控制与验收

### 1. 施工制度管理

（1）工装系统。装配式混凝土建筑施工宜采用工具化、标准化的工装系统。工装系统是指装配式混凝土建筑吊装、安装过程中所用的工具化、标准化吊具、支撑架体等产品，包括标准化堆放架，模数化通用吊梁、框式吊梁、起吊装置、吊钩吊具、预制墙板斜支撑、叠合板独立支撑、支撑体系、模架体系、外围护体系、系列操作工具等产品。工装系统的定型产品及施工操作均应符合现行国家有关标准及产品应用技术手册的有关规定，在使用前应进行必要的施工验算。

（2）信息化模拟。装配式混凝土建筑施工宜采用建筑信息模型技术对施工全过程及关键工艺进行信息化模拟。施工安装宜采用 BIM 组织施工方案，用 BIM 模型指导和模拟施工，制订合理的施工工序并精确算量，从而提高施工管理水平和施工效率，减少浪费。

（3）预制构件试安装。装配式混凝土建筑施工前，宜选择有代表性的单元进行预制构件试安装，并应根据试安装结果及时调整施工工艺、完善施工方案，从而避免由于设计或施工缺乏经验造成工程实施障碍或损失，保证装配式混凝土结构施工质量。装配式混凝土结构施工前的试安装，不但可以验证设计和施工方案存在的缺陷，还可以培训人员、调试设备、完善方案。因此，应在施工前进行典型单元的安装试验，验证并完善方案实施的可行性。

（4）"四新"推广要求。装配式混凝土建筑施工中采用的新技术、新工艺、新材料、新设备应按有关规定进行评审、备案。施工前，应对新的或首次采用的施工工艺进行评价，并制订专门的施工方案。施工方案经监理单位审核批准后方可实施。

（5）安全措施的落实。装配式混凝土建筑施工过程中应采取安全措施，并应符合现行国家有关标准的规定。装配式混凝土建筑施工中应建立健全安全管理保障体系和管理制度，对危险性较大分部分项工程应经专家论证通过后进行施工，并应结合装配施工特点，针对构件吊装、安装施工安全要求，制订系列安全专项方案。

（6）人员培训。施工单位应根据装配式混凝土建筑工程的特点，配置组织机构和人员。施工作业人员应具备岗位需要的基础知识和技能。施工企业应对管理人员及作业人员进行专项培训，严禁未培训上岗及培训不合格者上岗，要建立完善的内部教育和考核制度，通过定期考核和劳动竞赛等形式提高职工素质。对于长期从事装配式混凝土建筑施工的企业，应逐步建立专业化的施工队伍。

（7）施工组织设计。装配式混凝土建筑应结合设计、生产、装配一体化的原则整体策划，协同建筑、结构、机电、装饰装修等专业要求，制订施工组织设计。施工组织设计应体现管理组织方式吻合装配工法的特点，以发挥装配技术优势为原则。

（8）专项施工方案。装配式混凝土结构施工应制订专项方案。装配式混凝土结构施工方案应全面、系统，且应结合装配式建筑特点和一体化建造的具体要求，遵循资源节省、人工减少、质量提高、工期缩短的原则。专项施工方案宜包括工程概况、编制依据、工程设计结构及建筑特点、工程环境特征、进度计划、施工场地布置、预制构件运输与存放、安装与连接施工、绿色施工、安全管理、质量管理、信息化管理、应急预案等。

（9）图纸会审。图纸会审是指工程各参建单位（建设单位、监理单位、施工单位、各

种设备厂家）在收到设计院施工图设计文件后，对图纸进行全面细致的熟悉，审查出施工图中存在的问题及不合理情况并提交设计院进行处理的一项重要活动。

（10）技术、安全交底。技术交底的内容包括图纸交底、施工组织设计交底、设计变更交底、分项工程技术交底，技术交底采用三级制，即项目技术负责人、施工员、班组长。

（11）测量放线。安装施工前，应进行测量放线、设置构件安装定位标识。根据安装连接的精细化要求控制合理误差。安装定位标识方案应按照一定顺序进行编制，标识点应清晰明确，定位顺序应便于查询。

（12）吊装设备复核。安装施工前，应复核吊装设备的吊装能力，检查复核吊装设备及吊具处于安全操作状态，并核实现场环境、天气、道路状况等满足吊装施工要求。

（13）核对已完结构和预制构件。安装施工前，应核对已施工完成结构、基础的外观质量和尺寸偏差，确认混凝土强度和预留预埋符合设计要求，并应核对预制构件的混凝土强度及预制构件和配件的型号、规格数量等符合设计要求。

2. 预制构件的进场验收

（1）验收程序。预制构件运输至现场后，施工单位应组织构件生产企业、监理单位对预制构件的质量进行装配验收。验收内容包括质量证明文件验收和构件外观质量、结构性能检验等。未经进场验收或进场验收不合格的预制构件，严禁使用。施工单位应对预制构件进行全数验收，监理单位对预制构件质量进行抽检，发现存在影响结构质量或吊装安全的缺陷时，不得验收通过。

（2）验收内容。

1）质量证明文件。预制构件进场时，施工单位应要求构件生产企业提供构件的产品合格证、说明书、试验报告、隐蔽验收记录等质量证明文件。对质量证明文件的有效性进行检查，并根据质量证明文件核对构件。

2）观感验收。在质量证明文件齐全、有效的情况下，对预制构件的外观质量、外形尺寸等进行验收。观感质量可通过观察和简单的测试确定，工程的观感质量应由验收人员通过现场检查，并应共同确认，对影响观感及使用功能或质量评价为差的项目应进行返修。观感验收也应符合相应的标准。观感验收主要检查以下内容：

①预制构件粗糙面质量和键槽数量是否符合设计要求。

②预制构件吊装预留吊环、预留焊接埋件应安装牢固、无松动。

③预制构件的外观质量不应有严重缺陷，对已经出现的严重缺陷，应按技术处理方案进行处理，并应重新检查验收。

④预制构件的预埋件、插筋及预留孔洞等规格、位置和数量应符合设计要求。对存在的影响安装及施工功能的缺陷，应按技术处理方案进行处理，并重新检查验收。

⑤预制构件的尺寸应符合设计要求，且不应有影响结构性能和安装、使用功能的尺寸偏差。对超过尺寸允许偏差且影响结构性能和安装、使用功能的部位，应按技术处理方案进行处理，并重新检查验收。

⑥构件明显部位是否贴有标识构件型号、生产日期和质量验收合格的标志。

3）结构性能检验。在必要的情况下，应按要求对预制构件进行结构性能检验，具体要求如下：

①梁板类简支受弯预制构件进场时应进行结构性能检验，并应符合下列规定：

a. 结构性能检验应符合现行国家相关标准的有关规定及设计的要求，检验要求和试验方法应符合《混凝土结构工程施工质量验收规范》（GB 50204—2015）的规定。

b. 钢筋混凝土构件和允许出现裂缝的预应力混凝土构件应进行承载力、挠度和裂缝宽度检验；不允许出现裂缝的预应力混凝土构件应进行承载力、挠度和抗裂检验。

c. 对大型构件及有可靠应用经验的构件，可只进行裂缝宽度、抗裂和挠度检验。

d. 对使用数量较少的构件，当能提供可靠依据时，可不进行结构性能检验。

②对其他预制构件，如叠合板、叠合梁等受弯预制构件（叠合底板、底梁），除设计有专门要求外，进场时可不做结构性能检验，但应采取下列措施：

a. 施工单位或监理单位代表应驻厂监督制作过程。

b. 当无驻厂监督时，预制构件进场时应对其主要受力钢筋数量、规格、间距及混凝土强度等进行实体检验。

**提示：**

a. 结构性能检验通常应在构件进场时进行，但考虑到检验方便，工程中多在各方参与下在预制构件生产场地进行。

b. 抽取预制构件时，宜从设计荷载最大、受力最不利或生产数量最多的预制构件中抽取。

c. 对多个工程共同使用的同类型预制构件，也可以在多个工程的施工、监理单位下共同委托机构进行结构性能检验，其结果对多个工程共同有效。

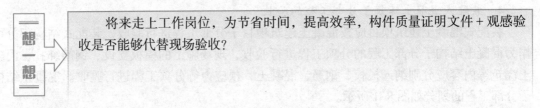

想一想　将来走上工作岗位，为节省时间，提高效率，构件质量证明文件＋观感验收是否能够代替现场验收？

**3. 预制构件安装施工过程的质量控制**

预制构件安装是将预制构件按照设计图纸要求，通过节点之间的可靠连接，并与现场后浇混凝土形成整体混凝土结构的过程，预制构件安装的质量对整体结构的安全和质量起着至关重要的作用。因此，应对装配式混凝土结构施工作业过程实施全面和有效的管理与控制，保证工程质量。

装配式混凝土结构安装施工质量控制主要从施工前的准备、施工过程的工序检验、隐蔽工程验收、结构实体检验等多个方面进行。

（1）施工前的准备。装配式混凝土结构施工前，施工单位应准确理解设计图纸的要求，掌握有关技术要求及细部构造，根据工程特点和有关规定进行结构施工复核及验算，编制装配式混凝土专项施工方案，并进行施工技术交底。

（2）施工过程中的工序检验。对于装配式混凝土建筑，施工过程中主要涉及预制构件安装、后浇区模板与支撑、钢筋混凝土等分项工程。其中，模板与支撑、钢筋、混凝土分项工程的检验要求除满足一般现浇混凝土结构的检验要求外，还应满足装配式混凝土结构的质量检验要求。

（3）隐蔽工程验收。装配式混凝土结构工程应在安装施工及浇筑混凝土前，完成下列隐蔽项目的现场验收：

1）预制构件与预制构件之间、预制构件与主体结构之间的连接应符合设计要求。

2）预制构件与后浇混凝土结构连接处混凝土粗糙面的质量或键槽的数量、位置。

3）后浇混凝土中钢筋的牌号、规格、数量、位置。

4）钢筋连接方式、接头位置、接头数量、接头面积百分率、搭接长度、锚固方式、锚固长度。

5）结构预埋件、螺栓连接、预留专业管线的数量与位置。构件安装完成后，在对预制混凝土构件拼缝进行封闭处理前，应对接缝处的防水、防火等构造做法进行现场验收。

（4）结构实体检验。根据《建筑工程施工质量验收统一标准》(GB 50300—2013) 的规定，在混凝土结构子分部工程验收前应进行结构实体检验。对结构实体进行检验，并不是在子分部工程验收前的重新检验，而是在相应分项工程验收合格的基础上，对涉及结构安全的重要部位进行的验证性检验，其目的是强化混凝土结构的施工质量验收，真实地反映结构混凝土强度、受力钢筋位置、结构位置与尺寸等质量指标，确保结构安全。

对于装配式混凝土结构工程，对涉及混凝土结构安全的有代表性的连接部位及进厂的混凝土预制构件应做结构实体检验。结构实体检验分现浇和预制两部分，包括混凝土强度、钢筋直径、间距、混凝土保护层厚度，以及结构位置与尺寸偏差。当工程合同有约定时，可根据合同确定其他检验项目和相应的检验方法、检验数量、合格条件。结构实体检验应由监理工程师组织并见证，混凝土强度、钢筋保护层厚度应由具有相应资质的检测机构完成，结构位置与尺寸偏差可由专业检测机构完成，也可由监理单位组织施工单位完成。

4. 装配式混凝土建筑子分部工程的验收

装配式混凝土建筑项目应按混凝土建筑项目子分部工程进行验收，装配式结构部分可作为混凝土结构子分部工程的分项工程进行验收，现场施工的模板支设、钢筋绑扎、混凝土浇筑等内容应分别纳入模板、钢筋、混凝土、预应力等分项工程进行验收。混凝土结构子分部工程的划分如图 8-1 所示。

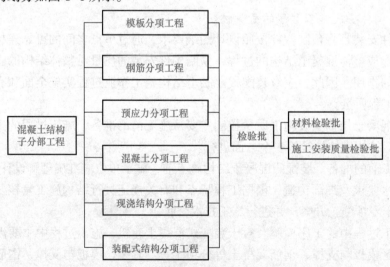

图 8-1　混凝土结构子分部工程的划分

（1）验收应具备的条件。装配式混凝土结构子分部工程施工质量验收应符合下列规定：

1）预制混凝土构件安装及其他有关分项工程施工质量验收合格。

2）质量控制资料完整、符合要求。

3）观感质量验收合格。

4）结构实体验收满足设计或标准要求。

（2）验收程序。混凝土分部工程验收应由总监理工程师组织施工单位项目负责人和项目技术、质量负责人进行验收。

当进行主体结构验收时，设计单位项目负责人、施工单位技术和质量部门负责人应参加。

（3）不合格处理。当装配式混凝土结构子分部工程施工质量不符合要求时，应按下列规定进行处理：

1）经返工、返修或更换构件、部件的检验批，应重新进行验收。

2）经有资质的检测机构检测鉴定能够达到设计要求的检验批，应予以验收。

3）经有资质的检测机构检测鉴定达不到设计要求，但经原设计单位核算并认可，能够满足结构安全和使用功能的检验批，可予以验收。

4）经返修或加固处理能够满足结构安全使用功能要求的分项工程，可按技术处理方案和协商文件的要求予以验收。

> 1. 当预制构件模具长度≤6 m时，模具尺寸的允许偏差为（　　　　）mm。
>   A. 1，−2　　　　　　　　　　B. 2，−4
>   C. 3，−5　　　　　　　　　　D. 3，−6
> 2. 影响装配式混凝土建筑工程质量的因素有哪些？

## 📢 实训手册

### 制订装配式混凝土建筑制作及施工阶段各分部质量控制要点

**一、实训目的**

体验装配式建筑工程施工质量控制的流程，熟悉装配式建筑生产、安装阶段各分部分项质量控制要点。

**二、资料准备**

（1）装配式建筑施工图纸（详见附图某园区一期综合楼A栋施工图）。

（2）质量计划。

（3）施工组织设计。

（4）装配式混凝土建筑现行施工规范、标准、图集等辅助资料。

（5）6～8人为一小组，熟悉生产阶段及安装施工阶段等分部分项工程的质量控制与验收的要求。

**三、实训步骤**

实训步骤如图8-2所示。

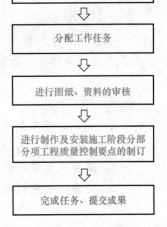

图 8-2　实训步骤

## 四、实训结果

编制装配式混凝土建筑质量控制计划。

## 五、注意事项

（1）学生的合理分组，任务分工合理。

（2）工程资料选取实际工程，学生角色扮演真实。

（3）充分发挥学生的积极性、主动性与创造性。

🔊 考核评价

任务完成后，学生完成"自我评价"，教师完成"教师评价"，整理课堂练习，完成任务评价表（表8-1）。

表8-1 任务评价表

| 序号 | 评价内容 | 分值分配 | 学生自评 | 小组互评 | 教师评价 |
|------|----------|----------|----------|----------|----------|
| 1 | 能提前进行课前预习、熟悉任务内容 | 10 | | | |
| 2 | 能熟练、多渠道地查找参考资料 | 10 | | | |
| 3 | 能认真听讲，勤于思考 | 20 | | | |
| 4 | 能正确回答教师问题和课堂练习 | 40 | | | |
| 5 | 能在规定时间内完成教师布置的各项任务 | 20 | | | |
| 6 | 合计 | 100 | | | |

## 任务二 装配式混凝土建筑施工安全管理

**任务描述**

结合任务一的项目工程，编制该项目施工安全管理方案，内容包括安全生产管理体系及高处作业管理、吊装管理及防火安全管理。

**任务思考**

1. 建筑工程安全生产管理体系是什么？

2. 装配式建筑高处作业施工安全技术有哪些？

3. 装配式建筑起重吊装施工安全技术有哪些？

4. 收集一份预制构件施工安全管理方案。

### 一、装配式建筑安全生产管理体系

安全生产关系人民群众的人身财产安全，关系着国家的发展和社会稳定。建筑施工安全生产不仅直接关系到建筑企业自身的发展和收益，更直接关系到人民群众的根本利益。装配式混凝土建筑作为建筑行业新的生产方式，必须确保施工安全。

在装配式混凝土建筑施工管理中，应始终如一地坚持"安全第一，预防为主，综合治理"的安全生产管理方针，以安全促生产，以安全保目标。

1. 安全生产责任制

工程项目部应建立以项目经理为第一责任人的各级管理人员安全生产责任制。工程项目部应有各工种安全技术操作规程，并应按规定配备专职安全员。工程项目部应制定安全生产资金保障制度，按安全生产资金保障制度编制安全资金使用计划，并按计划实施。

2. 生产（施工）组织设计和专项生产（施工）方案

预制构件生产和施工企业的工程项目部在施工前应编制生产（施工）组织设计，生产（施工）组织设计应针对装配式混凝土建筑工程特点、生产（施工）工艺制订安全技术措施。危险性较大的分部分项工程应按规定编制安全专项施工方案，超过一定规模危险性较大的分部分项工程，施工单位应组织专家对专项施工方案进行论证。

3. 安全技术交底

施工负责人在分派生产任务时，应对相关管理人员、施工作业员进行书面安全技术交底。安全技术交底应实行逐级交底制度。安全技术交底应结合施工作业场所状况、特点、工序，对危险因素、施工方案、规范标准、操作规程和应急措施进行交底。要求内容全面、针对性强，并应考虑施工人员素质等因素。安全技术交底应由交底人、被交底人、专职安全员进行签字确认。

4. 安全检查

工程项目部应建立安全检查制度。安全检查应由项目负责人组织，专职安全员及相关专业人员参加，定期进行并填写检查记录。对检查中发现的事故隐患应下达隐患整改通知单，定人、定时间、定措施进行整改，重大事故隐患整改后，应由相关部门组织复查。

5. 安全教育

工程项目部应建立安全教育培训制度。施工管理人员、专职安全员每年度应进行安全教育培训和考核。当施工人员变换工种或采用新技术、新工艺、新设备、新材料施工时，应进标安全教育培训；对新入场的施工人员，工程项目部应组织进行以国家安全法律法规、企业安全制度、施工现场安全管理规定及各工种安全技术操作规程为主要内容的三级安全教育培训和考核。

6. 应急救援

工程项目部应针对工程特点，进行重大危险源的辨识，应制订包含防触电、防坍塌、防高处坠落、防起重及机械伤害、防火灾、防物体打击等主要内容的专项应急救援预案，并对施工现场容易发生重大安全事故的部位、环节进行监控。施工现场应建立应急救援组织，培训、配备应急救援人员，定期组织员工进行应急救援演练；对难以进行现场演练的预案，可按演练程序和内容采取室内桌牌式模拟演练。按应急救援预案要求，配备应急救援器材和设备。

7. 持证上岗

从事建筑施工的项目经理、专职安全员和特种作业人员，必须经行业主管部门培训考核合格，取得相应资质证书，方可上岗作业。装配式混凝土建筑工程项目特种作业，包括灌浆工、塔式起重机司机、起重司索指挥工作人员、电工、物料提升机和外用电梯司机、起重机械拆装作业人员等。

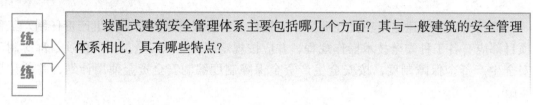

练一练　装配式建筑安全管理体系主要包括哪几个方面？其与一般建筑的安全管理体系相比，具有哪些特点？

## 二、装配式建筑高处作业施工安全技术

高处作业是指在坠落高度基准面为 2 m 及 2 m 以上有可能坠落的高处进行的作业。高处坠落是建筑工地施工的重大危险源之一，针对高处作业危险源做好防护工作，对保证工程顺利进行、保护作业人员生命安全非常重要。

1. 防护要求

进入现场的人员均必须正确佩戴安全帽。高空作业人员应佩戴安全带，并要高挂低用，系在安全、可靠的地方。现场作业人员应穿好防滑鞋。高空作业人员所携带的各种工具、螺栓等应在专用工具袋中放好，在高空传递物品时，应挂好安全绳，不得随便抛掷，以防止伤人。吊装时不得在构件上堆放或悬挂零星物品，零星物品应用专用袋子上、下传递，严禁在高空向下抛掷物料。

雨天和雪天进行高处作业时，必须采取可靠的防滑、防寒和防冻措施。对进行高处作业的高耸建筑物，应事先设置避雷装置。遇有 6 级或 6 级以上大风、大雨、大雪等恶劣天气时不得进行高处作业；恶劣天气过后应对高处作业安全设施逐一加以检查，发现有松动、变形损坏或脱落等现象应立即修理完善。

2. 安全设备

（1）安全帽。安全帽［图 8-3（a）］是建筑施工现场最重要的安全防护设备之一，可在现场刮碰、物体打击、坠落时有效地保护使用者头部。

为了在发生意外时使安全帽发挥最大的保护作用，现场人员必须正确佩戴安全帽。佩戴前需调节缓冲衬垫的松紧，保证头部与帽顶内侧有足够的撞击缓冲空间。

（2）安全带。安全带［图 8-3（b）］是高处作业工人预防坠落伤亡事故的个人防护用品，被广大建筑工人誉为救命带。高处作业工人必须正确佩戴安全带。佩戴前应认真检查安全带的质量，有严重磨损、开丝、断绳股或缺少部件的安全带不得使用。佩戴时应将钩、环

挂牢，卡子扣紧。安全带应垂直悬挂，高挂低用，应将钩挂在牢固物体上，并避开尖刺物、远离明火。高处作业时严禁工人不系安全带。

（3）建筑工作服。建筑工人进行现场施工作业时应穿着建筑工作服。建筑工作服［图 8-3（c）］一般来说具有耐磨、耐穿、吸汗、透气等特点，适合现场作业。特殊工种的建筑工作服还会起到防火、耐高温、防辐射等作用。建筑工作服多为蓝色、灰色、橘色等醒目的颜色，可以更好地起到安全警示作用。

 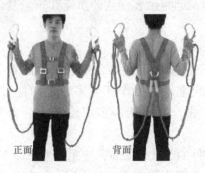 

（a）                    正面        背面       （b）                    （c）

**图 8-3　安全防护用品**
(a) 安全帽；(b) 安全带；(c) 建筑工作服

（4）建筑外防护设施。装配式混凝土建筑虽然由于普及夹芯保温外墙板，免去了外墙外保温、抹灰等大量外立面作业，但仍然存在板缝防水打胶、涂料等少量的外立面作业内容。因此，装配式混凝土建筑施工企业应酌情支设建筑外防护设施。目前，常用的建筑外防护设施有外挂三角防护架和建筑吊篮等。

1）外挂三角防护架。高层项目的施工需搭设外脚手架，并且做严密的防护。而装配整体式高层建筑由于外立面施工作业内容少，故多采用外挂三角防护架，可安全、实用地满足施工要求（图 8-4）。

2）建筑吊篮。建筑吊篮是一种悬空提升载人机具，可为外墙外立面作业提供操作平台（图 8-5）。建筑吊篮操作人员必须经过培训，考核合格后取得有效资格证方可上岗操作，使用时必须遵守安全操作要求。建筑吊篮作业时严禁在悬吊平台内使用梯子、搁板等攀高工具或在悬吊平台外另设吊具进行作业。作业人员必须在地面进出建筑吊篮，不得在空中攀缘窗户进出吊篮，严禁在悬空状态下从一悬吊平台攀入另一悬吊平台。

**图 8-4　外挂三角防护架**　　　　　　**图 8-5　建筑吊篮**

### 三、装配式建筑起重吊装施工安全技术

装配式混凝土建筑施工过程中，起重作业一般包括两种：一种是与主体有关的预制混凝土构件和模板、钢筋及临时构件的水平和垂直起重；另一种是构件堆放及外墙吊装设备管线、电线、设备机械及建设材料、板类、楼板材料、砂浆、厨房配件等装修材料的水平和垂直起重。装配式混凝土建筑起重吊装作业的重点和难点是预制混凝土构件的吊装安装作业（图 8-6）。

#### 1. 起重吊装设备的选用

装配式混凝土建筑工程应根据施工要求合理选择并配备起重吊装设备。一般来说，由于装配式混凝土建筑工程起重吊装工作任务多，且构件自重大，吊装难度大，故多采用塔式起重机进行吊装作业。对于低、多层建筑，当条件允许时也可采用汽车起重机。

选择吊装主体结构预制构件的起重机械时，应重点考虑以下因素：

（1）起重量、作业半径、起重力矩应满足最大预制构件组装作业要求。塔式起重机的型号决定了塔式起重机的臂长幅度，布置塔式起重机时，塔臂应覆盖堆场构件，避免出现覆盖盲区，减少预制构件的二次搬运。对含有主楼、裙房的高层建筑，塔臂应全面覆盖主体结构部分和堆场构件存放位置，力求塔臂全部覆盖裙楼（图 8-7）。

图 8-6　混凝土构件吊装　　　　图 8-7　装配式建筑施工现场塔式起重机布设

（2）塔式起重机应具有安装和拆卸空间。当群塔施工时，两台塔式起重机的水平吊臂间的安全距离应大于 2 m，一台塔式起重机的水平吊臂和另一台塔式起重机的塔身的安全距离也应大于 2 m。

（3）选择起重吊装设备还要考虑主体工程施工进度起重机的租赁费用、组装与拆卸费用等因素。

#### 2. 起重吊具的选择

施工作业使用的专用吊具、吊索、定型工具式支撑、支架等，应进行安全验算，使用中进行定期、不定期检查，确保其安全状态。

起重吊具应按现行国家相关标准的有关规定进行设计验算或试验检验，经验证合格后方可使用。吊具、吊索的使用应符合施工安装的安全规定。

3. 起重吊装安全管理

塔式起重机日常管理应贯彻"人机固定"原则，实行定机、定人、定岗位责任的"三定"制度。操作人员必须认真执行各项规章制度，严格遵守操作规程，防止出现安全质量事故。

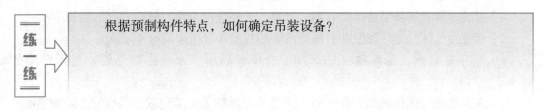

练一练 → 根据预制构件特点，如何确定吊装设备？

## 四、装配式建筑施工现场防火安全管理

1. 施工现场防火安全管理的一般规定

（1）施工现场防火工作，必须认真贯彻"以防为主，防消结合"的方针，立足于自防自救，坚持安全第一，遵循"谁主管，谁负责"的原则，在防火业务上要接受当地行政主管部门和当地公安消防机构的监督与指导。

（2）施工单位应对职工进行经常性的防火宣传教育，普及消防知识，增强消防观念，自觉遵守各项防火规章制度。

（3）施工应根据工程的特点和要求，在制订施工方案或施工组织设计的时候制订消防方案，并按规定程序实行审批。

（4）施工现场必须设置防火警示标志，施工现场办公室内应挂有防火责任人、防火领导小组成员名单、防火制度。

（5）施工现场实行层级消防责任制，落实各级防火责任人，各负其责，项目经理是施工现场防火负责人，全面负责施工现场的防火工作，施工现场必须成立防火领导小组，由防火负责人任组长，成员由项目相关职能部门人员组成，防火领导小组定期召开防火工作会议。

（6）施工单位必须建立健全岗位防火责任制，明确各岗位的防火负责区和职责，使职工懂得本岗位的火灾危险性，懂得防火措施，懂得灭火方法，会报警，会使用灭火器材，会处理事故苗头。

（7）按规定实施防火安全检查，对查出的火险隐患及时整改，本部门难以解决的要及时上报。

（8）施工现场必须根据防火的需要，配置相应种类、数量的消防器材、设备和设施。

2. 施工现场防火安全管理的要求

严格执行临时动火"三级"审批制度，领取动火作业许可证后，方能进行动火作业。动火作业必须做到"八不""四要""一清理"。

（1）"三级"动火审批制度。

1）一级动火，即可能发生一般火灾事故的。

2）二级动火，即可能发生重大火灾事故的。

3）三级动火，即可能发生特大火灾事故的。

（2）动火前"八不"。

1）防火、灭火措施不落实不动火。

2）周围的易燃物未清除不动火。

3）附近难以移动的易燃结构未采取安全防范措施不动火。

4）盛装过油类等易燃液体的容器、管道，未经洗刷干净、排除残存的油质不动火。

5）盛装过气体，受热膨胀并有爆炸危险的容器和管道未清除不动火。

6）储存有易燃、易爆物品的车间、仓库和场所，未经排除易燃、易爆危险的不动火。

7）在高处进行焊接或切割作业时，下面的可燃物品未清理或未采取安全防护措施的不动火。

8）没有配备相应的灭火器材不动火。

（3）动火中"四要"。

1）动火前要指定现场安全负责人。

2）现场安全负责人和动火人员必须经常注意动火情况，发现不安全苗头时要立即停止动火。

3）发生火灾、爆炸事故时，要及时补救。

4）动火人员要严格执行安全操作规程。

（4）动火后"一清理"。

1）动火人员和现场安全责任人在动火后，应在彻底清理现场火种后才能离开现场。

2）在高处进行焊、割作业时要有专人监焊，必须落实防止焊渣飞溅、切割物下跌的安全措施。

3）动火作业前、后要告知防火检查员或值班人员。

4）装修工程施工期间，在施工范围内不准吸烟，严禁油漆及木制作业与动火作业同时进行。

5）乙炔气瓶应直立放置，使用时不得靠近热源，应距离明火点不小于 10 m，与氧气瓶应保持不小于 5 m 的距离，不得露天存放、暴晒。

🔊 育人园地　　安全重于泰山

安全生产重于泰山，从来不是一句空话。每起事故的背后，都是一条条消逝的生命、一个个破碎的家庭。习近平总书记指出，人民至上，生命至上，保护人民生命安全和身体健康可以不惜一切代价。

安全生产是保护劳动者的安全、健康和国家财产，促进社会生产力发展的基本保证，也是保证社会主义经济发展，进一步实行改革开放的基本条件。

任务完成后，学生完成"自我评价"，教师完成"教师评价"整理课堂练习，完成任务评价表（表8-2）。

表8-2  任务评价表

| 序号 | 评价内容 | 分值分配 | 学生自评 | 小组互评 | 教师评价 |
|---|---|---|---|---|---|
| 1 | 能提前进行课前预习、熟悉任务内容 | 10 | | | |
| 2 | 能熟练、多渠道地查找参考资料 | 10 | | | |
| 3 | 能认真听讲，勤于思考 | 20 | | | |
| 4 | 能正确回答教师问题和课堂练习 | 40 | | | |
| 5 | 能在规定时间内完成教师布置的各项任务 | 20 | | | |
| 6 | 合计 | 100 | | | |

◀ 实训手册

### 制订装配式混凝土建筑现场安装施工安全专项措施

**一、实训目的**

体验装配式混凝土建筑工程安全管理氛围，熟悉混凝土建筑工程安全专项措施。

**二、材料准备**

（1）施工图纸（详见附图 某园区一期综合楼A栋施工图）。

（2）工地现场。

（3）现行的相关安全规范。

（4）联系建筑工地安全负责人。

（5）设计工作过程。

**三、实训步骤**

实训步骤如图8-8所示。

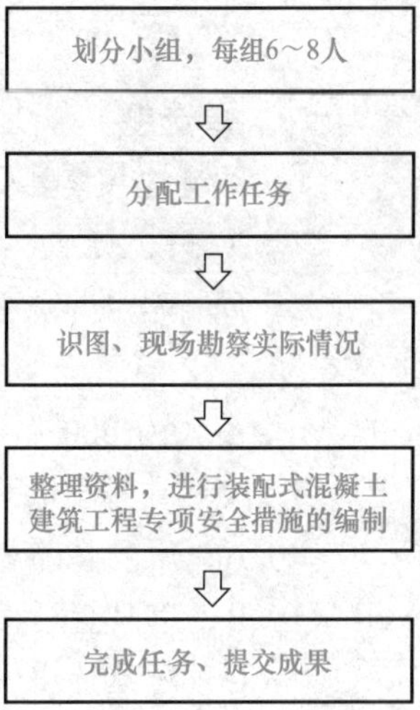

**四、实训结果**

（1）熟悉装配式混凝土建筑工程安全管理氛围。

（2）掌握装配式混凝土建筑工程安全防护要点。

**五、注意事项**

（1）学生角色扮演真实。

（2）工作程序设计合理。

（3）充分发挥学生的积极性、主动性与创造性。

划分小组，每组6~8人
⇩
分配工作任务
⇩
识图、现场勘察实际情况
⇩
整理资料，进行装配式混凝土建筑工程专项安全措施的编制
⇩
完成任务、提交成果

图8-8  实训步骤

扫描二维码，自主学习装配式混凝土建筑施工质量与安全视频。

视频：装配式混凝土建筑
施工质量与安全

## 小　结

通过本项目的学习，学生应掌握装配式混凝土建筑质量控制的概念及特点、预制构件生产阶段的质量控制与验收要点、装配式混凝土建筑施工阶段质量控制与验收要点、建筑安全生产管理体系及装配式混凝土建筑高处作业施工安全技术、起重吊装施工安全技术及施工现场防火安全管理等。通过实训，结合实际工程，学生能制订装配式混凝土建筑制作及施工阶段各分部质量控制要点及装配式混凝土建筑现场安装施工安全专项措施。

## 巩固提高

### 一、单选题

1. 预制构件模具长度≤6 m时，模具尺寸的允许偏差为（　　）mm。

　A. 1，−2　　　　　B. 2，−4　　　　　C. 3，−5　　　　　D. 3，−6

2. 预制构件模具翘曲采用对角拉线测量交点间距离值的两倍的检验方法，其允许偏差为（　　）。

　A. $L/1\,000$　　　　B. $L/1\,500$　　　　C. $L/2\,000$　　　　D. $L/3\,000$

3. 预制构件模具灌浆套筒中心线位置检验方法正确的是（　　）。

　A. 用尺量测纵向方向的中心线位置，取量测的平均值

　B. 用尺量测横向方向的中心线位置，取量测的平均值

　C. 用尺量测纵横两个方向的中心线位置，取其中较大值

　D. 用尺量测纵横两个方向的中心线位置，取其中较小值

4. 预制叠合板构件，钢筋桁架长度尺寸的允许偏差为（　　）。

　A. 钢筋桁架总长度的±0.1%，且不超过±5 mm

　B. 钢筋桁架总长度的±0.1%，且不超过±10 mm

　C. 钢筋桁架总长度的±0.3%，且不超过±5 mm

　D. 钢筋桁架总长度的±0.3%，且不超过±10 mm

5．某混凝土装配式建筑，预制混凝土梁的截面尺寸为 300 mm×500 mm，长度为 6 000 mm，则该预制梁侧向弯曲的最大值为（　　　）mm。

    A．8               B．6               C．20               D．10

## 二、简答题

1．装配式混凝土构件制作所用的模具应满足哪些要求？

2．装配式混凝土建筑项目子分部工程进行验收应具备的条件有哪些？

3．影响装配式混凝土建筑工程质量的因素有哪些？

4．装配式混凝土建筑安全生产管理体系有哪些？

5．装配式混凝土建筑施工现场防火安全管理有哪些措施？

## 三、案例分析题

结合本单元学习内容，依据《装配式混凝土建筑技术标准》（GB/T 51231—2016），完成本书配套实训图纸——某园区一期综合楼 A 栋施工图的制作、施工阶段各分部质量控制要点方案的编制及现场安装施工安全专项措施的编制。

# 项目九 装配式混凝土建筑虚拟仿真

## 虚拟仿真技术在实训教学中的应用

虚拟仿真（Virtual Reality）又称虚拟现实技术或模拟技术，是一种通过计算机生成的方法，模拟和再现真实世界中的场景、事件、物体等，并可以对其进行交互与操作。它通过建立虚拟环境，可以使用户身临其境地体验和观察到真实世界所不具备的事物与情境。

应用虚拟现实等前沿信息技术开发装配式建筑施工实训资源，资源建设和使用与实际岗位技能和操作标准流程对接、与专业人才培养方案和职业培训方案对接，精准模拟实训中进不去、看不见、动不了、难再现的场景，为学习者提供真实环境、真实工艺、真实工具，切实提高专业实训教学质量，推动虚拟现实等信息技术与职业教育专业实训课程和实训设施深度融合。

### 知识目标

1. 了解装配式建筑构件生产及安装施工场景，熟悉装配式构件生产与安装的设备、模具及工具；具备安全施工基本的操作意识。
2. 掌握装配式剪力墙结构典型构件的装配式施工图、构件深化设计详图（配筋图、模板图）、连接节点的识读。
3. 掌握装配式剪力墙结构典型预制构件生产与安全施工工艺和质量验收标准。
4. 熟练并正确使用装配式建筑构件生产与安装设备及质量检测工具。

### 技能目标

1. 能够识读装配式预制构件施工图、装配式剪力墙结构施工图，并计算材料用量。
2. 根据图纸选择相应的材料和工具，完成预制施工模拟的施工准备工作。
3. 能够掌握装配式混凝土结构构件生产与施工工艺流程，能够根据实训任务选择合适的材料及工器具，初步具备装配式专项施工方案的编制能力。
4. 能够掌握装配式混凝土结构施工质量验收标准，具备解决施工过程中常见质量问题及构件生产与施工质量控制能力。
5. 能够了解装配式建筑与传统现浇建筑的施工方式差异，能够编制装配式建筑安全应急预案，初步具备安全事故预防与风险控制能力。

1. 具有良好的职业道德和职业精神，培养发现问题和解决问题的能力，以及理论联系实际能力。

2. 以装配式建筑构件制作与安装施工仿真模拟为主线，树立在实训操作中严格按照流程，认真细致的工作态度，了解最新生产工艺及行业动态，激发对专业的学习热情，在工作中要时刻注意寻找创新点，培养对新工艺、新技术的探索精神、弘扬工匠精神。

思维导图

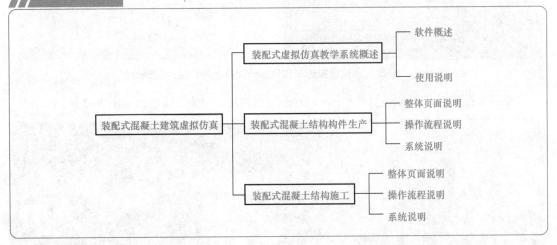

# 任务一　装配式虚拟仿真教学系统概述

**软件概述**

整个系统包括装配式混凝土结构构造与识图、装配式混凝土结构设计、装配式混凝土结构构件设计、装配式混凝土结构构件制作、装配式混凝土结构施工技术、安全管理、装配式装饰装修六大模块，每个模块均包括微课学习、习题联系、互动操作等多种模式。

广联达装配式智慧学堂（PCIS）简介

系统包括管理平台、仿真实训学习练习平台及装配式考核平台等。支持通过账号＋密码的方式登录，管理平台支持通过人员姓名、ID 号进行人员精准查找和对应权限管理，包括账号管理、分组管理、考试管理及成绩管理等。

## 一、实训操作虚拟仿真平台

（1）"装配式建筑虚拟仿真软件——混凝土构件生产"操作场景，如图9-1所示。

图9-1 "装配式建筑虚拟仿真软件——混凝土构件生产"操作场景

（2）"装配式建筑虚拟仿真软件——装配式构件施工"操作场景，如图9-2所示。

图9-2 "装配式建筑虚拟仿真软件——装配式构件施工"操作场景

## 二、考核练习竞赛习题库

（1）竞赛理论习题库与岗位实操考核，如图9-3所示。

（2）3D互动随堂练习、指引与考核，如图9-4所示。

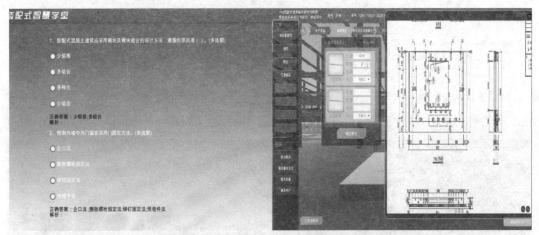

图 9-3 竞赛理论习题库与岗位实操考核

图 9-4 装配式 3D 互动随堂练习

## 使用说明

### 一、登录说明

打开系统,在指定位置输入账号、密码及准考证号。系统默认从登录开始计算考试时间,如图 9-5 所示。

(a)              (b)

图 9-5 装配式智慧学堂登录
(a) 登录界面;(b) 考核模式

Ctrl+ ↑可实现页面放大；Ctrl+ ↓可实现页面缩小；Alt+Enter 可实现全屏显示。

## 二、岗位模拟操作

进入岗位模拟操作模块，可从主屏位置首先选择客观题进行作答。单击文字名称，待弹出下拉窗口后，单击下拉窗口，进入应试题作答界面，如图 9-6 所示。

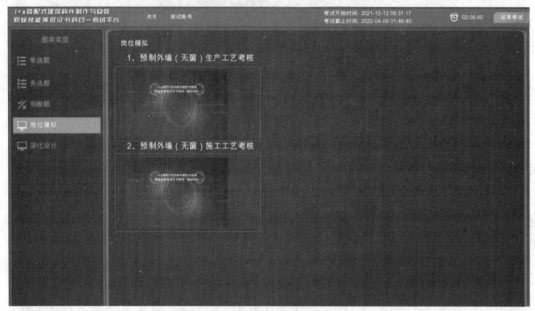

图 9-6 装配式智慧学堂登录答题界面

装配式建筑构件
生产虚拟仿真
操作演练

# 任务二 装配式混凝土结构构件生产

**任务描述**

通过广联达装配式智慧学堂仿真教学系统完成剪力墙外墙生产模拟训练，包括模具摆放、钢筋绑扎与埋件固定、混凝土浇筑、构件预处理与养护、构件起板与质检入库等岗位工艺部分，并生成成绩报表。

已知某装配式建筑工程项目资料如下：

（1）构件模板图、构件配筋图（系统内置）。

（2）其他工程技术文件详见实训任务书。

（3）其他未说明信息可参考相关国家标准、规范、图集获取。

**任务思考**

回顾前面章节中预制构件生产的施工流程是什么？

## 一、整体页面说明

进入构件生产虚拟仿真试题页面后，屏幕顶端横向显示构件生产工序流程，其中亮线部分为当前阶段所处阶段。屏幕左侧工具栏显示为当前大流程中需要考生操作排序的子工序内容，如图9-7所示。

右上角区域为此次考题所引图纸，过程中的考评关键项，均需参考该图纸所示的内容，如图9-8所示。图纸可通过上部的"＋"进行放大，通过"－"进行缩小还原，也可通过鼠标滚轮实现放大与缩小功能，并可通过"①、②"的选择，切换模具图和钢筋排布图。

图9-7 构件生产页面

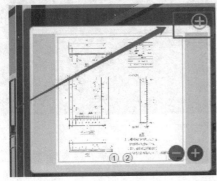 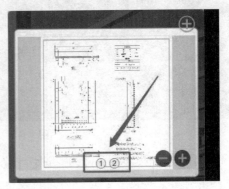

图9-8 图纸切换及缩放说明

## 二、操作流程说明（全屏）

（1）生产准备。按照系统弹出提示进行相关选择等操作，完成对应防护用品的穿戴，单击"确认"按钮，如图9-9所示。

图 9-9　防护用品穿戴

（2）模具摆放。当前流程处于"模具摆放"阶段（亮显）时，可对屏幕左下角的各工艺进行选择排序，如图 9-10 所示，操作同"生产准备"阶段，选择后默认排序并进行对应选项工艺内容考核，确认后可继续进行下个工艺选择。

图 9-10　模具摆放

以下说明内容，模块顺序随机，请仅参考描述项操作说明，请勿参考排序。

1）喷油（须全屏操作）：选择好工具及材料后，在"工具及材料存放区"栏下单击"确认"按钮，按照提示再次确认后，完成工具和材料的选择确认。

2）领取模具（须全屏操作）：领取模具，确认后，系统弹出模具信息输入框，需参考右上角图纸信息，输入数据后确认，如图 9-11 所示。

3）画线（须全屏操作）：根据弹出提示，打开右上角图纸，放大图纸合适比例，读取图纸相关数据，输入考题框，单击"确定提交"按钮，完成图纸信息录入，如图 9-12 所示。

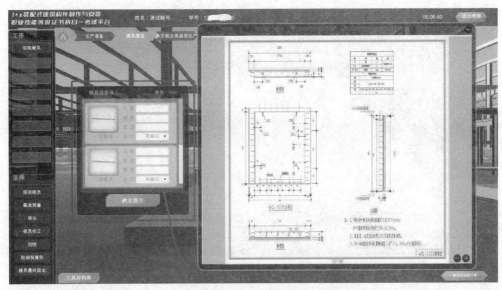

图 9-11　领取模具

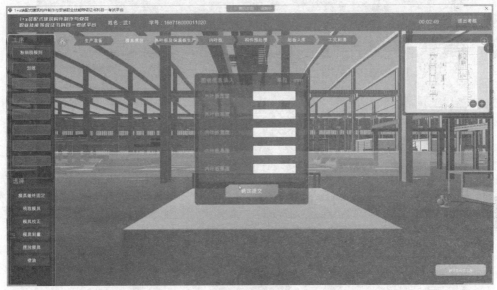

图 9-12　画线

4）模具摆放（须全屏操作）：单击"模具摆放"按钮，弹出"模型拖拽区"，在"模型拖拽区"选择对应模具，按住鼠标左键，移动至模台对应位置，全部完成后，单击"完成模具摆放"按钮，如图 9-13 所示。

5）模具校正（须全屏操作）：点选左下角"模具校正"，确认进行该项操作。选择好工具及材料后，在"工具及材料存放区"栏下单击"确定"按钮，按照提示，再次确认后，完成工具和材料的选择确认。

6）模具测量（须全屏操作）：单击"测量提示"按钮可弹出测量参考示意图，如图 9-14 所示。

7）粉刷脱模剂（须全屏操作）：单击屏幕下方"工具材料库"，选择粉刷脱模剂所用工具及材料，如图 9-15 所示。

图 9-13　模具摆放

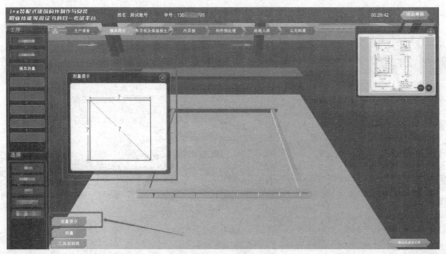

图 9-14　模具测量

图 9-15　粉刷脱模剂

8）模具终固定（须全屏操作）：单击屏幕下方"工具材料库"，选择模具最终固定所用工具及材料。

（3）外叶板及保温板生产。当前流程处于"外叶板及保温板生产"阶段（亮显）时，可以对屏幕左下角的各工艺进行选择排序，操作同"生产准备"阶段，选择后默认排序并进行对应选项工艺内容考核，确认后可继续进行下个工艺选择。

1）垫块摆放（须全屏操作）：单击屏幕下方"工具材料库"，选择垫块摆放对应的工具及材料，如图9-16所示。

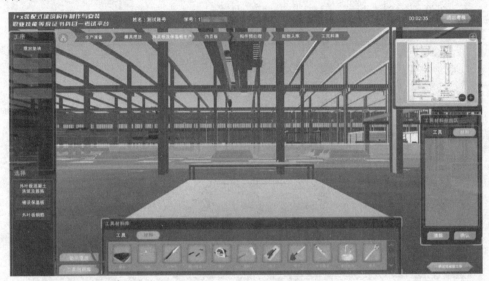

图9-16  垫块摆放

2）外叶板钢筋（须全屏操作）：单击屏幕下方"工具材料库"，选择外叶板钢筋对应的工具及材料。

输入钢筋信息时，可通过"添加钢筋信息"按钮，增加类型。完成后，单击"确定提交"按钮，确认后，完成钢筋信息考核项，如图9-17所示。

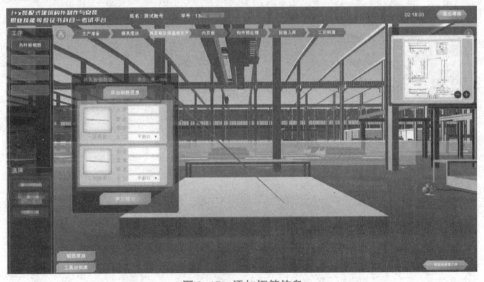

图9-17  添加钢筋信息

3）外叶板混凝土浇筑及振捣（须全屏操作）：单击屏幕下方"工具材料库"按钮，选择外叶板混凝土浇筑及振捣对应的工具及材料。

4）铺设保温板（须全屏操作）：单击屏幕下方"工具材料库"按钮，选择铺设保温板对应的工具及材料。

（4）内叶板。当前流程处于"内叶板"阶段（亮显）时，如图9-18所示，可以对屏幕左下角的各工艺进行选择排序，操作同"生产准备"阶段，选择后默认排序并进行对应选项工艺内容考核，确认后可以继续进行下个工艺选择。该部分工艺包括铺设保温板、摆放埋件、摆放埋件固定架、封堵、内叶板混凝土浇筑。

图9-18 "内叶板"阶段

（5）构件预处理与养护。选择好工具及材料后，在"工具及材料存放区"栏下单击"确认"按钮，系统自动播放动画，结束后单击"确认"按钮后完成该项考核，如图9-19所示。

（6）起板入库。当前流程处于"起板入库"阶段（亮显）时，如图9-20所示。可以对屏幕左下角的各工艺进行选择排序，操作同"生产准备"阶段，选择后默认排序并进行对应选项工艺内容考核，确认后可继续进行下个工艺选择。

图9-19 构件预处理与养护

图 9-20 起板入库

以下说明内容，模块顺序随机，请仅参考描述项操作说明，请勿参考排序。

1）起吊入库（须全屏操作）：选择好工具及材料后，在"工具及材料存放区"栏下单击"确定"按钮。单击"起吊"按钮，系统自动播放动画，待播放结束后，完成该项考核，如图 9-21 所示。

图 9-21 起吊入库

2）清扫模台（须全屏操作）：选择左下角"清扫模台"，确认进行该项操作。

3）构件检查（须全屏操作）：单击屏幕下方"工具材料库"按钮，选择好工具及材料后，在"工具及材料存放区"栏下单击"确定"按钮。并单击"检查"系统弹出考核窗，作答完毕后，单击"确定提交"按钮，系统播放动画，如图 9-22 所示。

系统动画播放结束后，单击"喷印标记"按钮，系统自动播放动画。动画结束后，单击"填写入库单"按钮，完成表单填写，单击"确定"按钮，完成该项考核，如图 9-23 所示。

4）水洗粗糙面（须全屏操作）：单击屏幕下方"工具材料库"按钮，选择水洗粗糙面对应的工具和材料。

5）模具拆除（须全屏操作）：单击屏幕下方"工具材料库"按钮，选择拆模对应的工具和材料。

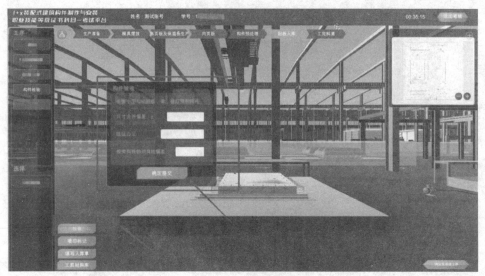

图 9-22　构件检查

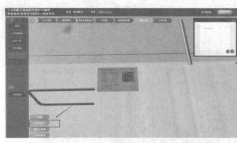

图 9-23　喷印标记

（7）工完料清。当前流程处于"工完料清"阶段（亮显）时，如图 9-24 所示。可对屏幕左下角的各工艺进行选择排序，操作同"生产准备"阶段，选择后默认排序并进行对应选项工艺内容考核，确认后可以继续进行下个工艺选择。

图 9-24　工完料清

### 三、系统说明

完成生产模块的最后一步操作后，系统会自动弹回主页面，即登录后的试题展示页面。考生可继续选择其他模块进行作答（包括理论部分和剩余岗位模拟部分）。

**◀)) 考核评价**

广联达装配式智慧学堂是一款学（练习）、操（考核）、评（考评）一体化教学系统，即学完有操作，操作后有考评，实时记录学习效果；任务完成后，系统自动给出考核成绩。

（1）能够对实训数据和结果做好完整真实的记录；

（2）能够在规定的时间内完成一个完整构件制作流程；

（3）交互环节评价，对于一些关键的流程和工器具，会给出相应提示，选对正确施工位置和工器具才可能完成后续的操作（表9-1）。

表9-1 任务评价表——构件生产评分标准（满分为100分）

| 序号 | 评价内容 | 分值分配 | 学生得分 | 教师评价 |
|---|---|---|---|---|
| 1 | 生产准备 | 10 | | |
| 2 | 模具摆放 | 30 | | |
| 3 | 外页板及保温板生产 | 21 | | |
| 4 | 内页板生产 | 23 | | |
| 5 | 构件预处理 | 2 | | |
| 6 | 起板入库 | 12 | | |
| 7 | 工完料清 | 2 | | |
| 8 | 合计 | 100 | | |

## 任务三 装配式混凝土结构施工

装配式建筑构件
施工虚拟仿真
操作演练

**任务描述**

通过广联达装配式智慧学堂仿真教学系统完成剪力墙外墙安装模拟训练，包括剪力墙构件吊装、剪力墙构件灌浆、现浇节点连接等岗位工艺部分，并生成成绩报表。

已知某装配式建筑工程项目资料如下：

（1）构件施工图及节点大样图（系统内置）；

（2）其他工程技术文件详见实训任务书；

（3）未说明信息可参考相关国家标准、规范、图集获取。

回顾前面章节中预制构件吊运安装、灌浆、后浇施工的流程是什么？有哪些施工要点？

### 一、整体页面说明

进入构件施工虚拟仿真试题页面后，屏幕顶端横向显示构件施工大工艺流程，其中亮线部分为当前所处阶段。屏幕左侧工具栏显示为当前大流程中需要考生操作排序的各小工艺内容，如图 9-25 所示。

图 9-25　构件施工整体页面

### 二、操作流程说明（全屏）

在系统指示的大流程内，需要考生进行小流程排序操作，排序错误扣除对应分数。如图 9-26 所示，考生使用鼠标点选，被选中的内容会自动弹出确认页面，确认后，左上角区域会对所选工艺进行排序，视为完成流程排序确认，并开始继续考核。

（1）生产准备。按照系统弹出的提示进行相关选择等操作，完成对应"劳保用品穿戴"，单击"确定"按钮，如图 9-27 所示。

完成流程内的内容项操作后，单击屏幕右下角功能按钮并确认，进入"工具器械检查"工艺流程，根据弹出提示，选择处理方式或其他操作，如图 9-28 所示。

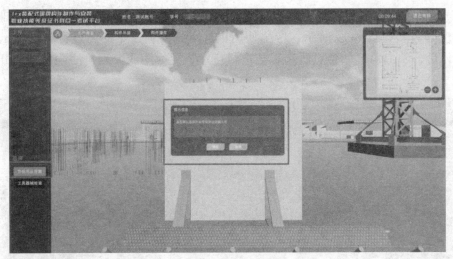

图 9-26　操作流程说明

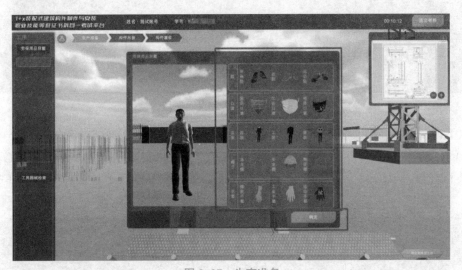

图 9-27　生产准备

图 9-28　工具器械检查

（2）构件吊装。在系统指示的大流程内，需要考生进行小流程排序操作，排序错误扣除对应分数。如图9-29所示，考生使用鼠标点选，被选中的内容会自动弹出确认页面，确认后，左上角区域会对所选工艺进行排序，视为完成流程排序确认，并开始继续考核。

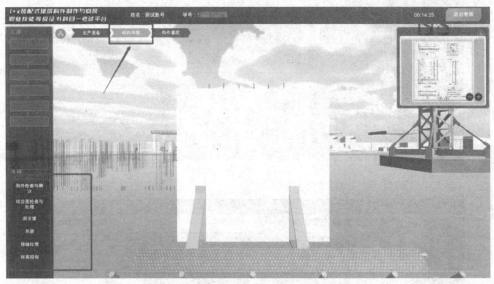

图9-29 "构件吊装"阶段

以下说明内容，模块顺序随机，请仅参考描述项操作说明，请勿参考排序。

1）标高控制（须全屏操作）：单击屏幕下方"工具材料库"按钮，选择标高控制对应的工具和材料。根据屏幕亮显位置，单击垫块，并单击放置尺子，读取数值，如图9-30所示。

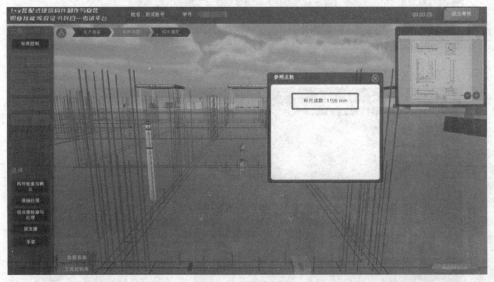

图9-30 标高控制

依次完成工作面内各个垫块的高度数值读取。单击"数据表格"按钮，填写考核项，完成考核，如图9-31所示。

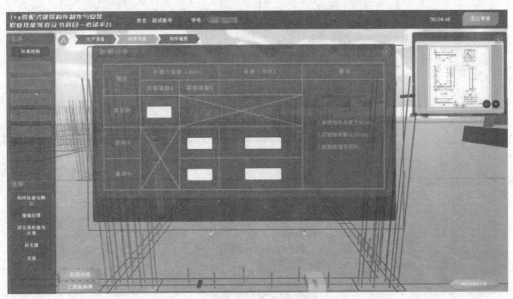

图 9-31　标高测量

2）接缝处理（须全屏操作）：单击屏幕下方"工具材料库"按钮，选择接缝处理对应的工具和材料。

3）构件信息检查与确认：点选左下角"构件信息检查与确认"，单击屏幕中亮显的构件轮廓，单击"检查信息"按钮，系统弹出构件信息，关闭后完成本操作，如图 9-32 所示。

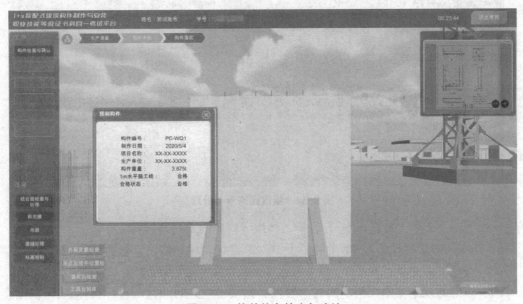

图 9-32　构件信息检查与确认

单击"外观质量检查"，根据系统弹窗，完成作答，单击"确定提交"按钮完成考核，如图 9-33 所示。

4）斜支撑：单击屏幕下方"工具材料库"按钮，选择斜支撑对应的工具和材料。

5）结合面检查与处理：单击屏幕下方"工具材料库"按钮，选择"结合面处理"对应的工具和材料。系统弹出考核窗口，完成作答，单击"确定提交"按钮，如图 9-34 所示。

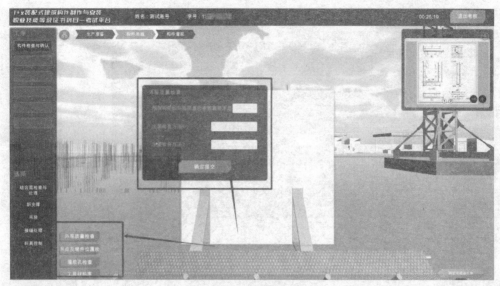

图 9-33 外观质量检查

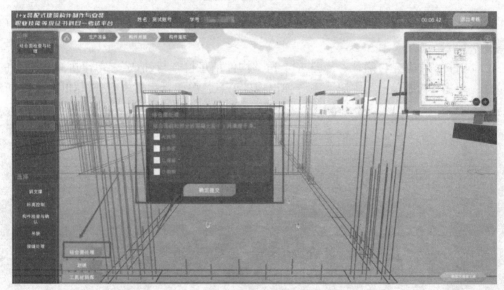

图 9-34 结合面检查与处理

单击屏幕下方"工具材料库",选择"画线"对应的工具和材料。

6)吊装(须全屏操作):单击屏幕下方"工具材料库"按钮,选择试吊对应的工具和材料。

(3)构件灌浆。在系统指示的大流程内,需要考生进行小流程排序操作,使用鼠标点选确认,左上角区域会对所选工艺进行排序,视为完成流程排序确认,并开始继续考核,如图 9-35 所示。

以下说明内容,模块顺序随机,请仅参考描述项操作说明,请勿参考排序。

1)封缝料:单击"封缝料领取"按钮,根据提示,单击"工具材料"按钮,领取相关材料及工具,根据比例,计算需要使用的各类材料的量,并输入考核框,单击"确定提交"按钮,如图 9-36 所示。

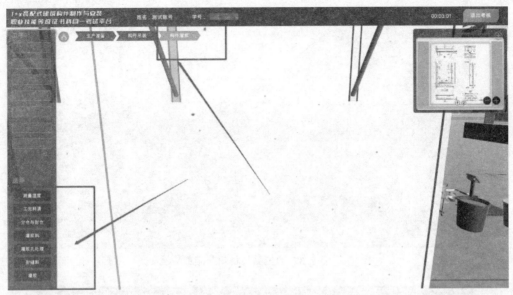

图 9-35 "构件灌浆"阶段

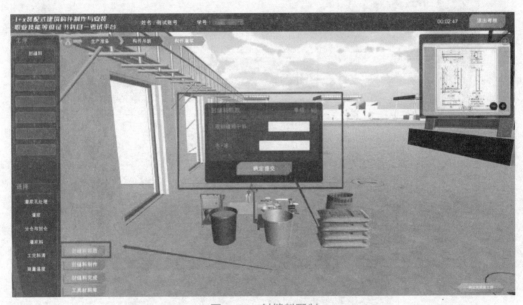

图 9-36 封缝料配制

2）分仓与封仓：单击"工具与材料"按钮，选择分仓对应的工具与材料，如图 9-37 所示。

单击"分仓"，根据右上角图纸信息，计算相关内容，如图 9-38 所示。

3）温度测量（须全屏操作）：单击屏幕下方"工具材料库"按钮，选择温度测量对应的工具和材料。系统自动播放动画，显示当前温度，单击"施工记录表"系统弹出考核窗，作答完毕后，关闭子窗口，完成本项考核，如图 9-39 所示。

4）灌浆料：单击"工具与材料"，选择与灌浆料制作相关的工具与材料，单击"灌浆料制作"，根据系统弹示考核窗口作答，单击"确定提交"按钮后，完成本项操作，如图 9-40 所示。

图 9-37 "工具与材料"领取

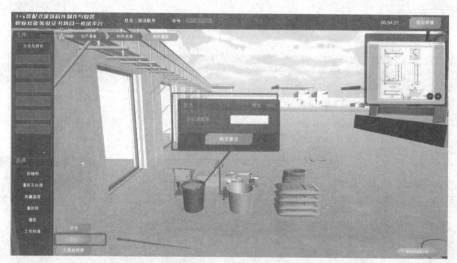

图 9-38 分仓

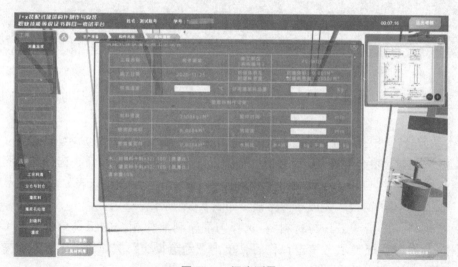

图 9-39 温度测量

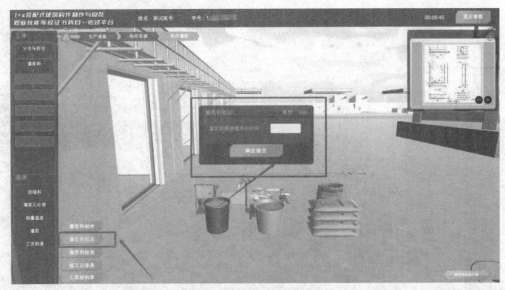

图 9-40 灌浆料制作

单击"工具与材料"按钮,选择与灌浆料检测相关的工具与材料。

确定检测工具后,依次完成"灌浆料检测""施工记录表",根据系统弹示考核窗口作答,完成本项操作,如图 9-41 所示。

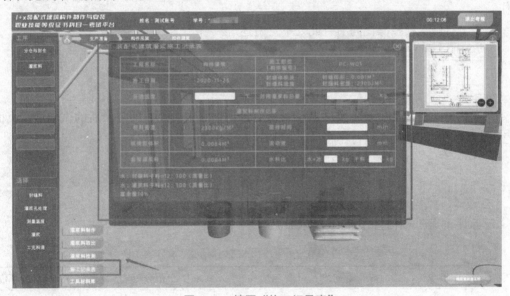

图 9-41 填写"施工记录表"

5)工完料清:点选左下角"工完料清",确认进行该项操作。

6)灌浆:单击"工具与材料"按钮,选择与灌浆相关的材料和工具。

单击"灌浆",根据系统弹示考核窗口作答,单击"确定提交"按钮后,系统自动播放动画,待动画播放完毕后,完成本项操作,如图 9-42 所示。

单击"工具与材料"按钮,选择与封堵相关的材料和工具。

单击"保压"按钮,系统自动播放动画,待动画播放完毕。单击屏幕右下角"确定完成该工序"按钮,确认后,完成该模块操作。

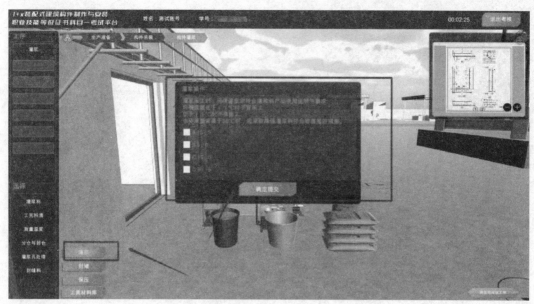

图 9-42　构件灌浆

7）工完料清：单击屏幕下方"工具材料库"按钮，选择"工完料清"对应的工具和材料。系统自动播放动画，单击屏幕右下角"确定完成该工序"按钮，确认后，完成该模块操作。

后浇节点施工模拟操作同前，此处不再赘述。

---

### 三、系统说明

完成施工模块的最后一步操作后，系统会自动弹回主页面，即登录后的试题展示页面。考生可继续选择其他模块进行作答。

**考核评价**

任务评价表——构件吊装评分标准见表 9-2。

表 9-2　任务评价表——构件吊装评分标准（满分为 100 分）

| 序号 | 评价内容 | 分值分配 | 学生得分 | 教师评价 |
|---|---|---|---|---|
| 1 | 施工准备 | 11 | | |
| 2 | 构件吊装 | 49 | | |
| 3 | 构件灌浆 | 40 | | |
| 4 | 合计 | 100 | | |

## 小 结

通过虚拟仿真技术，引导在虚拟场景下进行设备训练及相关构件安装实训，熟悉掌握构件和模具的安装工艺和检验标准，正确使用工具和设备，流畅完成构件测量放线、吊装就位、模具安装、模具加固等工序。对标装配式建筑施工岗位能力培养目标及"1+X"装配式建筑构件制作与安装职业技能考核要求，培养发现问题和解决问题的能力，培养理论联系实际能力。

学生在装配式智慧学堂（PCIS）完成装配式混凝土结构施工技术课程学习后完成在线考核，并在"1+X"装配式考评系统完成相应仿真实训操作，由指导老师负责实训指导与检查督促、验收。操作步骤中不断试错、不断学习，强化学生的直观感知，激发学生的学习兴趣，促进学生进行"探究式、自主式"学习，培养学生的社会责任感、创新精神、实践能力和终身学习能力，注重知识传授、能力培养和素质提高的协同实施。从而，达到理实结合、课证融通的教学目的。

### ◀》 知识拓展

预制构件受力钢筋的连接以套筒灌浆连接的应用最为广泛，套筒灌浆连接节点主要用于竖向钢筋连接，常用于预制柱间竖向连接，后逐渐发展用于预制墙体竖向连接。扫描二维码，自主学习装配式剪力墙结构构件套筒灌浆操作流程。

装配式剪力墙结构构件
套筒灌浆实训任务指导书

## 巩固提高

**一、单选题**

1. 装配式建筑技术是建筑业迈向（　　　）的标志性技术。

    A．信息化　　　　　　B．产业化　　　　　　C．工业化　　　　　　D．智能化

2. 预制叠合板现场堆放层数最多为（　　　）。

    A．4 层　　　　　　B．5 层　　　　　　C．6 层　　　　　　D．7 层

3. 编号为 WQ-2428 的内叶墙板，其含义为（　　　）。

    A．预制内叶墙板类型为无洞口外墙，宽度 2 400 mm，层高 2 800 mm

    B．预制内叶墙板类型为无洞口外墙，层高 2 400 mm，宽度 2 800 mm

C．预制内叶墙板类型为一个窗洞高窗台外墙，宽度 2 400 mm，层高 2 800 mm

D．预制内叶墙板类型为一个窗洞矮窗台外墙，宽度 2 400 mm，层高 2 800 mm

4．预制构件强度达到设计强度（　　）% 方可吊装。

A．50 　　　　　　B．75 　　　　　　C．80 　　　　　　D．100

5．钢筋套筒灌浆连接接头的（　　）强度不应小于连接钢筋的（　　）强度标准值，且破坏时应断于接头外钢筋。

A．抗剪，抗拉 　　B．抗拉，抗剪 　　C．抗剪，抗剪 　　D．抗拉，抗拉

6．预制构件和部品生产中采用新技术、新工艺、新材料、新设备时，（　　）应制定专门的生产方案；必要时进行样品试制，经检验合格后方可实施。

A．设计单位 　　　B．建设单位 　　　C．施工单位 　　　D．生产单位

7．下列构件运输方式中，错误的做法是（　　）。

A．外墙板宜采用水平运输，外饰面层应朝上

B．梁、板、阳台、楼梯宜采用水平运输

C．水平运输时，预制梁、柱构件叠放不宜超过 3 层

D．采用插放架直立运输时，构件之间应设置隔离垫块

8．构件起吊时，吊索水平夹角不宜小于（　　），不应小于（　　）。

A．45°、30° 　　B．60°、30° 　　C．60°、45° 　　D．45°、60°

9．灌浆施工时，环境温度不应低于（　　）℃；当连接部位养护温度低于 10 ℃时，应采取加热保温措施。

A．－5 　　　　　　B．0 　　　　　　　C．7 　　　　　　　D．5

10．下列关于构件吊装的工艺流程，排序正确的是（　　）。

A．吊装梁吊点位置确认—钢丝绳及构件吊点检查—构件检查与编号确认—试起吊—就位安装—临时固定—摘钩，完成吊装

B．钢丝绳及构件吊点检查—吊装梁吊点位置确认—构件检查与编号确认—试起吊—就位安装—临时固定—摘钩，完成吊装

C．构件检查与编号确认—吊装梁吊点位置确认—钢丝绳及构件吊点检查—试起吊—就位安装—临时固定—摘钩，完成吊装

D．构件检查与编号确认—钢丝绳及构件吊点检查—吊装梁吊点位置确认—试起吊—就位安装—临时固定—摘钩，完成吊装

二、多选题

1．构件生产蒸汽养护恒温阶段是升温后温度保持不变的时间，此时混凝土强度增长最快，这个阶段（　　）。

A．应保持 90% 以上的相对湿度

B．蒸养时间不低于 4 小时，宜为 6～8 小时

C．叠合板、墙板等较薄的预制构件或冬季生产时，养护温度不高于 60 ℃

D．应保持 95% 以上的相对湿度

2．预制构件生产中，构件隐蔽工程检查包括（　　）。

A．预埋件的规格、数量和位置

B. 箍筋、横向钢筋的牌号、规格、数量、间距、位置，箍筋弯钩的弯折角度及平直段长度

C. 灌浆套筒的型号、数量、位置及灌浆孔、出浆孔、排气孔的位置

D. 钢筋的连接方式、接头位置、接头质量、接头面积百分率、搭接长度、锚固方式及锚固长度

3. 关于构件安装前的准备工作，以下说法中正确的是（　　　）。

A. 应核对已施工完成结构的混凝土强度、外观、尺寸等符合设计文件要求

B. 应核对预制构件混凝土强度及预制构件和配件的型号、规格、数量等符合设计文件要求

C. 应确认吊装设备及吊具处于安全操作状态

D. 应核实现场环境、天气、道路状况满足吊装施工要求

4. 采用临时支撑时，下列说法中符合要求的是（　　　）。

A. 每个预制构件的临时支撑不宜少于2道

B. 对预制墙板的斜撑，其支撑点距离板底的距离不宜小于板高的2/3，且不应小于板高的1/2

C. 构件安装就位后，可通过临时支撑对构件的位置和垂直度进行微调

D. 临时支撑顶部标高应符合设计规定，不应考虑支撑系统自身在施工荷载作用下的变形

5. 关于外墙接缝防水施工的说法，下列正确的是（　　　）。

A. 防水施工前，应将板缝空腔清理干净

B. 应按设计要求填塞背衬材料

C. 外墙接缝防水施工可与灌浆施工同步实施

D. 密封材料嵌填应饱满、密实、均匀、顺直、表面平滑，其厚度应符合设计要求

三、简答题

1. 构件生产模具组装及预埋件固定的方式及调整的步骤有哪些？

2. 预制混凝土楼梯构件蒸汽养护条件设置，并尝试绘制蒸汽养护流程曲线图。

3. 对构件的预埋件和预留孔洞等规格型号、数量、位置检验的步骤是什么？控制要点有哪些？

4. 预制叠合板构件施工流程有哪些步骤？需要注意哪些操作要点？

5. 套筒灌浆用灌浆料的制备及流动度检测有哪些步骤？套筒灌浆施工应注意哪些要点？

# 项目十　装配式建筑施工案例分析

**发展新型建造方式，大力推广装配式建筑**

　　预制装配式建筑因其节能、环保、高效等特征，成为当下我国各方关注的焦点。然而，各地在推进预制装配式建筑项目时，由于深化设计经验积累不足、设备和工具准备不充分、施工技术不成熟等原因，常出现建筑工期、建筑质量受影响等问题。作为一套新的技术体系，预制装配式建筑不是简单的"工厂预制"+"现场装配"，而是必须对设计、生产、施工等全流程进行梳理和优化，使预制构件适合工厂批量生产，方便现场快速吊装，便于现场管线布置及后浇作业等。在此背景下，总结了适用于现阶段我国预制装配式建筑施工的相关经验，以"项目展示"和"案例分析"的方式，对预制装配式建筑进行介绍。在此学习过程中，学生应树立正确的人生观价值观和献身祖国工程建造技术开展的远大理想，激发投身工程建造领域的家国情怀和使命担当，弘扬我国铸就超级工程的大国工匠精神，宣扬我国在工程建造领域取得的辉煌成就，激起爱国精神，增进民族自豪感和认同感。

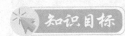

### 知识目标

1. 掌握装配式建筑施工的基本理论、基础知识和基本技能。
2. 了解装配式建筑结构工程施工开展及装配式建筑施工的技术设备与应用技术。
3. 了解有关装配式建筑施工的有关技术标准、设计规范及施工规程。

### 技能目标

1. 具有较强的建筑结构、水电暖通等工程相关的安装和调试的施工技能。
2. 具有制定装配式建筑工程项目规划与技术经济评估的能力。
3. 具有团队合作精神、装配式建筑施工、维护和修复的能力。
4. 具有施工组织管理和监督管理能力并具有设计等项目的风险识别与评估能力。

1. 培养在装配式建筑施工方面自主学习的习惯与能力,具有融会贯通,理论联系实际的能力。

2. 能独立完成建筑装配式施工项目的设计、组织、实施和监督。

3. 能对装配式建筑施工项目进行施工技术研究、施工组织管理和工程经济评估。

思维导图

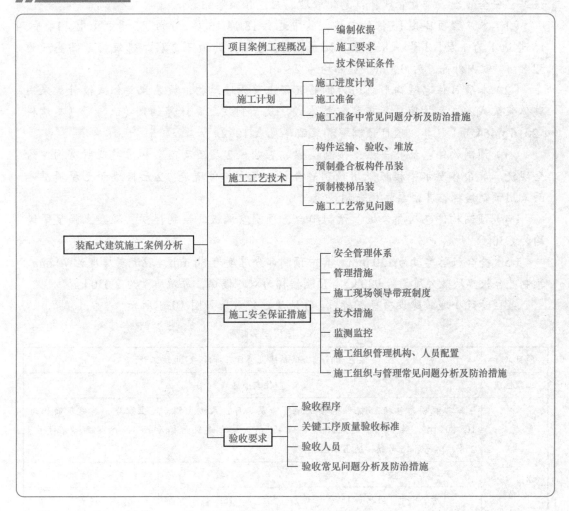

任务描述

　　装配式混凝土结构施工应制订专项方案。专项施工方案宜包括工程概况（表 10-1）、编制依据、进度计划、施工场地布置、预制构件运输与存放、安装与连接施工、绿色施工、安全管理、质量管理、信息化管理、应急预案等内容。

　　（1）本工程项目共 15 栋住宅楼，其中地上 18/15/13 层，1 号、2 号、9 号、14 号、15 号地下为 1 层，3 号～8 号楼、10 号～13 号楼均为地下 2 层。建筑物最高高度为 52.8 m，室内外高差为 0.3 m。层高均为 2.9 m。

　　（2）本项目住宅结构形式均为钢筋混凝土剪力墙结构，按装配整体式设计，采用整体装配式施工，按照《某市装配整体式建筑预制装配率计算细则（试行）》（某建科〔2016〕464 号）计算。项目预制率和装配率见表 10-2。

　　（3）预制构件包括叠合板、预制楼梯。基础～2 层顶及顶层和出屋顶所有构件为全现浇。其余各层水平楼板采用预制叠合板、竖向构件现浇。2 层楼地面至屋顶层地面采用预制楼梯，其余层楼梯采用现浇。

　　（4）预制构件包括叠合板、预制阳台、预制空调板、预制楼梯。混凝土强度等级均为 C30。

　　（5）叠合板总厚度为 130 mm，其中预制部分厚度为 60 mm，现浇层厚度为 70 mm。预制叠合板单块最大质量为 930 kg。预制楼梯为双跑楼梯，每跑质量为 2 030 kg。

　　某区示范小城镇建设项目三标段 -G 地块建筑效果如图 10-1 所示。

表 10-1　项目案例概况

| 项目名称 | 某区示范镇小城镇建设项目三标段 -G 地块工程 | | |
|---|---|---|---|
| 工程性质 | 住宅小区 | | |
| 建设规模 | 本工程项目包括 15 栋住宅楼及地下一层车库、人防工程、地上配建，总建筑面积为 107 802 m²，其中地下建筑面积为 32 460 m²，地上建筑面积为 75 342 m²。配建在 1 号、2 号、14 号、15 号楼，地上一层 | | |
| | 楼号 | 层数 | 建筑高度/mm |
| | 1 号、8 号、11 号、15 号 | 15F | 44.7 |
| | 2 号、7 号、9 号、12 号、14 号 | 13F | 38.3 |
| | 3 号、4 号、5 号、6 号、10 号、13 号 | 18F | 52.8 |
| 结构类型 | 住宅楼、配建结构类型：剪力墙结构 | | |
| | 地库结构类型：框架结构 | | |

| 楼号 | 户型 | 预制率 /% | 装配率 /% | 预制装配率 /% |
|---|---|---|---|---|
| 1 | B | 12.05 | 18 | 30.05 |
| 2 | G | 12.7 | 18 | 30.7 |
| 3 | A | 12.82 | 18 | 30.82 |
| 4 | C | 12.12 | 18 | 30.12 |
| 5 | D | 15.19 | 18 | 33.19 |
| 6 | G | 12.7 | 18 | 30.7 |
| 7 | A | 12.82 | 18 | 30.82 |
| 8 | D | 15.19 | 18 | 33.19 |
| 9 | G | 12.7 | 18 | 30.7 |
| 10 | C | 12.12 | 18 | 30.12 |
| 11 | F | 12.5 | 18 | 30.5 |
| 12 | C | 12.27 | 18 | 30.27 |
| 13 | A | 12.82 | 18 | 30.82 |
| 14 | G | 12.7 | 18 | 30.7 |
| 15 | B | 12.05 | 18 | 30.05 |

表 10-2  项目预制率和装配率

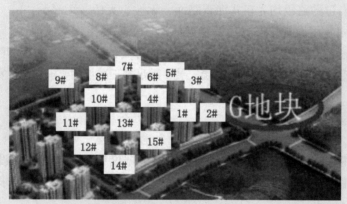

图 10-1  某区示范小城镇建设项目三标段 -G 地块建筑效果

任务思考

1. 装配式建筑都有哪些施工要求？请举例说明。
2. 在装配式建筑施工中需要哪些技术保证条件？请举例说明。

应知应会

　　装配式混凝土建筑应结合设计、生产、装配一体化的原则整体策划，协同建筑、结构、机电、装饰装修等专业要求，制订施工组织设计。施工单位应根据装配式混凝土建筑工程特点配置组织的机构和人员。施工作业人员应具备岗位需要的基础知识和技能，施工单位应对管理人员、施工作业人员进行质量安全技术交底。装配式混凝土建筑施工宜采用工具化、标准化的工装系统。

## 一、编制依据

（1）某区某示范镇某区回迁房 G 地块工程施工相关图纸，包括建筑、结构、给水排水、电气和暖通图纸。

（2）中华人民共和国住房和城乡建设部《危险性较大的分部分项工程安全管理规定》(住建部令第 47 号)。

（3）住房和城乡建设部办公厅关于实施《危险性较大的分部分项工程安全管理规定》有关问题的通知（建办质〔2018〕31 号文）。

（4）某集团有限公司关于修订《某集团有限公司危险性较大的分部分项工程安全管理规定实施细则》的通知。

（5）《某区某示范镇小城镇建设项目三标段 –G 地块工程施工组织设计》。

## 二、施工要求

（1）本工程项目预制构件采用某住宅工业有限公司所生产的构件，距离工程项目所在地约 7.5 km。所经过的路段均为正式沥青路面，无坡、无桥、无涵洞。

（2）构件采用专用拖板车及专用运输架体运输至现场指定堆放地点。在现场存放两层的构件，避免在施工过程中因构件损坏、道路堵塞等其他原因影响施工进度。

（3）构件安装采用经过培训的专业人员安装，满足施工质量的要求和避免安全事故的发生。

## 三、技术保证条件

（1）叠合楼板和楼梯制作前需要预制构件厂根据设计图纸进行深化设计，满足建筑、结构、设备、装修等专业，以及构件制作、运输、安装等环节的综合要求。遵循少规格、多组合的原则。

（2）根据单件预制构件的质量，确定现场塔式起重机型号和平面布置，以及吊具的选择。

（3）叠合板安装采用轮扣式满堂脚手架进行支撑，脚手架顶部采用托撑和方木。

（4）预制构件进场后安排专人进行检查验收，在安装前进行技术安全交底。

> 练一练
>
> 1. 根据_____，确定现场塔吊型号和平面布置，以及吊具的选择。
> 2. 预制构件进场后安排专人进行检查验收，在安装前进行_____。
> 3. 施工作业人员应具备岗位需要的基础知识和技能，施工单位应对管理人员、施工作业人员进行_____。
> 4. 构件安装采用_____安装，满足施工质量的要求和避免安全事故的发生。

你了解有关装配式建筑的国家标准的定义吗？请阐释自己的理解？

### 育人园地　对装配式建筑国家标准的理解

国家标准关于装配式建筑的定义既有现实意义，又有长远意义。这个定义基于以下国情：

（1）目前我国的建筑规模在建筑史上前所未有，如此大的规模特别适于建筑产业化、工业化及现代化。

（2）目前我国建筑标准低，适宜性、舒适度和耐久性还比较差，施工工艺还比较落后，不仅体现在结构施工建筑方面，而且体现在设备管线系统和内装系统方面。由于标准化、模具化程度都还比较低，通常是以毛坯房的形式交付（顶棚无吊顶，地面不架空，管线埋设在混凝土中且排水不同层）等，与发达国家比较有较大的差距，因此强调四个系统集成，有助于建筑标准的全面提升。

（3）由于建筑标准低和施工工艺落后，材料、能源消耗高，我国建筑是节能减排的重要战场。

鉴于以上各点，强调四个系统的集成，不仅是"补课"的需要，更是适应现实、面向未来的需要。推广以四个系统集成为主要特征的装配式建筑，对于我国全面提升建筑现代化水平，提高环境效益、社会效益和经济效益都有着非常积极且长远的意义。

### 考核评价

任务完成后，学生完成"自我评价"，教师完成"教师评价"，并整理课堂练习，完成任务评价表（表10-3）。

表10-3　任务评价表

| 序号 | 评价内容 | 分值分配 | 学生自评 | 小组互评 | 教师评价 |
| --- | --- | --- | --- | --- | --- |
| 1 | 能提前进行课前预习、熟悉任务内容 | 10 | | | |
| 2 | 能熟练、多渠道地查找参考资料 | 10 | | | |
| 3 | 能认真听讲，勤于思考 | 20 | | | |
| 4 | 能正确回答问题和课堂练习 | 40 | | | |
| 5 | 能在规定时间内完成教师布置的各项任务 | 20 | | | |
| 6 | 合计 | 100 | | | |

# 任务二 施工计划

**任务描述**

　　装配式结构施工前应制订施工组织设计、施工方案；施工组织设计的内容应符合《建筑施工组织设计规范》（GB/T 50502—2009）的规定；施工方案的内容应包括构件安装及节点施工方案、构件安装的质量管理及安全措施等。

**任务思考**

　　1. 装配式主体结构施工前需要做哪些准备？
　　2. 装配式建筑施工准备中常出现哪些问题？如何避免？

**应知应会**

## 一、施工进度计划

　　施工现场目前 1 号楼、14 号楼、15 号楼地下部分已施工完毕，11 号楼、12 号楼地下二层施工完毕，3 号楼、4 号楼、5 号楼、9 号楼、13 号楼基础底板施工完毕，6 号楼、10 号楼土方施工完毕，2 号楼、7 号楼、8 号楼土方开挖阶段。

施工进度计划

　　根据施工进度，施工项目可以分为五组进行安排，详见二维码。

## 二、施工准备

### （一）材料计划

　　（1）预制构件原材料及模具制作均由某工业有限公司准备。项目部不予考虑。预制构件规格和数量详见二维码文件 1。预制构件生产企业在预制构件进场时应提供相关质量证明文件。

　　（2）进场的预制构件应具有生产企业名称、制作日期、品种、规格、编号等信息的出厂标识和出厂质量合格标志。出厂标识、质量合格标志应设置在便于现场识别的部位。

　　（3）预制构件做好成品保护，防止构件受到外力冲击产生破伤或破坏。

　　（4）预制构件的吊环采用未经冷加工的 HPB300 级钢筋制作。吊装用预埋的材料性能指标符合相关标准的规定。

## （二）设备计划

构件安装采用现场塔式起重机垂直运输，人工配合安装。根据现场构件大小采用钢丝绳、倒链及索具、吊装梁等工具。设备计划表见表 10-4。

表 10-4　设备计划表

| 序号 | 名称 | 规格型号 | 数量 | 备注 |
|------|------|----------|------|------|
| 1 | 塔式起重机 | QTZ125 | 5 | |
| 2 | 塔式起重机 | QTZ63 | 4 | |
| 3 | 经纬仪 | J2-2 | 2 | |
| 4 | 水准仪 | DZS3-1 | 5 | |
| 5 | 激光铅直仪 | JDA95 | 2 | |
| 6 | 钢尺 | 50 | 15 | |
| 7 | 吊装梁 | 自制 | 9 | |
| 8 | 吊索 | 6×19+1、直径 24.5 | 18 | 长度 3.5 |
| 9 | 倒链 | 2 t | 10 | |
| 10 | 撬棍 | $L$=900 | 30 | |
| 11 | 对讲机 | GP329/339 | 20 | |

## （三）施工技术准备

（1）认真熟悉各专业图纸，利用 BIM 技术查看预制构件尺寸、位置是否与平面、立面相符。

（2）在总工程师的领导下，各专业加强相互之间的信息交流，组织各专业间的技术协调会。特别是预制构件中的水电管路走向，以及预留洞口等是否与水电专业图一致。

（3）组织技术、施工等管理人员学习装配式建筑相关的标准规范，熟悉标准图中细部节点构造做法。

（4）加强与预制构件供货商的技术沟通。提前明确预制构件生产、运输过程中所采用的标准规范，明确预制构件的质量标准、验收程序。

（5）各专业密切配合预制构件供货商进行预制构件的深化设计，并对深化设计图纸进行初审，初审合格后提请设计、监理、业主审订。

（6）做好与构件运输、堆放、吊装等相关的技术准备，包括地下室顶板承载力是否满足要求，吊装梁的设计等。

（7）按照施工方案和相关规范的要求进行逐级技术交底，根据三级技术交底程序要求，逐级技术交底，直到操作人员完全理解。

（8）根据工程特点和需要，制订合理的资源配置计划，保证工程的施工进度、优良的质量和精度需要。

## （四）施工现场准备

### 1. 施工现场平面布置图

地下工程施工完毕后及时进行基础验收，达到做防水和土方回填的条件，并及时布置主体施工阶段的平面布置图。施工现场临时道路平面布置如图 10-2 所示。

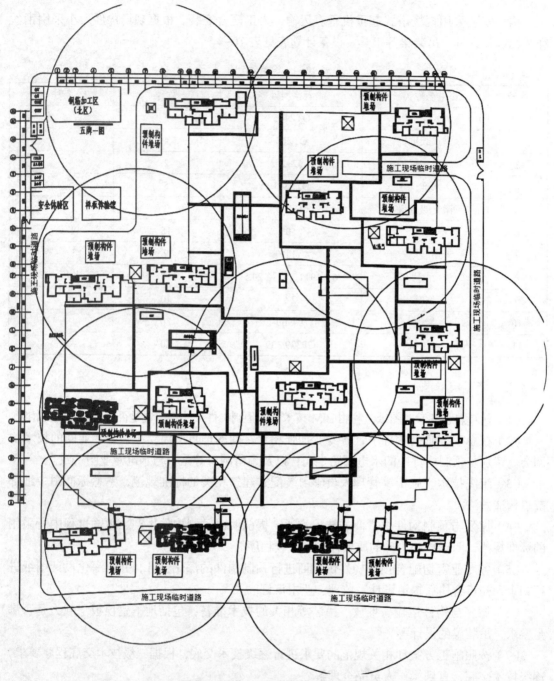

图 10-2　施工现场临时道路平面布置

2. 现场堆放场地及环形道路

本项目 4 号楼、8 号楼、13 号楼在地库范围以内，其他楼均在地库周边。

（1）车道宽度为 6 m，转弯半径为 12 m，200 mm 厚 C20 混凝土，内配单层双向 Φ10@200 的钢筋网片。

（2）在地库部分道路所在跨内回顶轮扣式钢管脚手架支撑，立杆间距为 900 mm，步距为 1 500 mm，两侧均超出道路边线 1 m，顶部采用托撑 +100 mm×100 mm 木方，纵横隔跨设置剪刀撑。

（3）在地库周边楼铺设混凝土路面，基层为 500 mm 山皮石，面层浇筑 200 mm 厚 C20 混凝土，宽度为 5 m，施工现场临时道路材料计划，见表 10-5。

表 10-5　施工现场临时道路材料计划

| 施工现场临时道路材料计划 | | | | |
|---|---|---|---|---|
| 序号 | 名称 | 规格 | 单位 | 数量 |
| 1 | 山皮石 | $\phi \leqslant 50$，碎石含量$\geqslant 70\%$ | $m^3$ | 500 |
| 2 | 轮扣式脚手架立管 | $\phi 48 \times 3$ | m | 5 000 |
| 3 | 轮扣式脚手架水平管 | $\phi 48 \times 3$ | m | 9 600 |
| 4 | 托撑 | 500 | 个 | 1 700 |
| 5 | 方木 | 100×100 | mm×mm | 32 |

**3. 塔吊式起重机布置**

地下室施工阶段已综合考虑到后期预制构件吊装的要求，合理布置了塔式起重机。根据现场住宅楼的位置关系共布置了 9 台塔式起重机，其中 TC6013A 两台、QT6013 一台、TC6012-6 两台、TCT5510 一台、QTZ5610 三台（表 10-6）。

表 10-6　预制构件吊装工况表

| 楼号 | 塔式起重机编号 | 塔式起重机型号 | 臂长/m | 预制楼梯 | | | | 预制叠合板 | | | |
|---|---|---|---|---|---|---|---|---|---|---|---|
| | | | | 工作幅度/m | 塔式起重机特性/t | 最大质量/t | 计算质量/t | 工作幅度/m | 塔式起重机特性/t | 最大质量/t | 计算质量/t |
| 1 | 1 | TC6013A | 55 | 26 | 3 | 2.03 | 2.95 | 38 | 2.79 | 0.81 | 1.37 |
| 2 | 1 | TC6013A | 55 | 31 | 3 | 2.03 | 2.95 | 48 | 1.97 | 0.84 | 1.40 |
| 3 | 2 | TC6012-6 | 50 | 32 | 3 | 2.03 | 2.95 | 45 | 1.99 | 0.91 | 1.49 |
| 4 | 3 | QTZ5610 | 50 | 12 | 3 | 2.03 | 2.95 | 29 | 2.57 | 0.89 | 1.47 |
| 5 | 2 | TC6012-6 | 50 | 22 | 3 | 2.03 | 2.95 | 30 | 3 | 0.92 | 1.51 |
| 6 | 4 | TCT5510 | 45 | 23 | 3 | 2.03 | 2.95 | 42 | 1.75 | 0.84 | 1.40 |
| 7 | 5 | TC6013A | 45 | 34 | 3 | 2.03 | 2.95 | 48 | 1.97 | 0.91 | 1.49 |
| 8 | 5 | TC6013A | 45 | 35 | 3 | 2.03 | 2.95 | 50 | 1.97 | 0.92 | 1.51 |
| 9 | 6 | QTZ5610 | 50 | 24 | 3 | 2.03 | 2.95 | 42 | 1.69 | 0.84 | 1.40 |
| 10 | 7 | TC6013A | 50 | 23 | 3 | 2.03 | 2.95 | 38 | 2.79 | 0.89 | 1.47 |
| 11 | 7 | TC6013A | 50 | 27 | 3 | 2.03 | 2.95 | 43 | 2.26 | 0.88 | 1.45 |
| 12 | 8 | TC6012-6 | 50 | 32 | 3 | 2.03 | 2.95 | 45 | 1.99 | 0.89 | 1.47 |
| 13 | 8 | TC6012-6 | 50 | 20 | 3 | 2.03 | 2.95 | 32 | 3 | 0.91 | 1.49 |
| 14 | 9 | TC6012-6 | 50 | 32 | 3 | 2.03 | 2.95 | 48 | 1.88 | 0.84 | 1.40 |
| 15 | 9 | TC6012-6 | 50 | 21 | 3 | 2.03 | 2.95 | 42 | 2.24 | 0.81 | 1.37 |
| 注：计算质量 =1.3×（构件质量 + 吊装梁质量） | | | | | | | | | | | |

#### 4. 构件堆放场地布置

每栋楼的预制构件应分别堆放，堆放场地应选择在塔式起重机的一侧，塔式起重机司机视线能达到的地方，避免隔楼吊运和盲吊。构件堆放地应平整、坚实，并保证无积水。构件存放地应进行封闭管理，悬挂标识及安全警示，严禁无关人员进入。

本工程每栋楼每层预制构件大约 240 m²，各类板式构件最多堆放 6 层。各类构件之间预留 1.5 m 宽通道。现场构件堆放按用一层备一层考虑，每栋楼预制堆放场地不小于 120 m²。用定型栏杆进行隔离维护，避免叠合板侧锚筋伤人和被破坏。

## 三、施工准备中常见问题分析及防治措施

施工准备中常见问题分析及防治措施详见二维码。

施工准备中常见问题
分析及防治措施

1. 你认为以上哪些施工准备中的常见问题还没有被提到？请补充。

2. 试解释桁架钢筋露出混凝土表面偏低的原因。

3. 试解释预制构件粗糙面质量达不到规范要求的主要原因。

---

**🔊育人园地**　　从开发商角度，装配式建筑给开发过程带来了哪些变化？

除国家重点发展区域外，大多数区域仍处于装配式建筑的发展初期，技术支撑、实施标准、产业布局、人员储备等尚未稳定。因此，装配式建筑的实施对建设单位的开发过程造成了一定程度的影响。

（1）不同地区的政策要求存在差异，政府管控机制和推广重点不尽相同，应充分了解当地的技术体系和执行标准。

（2）当前市场环境中，设计单位、加工单位、施工单位的经验均相对较少，且缺乏专业的监理团队，管控难度加大，风险项增多。

（3）装配式建筑强调一体化设计，相较于现浇结构，各专业综合协调工作要求前置，造成设计端流程发生变化，且对设计成果的精确度要求大大提高。

（4）主体结构由构件加工单位和施工单位共同完成，进度计划、工作界面划分、产品验收要求及程序均发生变化。

（5）以目前的装配式建筑发展程度，施工时间、建造成本相较于现浇结构有所增加。

任务完成后，学生完成"自我评价"，教师完成"教师评价"，并整理课堂练习，完成任务评价表（表10-7）。

表10-7　任务评价表

| 序号 | 评价内容 | 分值分配 | 学生自评 | 小组互评 | 教师评价 |
|---|---|---|---|---|---|
| 1 | 能提前进行课前预习、熟悉任务内容 | 10 | | | |
| 2 | 能熟练、多渠道地查找参考资料 | 10 | | | |
| 3 | 能认真听讲，勤于思考 | 20 | | | |
| 4 | 能正确回答问题和课堂练习 | 40 | | | |
| 5 | 能在规定时间内完成教师布置的各项任务 | 20 | | | |
| 6 | 合计 | 100 | | | |

# 任务三　施工工艺技术

## 任务描述

施工企业应合理规划运输通道和临时堆放场地，并应采取成品堆放保护措施；预制构件、安装用材料及配件等应符合设计要求及现行国家有关标准的规定，吊装用吊具应按现行国家有关标准的规定进行设计、验算或试验检验。预制构件吊装就位后，应及时校准并采取临时固定措施，并应符合《混凝土结构工程施工规范》（GB 50666—2011）的相关规定。

## 任务思考

1. 装配式建筑施工工艺的流程包括哪些步骤？
2. 预制叠合板施工工艺流程主要有哪些内容？
3. 预制楼梯吊装施工工艺流程主要包括哪些内容？
4. 试说出施工工艺的常见问题有哪些。

## 应知应会

### 一、构件运输、验收、堆放

1. 构件运输

（1）基本情况。本工程构件为钢筋混凝土预制叠合板和双跑楼梯构件，运输起点是某住宅工业有限公司，运输终点为某示范小城镇建设项目三标段 -G 地块项目工地现场，约 7.5 km。根据工程特点，构件的运输主要采用公路汽车进行，所有本工程需要的钢筋混凝土预制构件在工厂制作验收合格后，于安装前一天运输至施工现场进场验收，验收合格后码放整齐。场外公路运输线路的选择应遵守《某市道路交通管理规定》，要先进行路线勘测，合理选择运输路线，并对沿途具体运输障碍制订措施。构件进场时间应在白天光线充足的时刻，以便对构件进行进场外观检查。

对承运单位的技术力量和车辆、机具进行审验，并报请交通主管部门批准，必要时要组织模拟运输。在吊装作业前，应由技术员进行吊装和卸货的技术交底。其中，指挥人员、起重司索指挥工作人员和起重机械操作人员必须经过专业学习并接受安全技术培训，取得《特种作业人员安全操作证》。所使用的起重机械和起重机是完好的。

（2）运输对象。本项目住宅楼顶板、阳台板、空调板均采用了预制叠合板，楼梯为预制楼梯。

预制构件楼座
每层分布表

1）预制构件楼座每层分布表详见二维码。

2）预制构件参数，楼梯平面最大尺寸为 3 320 mm×530 mm×1 270 mm。各楼号预制叠合板最大尺寸详见二维码。

3）进场预制构件数量及频次。

本工程项目预制构件同日进场楼号详见二维码。

每次进场预制构件数量不少于一楼层的数量。每楼层构件进场时间间隔将根据施工进度通知决定。

2. 预制构件的装车与卸货

（1）运输车辆可采用大吨位卡车或平板拖车。

（2）在吊装作业时必须明确指挥人员，统一指挥信号。

（3）不同构件应按尺寸分类叠放。

（4）装车时，先在车厢底板上做好支撑与减振措施，以防止构件在运输途中因振动而受损，如装车时先在车厢底板上铺两根 100 mm×100 mm 的通长木方，木方上垫 15 mm 以上的硬橡胶垫或其他柔性垫。

（5）上下构件之间必须有防滑垫块，上部构件必须绑扎牢固，结构构件要有防滑支垫。

（6）构件运进场地后，应按规定或编号顺序有序地摆放在规定的位置，场内堆放地必须坚实，以便防止下沉和构件变形。

（7）堆码构件时要码靠稳妥，垫块摆放位置要上下对齐，受力点要在一条线上。

（8）装卸构件时要妥善保护，必要时要采取软质吊具。

（9）随运构件（节点板、零部件）应设置标牌，标明构件的名称、编号。

3. 预制构件运输

（1）构件运输前，根据运输需要选定合适、平整坚实的路线。

（2）在运输前应按清单仔细核对楼梯的型号、规格、数量及是否配套。

（3）本工程所有预制构件采用平运法，不得竖直运输，如图 10-3 所示。

（4）构件重叠平运时，各层之间必须放 100 mm×100 mm 木方支垫，且垫块位置应保证构件受力合理，上下对齐。

（5）预制构件应分类重叠存放。

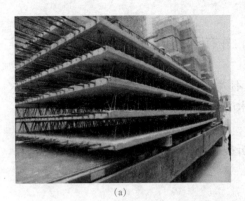

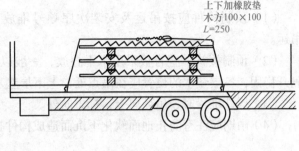
上下加橡胶垫
木方100×100
L=250

(a)                                    (b)

图 10-3　预制楼梯运输示意

(a) 钢筋混凝土预制叠合板的运输；(b) 预制楼梯运输示意

（6）运输前要求构件厂按照构件的编号，统一利用黑色签字笔在预制构件侧面及顶面醒目处做标识及吊点。

（7）楼梯运输时要按照楼梯的型号，主要针对楼梯的栏杆插孔及楼梯的防滑槽区分楼梯的上下梯段及型号。

（8）运输车根据构件类型设专用运输架或合理设置支撑点，且需有可靠的稳定构件措施，用钢丝带加紧固器绑扎牢固，以防止构件在运输时受损。

（9）车辆启动应慢，车速行驶均匀，严禁超速、猛拐和急刹车。

4.　运输的安全管理及成品保护

（1）为确保行车安全，应进行运输前的安全技术交底。

（2）在运输中，每行驶一段路程要停车检查构件的稳定和紧固情况，如发现移位、捆扎和防滑垫块松动时，要及时处理。

（3）在运输构件时，根据构件规格、质量选用汽车和起重机，大型货运汽车载物高度从地面起不准超过 4 m，宽度不得超出车厢，长度不准超出车身。

（4）封车加固的钢丝、钢丝绳必须保证完好，严禁使用已损坏的钢丝、钢丝绳进行捆扎。

（5）构件装车加固时，用钢丝或钢丝绳拉牢禁固，形式应为八字形、倒八字形，交叉捆绑或下压式捆绑。

（6）在运输过程中要对预制构件进行保护，最大限度地消除和避免构件在运输过程中的污染和损坏。重点做好预制楼梯板的成品面防碰撞保护，可采用废旧多层板进行保护。

5.　预制构件的进场验收

预制构件供货商必须提前编制生产计划，生产计划必须满足施工现场的要求，按工厂、现场各保持二层构件安排生产。

预制构件进入现场后，项目部材料部门组织相关人员进行验收。

首先应全数检查出厂合格证及相关质量证明文件，其次检查预制构件明显部位是否标明生产单位、项目名称、构件型号、生产日期、安装方向及质量合格标志。对预制构件进行外观检查，发现外形尺寸偏差及有缺陷（如裂纹、掉角等）的构件，做退场处理。预制构件进场后，对板类受弯构件应进行结构性能检验，结构性能检验不合格的构件不得使用。

6. 预制构件堆放

（1）预制构件应按吊运及安装次序顺号堆放，并有不小于 1.5 m 宽通道，防止越堆吊运。

（2）预制楼梯、叠合板采用水平叠放，一般以不大于 6 层为宜，层与层之间应以垫木隔开稳固，各层垫木的位置应在吊点处，上下层垫木必须在一条垂直线上。

（3）构件堆垛时，吊环向上，标志向外。

（4）雨期应注意防止地面软化下沉而造成构件折裂破坏，并应做好成品保护。

## 二、预制叠合板构件吊装

### 1. 预制叠合板施工工艺流程

预制叠合板施工工艺流程如图 10-4 所示。

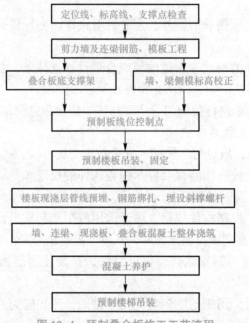

图 10-4 预制叠合板施工工艺流程

### 2. 测量放线

（1）定位测量。本工程采用"内控法"放线，"外控法"校核。在房屋首层根据坐标设置四条标准控制轴线（纵横轴方向各两条），将轴线的交点作为控制点，各楼层上的控制点在楼板相应位置预留 150 mm×150 mm 的传递孔，用激光铅垂仪将首层控制点通过预留传递孔上引。

用经纬仪根据场区控制坐标系统定出建筑物控制轴线（不少于两条三点，纵横轴方向各一条），对楼层上的控制轴线进行复核。

根据轴线将本楼层的墙柱梁及预制叠合板的位置弹出边线和控制线，控制线距离边线为 200 mm，并在架体搭设完毕后将控制线引至脚手架上，以便于在安装构件时进行平面控制。

在预制构件堆场处，根据每块构件平面位置，在构件上也弹出距离墙体（梁）边线

200 mm 的控制线。

（2）标高测量。根据场地内控制点标高，在首层电梯井墙壁上引测标高控制点，并做好标记，利用 50 m 钢尺逐层上引。在混凝土墙上打好标高控制线（结构 +500 mm 水平线），给定预制板楼板底部的标高。

（3）叠合板支架。

1）模板安装按规范施工，立杆支撑按设计方案进行，严禁随意变动，支顶必须有垫块。

2）上层和下层支柱处在同一条垂直线上，其支撑系统在安装过程中必须设置临时固定设施。

3）立柱全部安装完成后应及时沿横向及纵向加设水平支撑和剪刀支撑。

4）安装和拆除柱、墙、梁、板的模板及支撑时，周围应挂设安全防护网并设置警示标牌。

5）叠合板支撑系统设计。支撑架采用轮扣式脚手架，立杆高度采用 2.4 m，立杆纵横间距为 1 200 mm，主步距水平 1 500 mm，水平管设三道（扫地杆、中间水平管、顶层水平杆）。顶托型号为 550 mm 长，直径为 36 mm。顶托上采用 100 mm×100 mm 的木方作为主梁（图 10-5）。

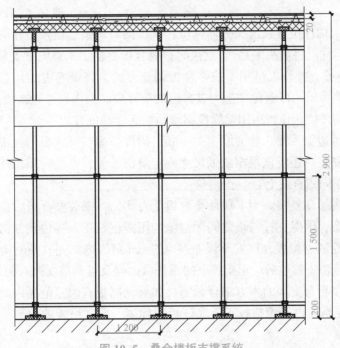

图 10-5　叠合楼板支撑系统

6）叠合板支撑系统施工技术要求。脚手架管采用 $\phi48$ mm×3.0 mm，壁厚小于 3 mm 的钢管严禁使用。

叠合板采用满堂轮扣式脚手架，立杆上的主梁与板短边方向平行支设。主梁方木与预制叠合板接触面应刨平，保证主梁与叠合板之间接触。

主梁与叠合板边的距离不超过 500 mm。脚手架主梁悬挑长度不得超过 100 mm。

顶托外露长度不得大于 300 mm，顶托上部与最上一层水平杆中心之间的距离不得大于 650 mm。纵横扫地杆通设，不得隔行布置。

（4）叠合板吊装。

1）叠合板吊装顺序。以某示范小城镇建设项目三标段 –G 地块 A 户型为例，先安装靠近墙边的叠合板,然后安装其他部位,这样可便于施工。按照叠合板编号顺序由边到中的顺序安装。

2)叠合板吊装步骤。

①吊装梁。为了防止钢丝绳水平夹角过小而对预制叠合板产生附加弯矩,从而可能使预制叠合板开裂,故采用自制吊装梁起吊。吊装钢丝绳保持与板面垂直。

自制吊装梁长度为 3 500 mm,综合考虑吊装梁受力情况和荷载,吊装梁选用双 16b 槽钢夹 16 mm 厚钢板焊接而成,后附吊装梁计算书。

本工程预制叠合板长度均在 4 050 mm 以下,吊装均采用四点起吊,如图 10-6 所示。

②构件起吊和下落、安装。试吊时将构件吊离地面 500 mm,观测构件是否基本水平,检查吊钩、钢丝绳是否全部受力,构件基本水平、钢丝绳全部受力后起吊。

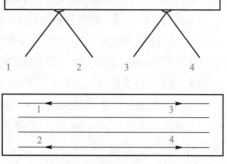

图 10-6 叠合板吊装

根据图纸所示构件位置及箭头方向就位,就位同时观察楼板预留孔洞与水电图纸的相对位置(以防止构件厂将箭头编错)。就位时,叠合板要从上垂直向下安装,在作业层上方 200 mm 处略做停顿,操作人员用手扶叠合板调整方向,将板的边线与主梁上的控制线对齐。落下时要停稳慢放,以避免冲击力过大造成板开裂。操作人员站在独立搭设的马凳上,手扶叠合板预制构件摆正位置后用遛绳控制预制板高度和位置。

构件安装时短边深入梁、剪力墙上 15 mm,构件长边与梁或板与板拼缝按设计图纸要求安装。阳台板安装时还应该根据图纸尺寸确定挑出长度,安装时阳台外边缘应与已施工完成阳台外边缘在同一直线上。

③叠合板板底标高复核。为了保证叠合板受力均匀,安装叠合板后检查板与立杆顶部是否处于受力状态,确保立杆与板之间无空隙。用撬棍校正,各边预制构件均落在剪力墙上,混凝土板的控制点位置允许安装误差在 ±5 mm 范围内,完成预制构件的初步安装就位。预制构件安装初步就位后,用支撑上的顶托微调器及可调节支撑对构件进行水平微调,确保调整后预制楼板与支架的木方结合紧密。如果预制板有误差范围内的翘曲,要根据剪力墙上 500 mm 控制线进行调整校正,保证板顶标高一致。吊装的预制构件质量较大,必须设专人指挥。

(5)现浇板带模板技术要求。本工程现浇板带的宽度为 75 ~ 400 mm,在现浇板带下采用满堂脚手架中设立杆固定 12 mm 厚木模板与混凝土接触面结合紧密,不留设缝隙,确保接缝平直、不漏浆。

现浇混凝土板带模板及钢筋安装完成后,进行电气管路铺设,绑扎叠合板上部钢筋,经项目部会同监理检查验收合格后,浇筑叠合层混凝土。

(6)叠合板混凝土浇筑、养护、拆模。叠合楼板浇筑混凝土前应清理浮灰,并洒水湿润,但板面上不得留有积水。混凝土浇筑边下灰边铺平,严禁堆载。叠合板混凝土振捣宜采用插入振捣器,严禁振捣预制叠合板。

混凝土养护采用洒水养护,养护时间不小于 14 d。叠合板混凝土同条件试块强度达到设计强度的 75% 时,并且上层混凝土浇筑完毕后方可拆除支撑和模板。

### 三、预制楼梯吊装

**1. 吊装准备**

（1）熟悉施工图纸，检查核对构件编号，确定安装位置，并对吊装顺序进行编号。

（2）根据施工图纸，弹出楼梯安装控制线，对控制线及标高进行复核；其中，楼梯侧面距离结构墙体预留 20 mm 空隙，为后续初装的抹灰层预留空间；梯段之间根据楼梯栏杆安装要求预留 100 mm 空隙。

（3）本工程楼梯设计为双跑预制楼梯，一端是灌浆固定铰；另一端是滑动铰的预制楼梯。施工工艺流程如图 10-7 所示。

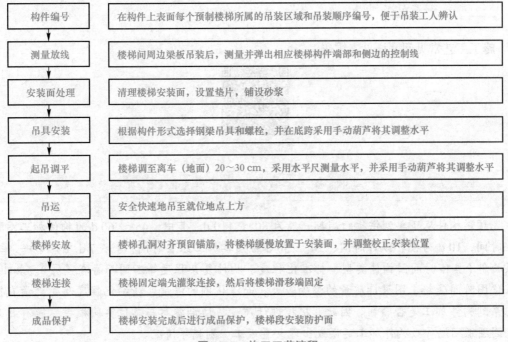

图 10-7　施工工艺流程

（4）水平吊装预制楼梯板，用螺栓将通用吊耳与楼梯板预埋吊装内螺母连接，起吊前检查卸扣卡环，确认牢固后方可继续缓慢起吊。

（5）在楼梯段的上下口梯梁牛腿处各用两根 M14、C 级螺栓固定，其中上节点为固定铰端，下节点为滑动铰端。

（6）双跑楼梯节点详图。

**2. 楼梯底部支撑系统安装**

预制楼梯吊装时，楼梯的现浇牛腿混凝土强度还未达到设计要求时，利用楼梯休息平台和牛腿底部的钢筋混凝土构件支撑架体进行支撑；架体立管间距为 900 mm，步距为 1 200 mm。

**3. 吊装**

采用自制吊装梁吊装，自制吊装梁长度 3 500 mm，综合考虑吊装梁受力情况和荷载，吊装梁选用双 16b 槽钢夹 20 mm 厚钢板焊接而成。吊装梁计算书，采取四点起吊，连接楼梯上部两个吊点的钢丝绳中间挂两个 2 t 倒链，以便调整钢丝绳长度。

起吊时，楼梯上、下吊点的钢丝绳长度保持一致，避免因绳长不一致导致楼梯倾斜，造成楼梯间的碰撞和楼梯摆动过大。吊离地面 500 mm，检查吊钩、钢丝绳是否全部受力，钢丝绳全部受力后，通过倒链调节钢丝绳长度，使楼梯踏步处于水平状态。

4. 预制楼梯板吊装就位

（1）待楼梯板吊装至作业面上 300 mm 处略做停顿并缓慢调整楼梯板姿态、就位。

（2）将楼梯板的边线与梯梁上的安装位置线对齐，同时，将楼梯上的预留孔与梯梁上的锚筋对准后慢慢落下。

（3）基本就位后用撬棍微调楼梯板，直到位置准确，标高无误，搁置平实后，方可脱钩。吊装结束后应及时灌浆，灌浆料为 CGM，强度等级为 C40。

## 四、施工工艺常见问题

施工工艺常见问题详见二维码。

施工工艺常见问题

🔊 育人园地　　　预制构件从下单到进场的正常周期是多久？

预制构件从下单到供货的周期一般为 80～110 d。其中，45～60 d 为构件加工图深化时间，10 d 为模具设计时间，20～30 d 为模具加工组装时间，4～7 d 生产第一、二层构件（具体时间因构件类型、标准化程度、构件复杂程度等不同而存在差异）。其中，深化图时间受施工图设计质量的影响较大，而深化图的深度、精细化程度及变更量直接关系到构件加工是否顺利。因此，把控设计质量、协调各参与单位共同校核，能有效避免因图纸问题导致构件加工延误或出现大量返工、剔槽等情况。

🔊 考核评价

任务完成后，学生完成"自我评价"，教师完成"教师评价"，并整理课堂练习，完成任务评价表（表 10-8）。

表 10-8　任务评价表

| 序号 | 评价内容 | 分值分配 | 学生自评 | 小组互评 | 教师评价 |
|---|---|---|---|---|---|
| 1 | 能提前进行课前预习、熟悉任务内容 | 10 | | | |
| 2 | 能熟练、多渠道地查找参考资料 | 10 | | | |
| 3 | 能认真听讲，勤于思考 | 20 | | | |
| 4 | 能正确回答问题和课堂练习 | 40 | | | |
| 5 | 能在规定时间内完成教师布置的各项任务 | 20 | | | |
| 6 | 合计 | 100 | | | |

# 任务四 施工安全保证措施

### 任务描述

建筑企业要加大对装配式建筑施工的管理力度，避免在施工过程中出现安全事故的情况，防止对施工人员造成人员伤亡和对企业造成不必要的经济损失。装配式建筑施工存在一定的危险，所以，建筑企业要对施工人员的现场操作进行严格管理和监督，在施工之前针对可能出现的问题进行全面分析，并找到在遇到紧急情况时的处理办法和解决方案。

### 任务思考

1. 装配式建筑的施工安全保证措施主要包括哪些方面？
2. 装配式建筑的施工组织安全管理中常见问题有哪些？

## 应知应会

### 一、安全管理体系

安全管理体系如图 10-8 所示。

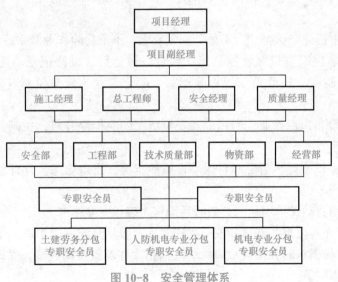

图 10-8 安全管理体系

## 二、管理措施

（1）落实安全责任、实施责任管理。建立完善以项目经理为首的各级人员安全生产责任制度，明确各级人员的安全责任。抓制度、责任落实，定期检查安全责任落实情况，及时报告。

（2）安全教育与训练。一切管理操作人员应具有相应条件且具有合法的劳动手续才能上岗。

（3）安全检查。安全检查是发现不安全行为和不安全状态的重要途径。

（4）正确对待事故的调查与处理。发生事故后，不隐瞒、不虚报；分析事故，明确造成事故的安全责任，总结生产因素管理方面的经验；采取预防措施，积极落实。

## 三、施工现场领导带班制度

为切实抓好安全生产，增强领导和职工的安全意识，进一步落实安全生产责任制。

## 四、技术措施

（1）对施工班组工人要做好安全技术交底，并由交底人签名。

（2）起重机械维修和操作专业技术培训，取得相关特殊作业人员操作许可证后，才能持证上岗。上岗人员应定期体检，合格者方可持证上岗。

（3）作业人员资格证件必须按国家有关规定进行复审培训。

（4）每天运行前，应做一次简单的检查，在确定无故障的情况下，方可正常运行，做好每天运行记录。

（5）塔式起重机遵守执行"十不吊"规定要求，不准冒险作业和强行操作。

（6）熟悉和掌握起重机械性能，建立起重机械运行、维修记录。建立起重机械服务规范、安全生产制度、规范操作规程等档案。配合专业维修单位对起重机械定期保养、维护。

（7）拒绝冒险和违章作业，遇到危及安全情况的应拒绝开机，拉闸关机，立即汇报上级处理。

（8）经常检查机械运转情况和各保险设施的状况，发现隐患，立即整改，严禁带病运转、危及安全生产。

（9）正确使用劳动保护用品，严禁酒后操作，确保安全生产。

（10）严格遵守各项规章制度和安全操作规程。服从分配完成本职工作。

（11）起重机械运行时如出现故障，应立即排除并解救被困人员，立即报专业维修人员修理，并做好维修记录。

（12）每日工作完毕，须将起重机械停在基站，切断电源，同时做好记录。

（13）坚持上班前自检制度，对索具、钢丝绳、带子、扣件、预留洞口、周围高压线及其他障碍物进行全面观察，排除不安全因素。每次吊运要先试吊，把重物吊离地面 1 m 左右检查负荷有无超重，被吊物平衡程度及捆绑牢固情况。捆绑有棱角的物件时，必须垫以木板或麻袋等物，在确认无任何异常后，方可正式起吊。

（14）吊运预制构件区域应设置警戒线，树立明显的标识，派专人看管，非操作人员严禁进入。吊运预制构件时，预制构件下方严禁站人，应待吊物降落至离地 1 m 以内方准靠近，就位固定后方可脱钩。

（15）起重工工作期间不准饮酒，不准疲劳作业。

## 五、监测监控

### 1. 构件运输

（1）运输混凝土预制构件时，由调度室提前通知运输组织相关人员，由现场负责人指派专人负责运输过程的安全事项，配合装卸车单位及相关人员做好各项安全措施。

（2）运输路线。根据需到达的终点确定最佳路线。按业主要求，在手机导航或者其他电子导航设备的指引下，结合实际路况，合理规避道路管控选定最佳路线。

（3）构件固定与连接。使用运输车辆装运设备前，必须先检查车辆的完好状况，不完好车辆严禁使用，然后用 15.5 mm 钢丝绳将设备在车辆上固定牢靠，再用道木、勾木、楔子等将设备背紧，不得超高、超宽，严禁偏载。运输车辆要用配套销子、三链环，用链子时规格不能低于 SGB-22 型链子，规格为 $\phi14$ mm$\times$50 mm（破断力为 $2.25\times10^6$ N）。

（4）构件运输。运送构件时，要严格按照交管部门规定的吨位、长度、高度装载，超重、超大部件及时采取必要措施，并要使用好保险绳。

### 2. 构件吊装

（1）对进场构件的吊环及预埋螺栓进行检查，预防因吊点质量问题导致的构件掉落事故。

（2）严禁超载和斜吊，不吊质量不明的重大构件，斜吊会造成超负荷及钢丝绳出槽，甚至造成拉断绳索和翻车事故。斜吊还会使重物在脱离地面后发生快速摆动，可能碰伤人或其他物体。

（3）绑扎构件的吊索须经过计算，所有起重工具应定期进行检查，对损坏者做出鉴定，绑扎方法应正确牢固，以防止吊装中吊索破断或从构件上滑脱，导致起重机失稳而倾翻。

（4）禁止在六级风的情况下进行吊装作业；指挥人员应使用统一指挥信号，信号要鲜明、准确；起重机驾驶人员应听从指挥。

（5）操作人员在进行高空作业时，必须正确使用安全带，安全带高挂低用，即将安全带绳端的钩环挂于高处，而人在低处操作。

（6）在高空使用撬棍时，人要站稳，如附近有脚手架或已装好构件，应一只手扶住，另一只手操作。撬棍插进深度要适宜，如果撬动距离较大，则应逐步撬动，不应急于求成。

（7）操作人员在脚手板上通过时，应思想集中，防止踏上挑头板。操作人员不得穿硬底皮鞋上高空作业。

（8）安装有预留孔洞的楼板或屋面板时，应及时用木板盖严。

（9）需对已经吊装完毕的叠合板和楼梯进行标高复核，避免层高偏差引起的一系列问题。

### 3. 架体检查

（1）构件外观。钢管必须无裂纹、凹陷，不得采用对接焊接钢管；钢管应平直，两端面应平整，不应有斜口、毛刺、锈蚀。铸件表面应光滑，不得有裂纹、气孔、缩松、砂眼等铸造缺陷，应将粘砂、浇冒口残余、披缝、毛刺、氧化皮等清除干净。冲压件不得有裂纹、毛刺、氧化皮等缺陷。轮扣构件的焊缝必须是双面焊、连续焊，不允许用跳焊、点焊；焊缝应饱满、平顺，不应有凸焊、漏焊、焊穿、夹渣、裂纹、明显咬口等缺陷，焊渣应清除干净。

（2）主要构配件性能应符合下列要求：轮盘组焊后剪切强度不应小于 60 kN，横杆插头焊接剪切强度不应小于 25 kN，可调支座抗压强度不应小于 50 kN。

（3）立管间距和横杆步距、剪刀撑等符合本工程项目相关架体专项施工方案。

## 六、施工组织管理机构、人员配置

施工组织管理机构、人员配置略。

## 七、施工组织与管理常见问题分析及防治措施

施工组织与管理常见问题分析及防治措施详见二维码。

施工组织与管理常见
问题分析及防治措施

1. 如何防止预制装配式建筑项目管理中由于未安排专职 PC 管理员，造成现场施工组织混乱？

2. 如何解决吊装施工中安全管理不到位，工人危险操作、野蛮施工；构件安装时，挂钩位置错误、构件加固不到位、其他工种随意拆除构件相关支撑等问题？

**育人园地**　　常见的施工安全问题

（1）飘窗、阳台等悬挑构件的支撑问题。飘窗、阳台板为悬挑构件，构件安装后的下部支撑应在混凝土强度达到 100% 时方可拆除。阳台板的立杆支撑要储备两层，按每两层一周转进行施工。

（2）操作人员不得以预制构件的预埋连接筋作为攀登工具，应使用合格的标准梯。在预制构件与结构连接处的混凝土强度达到设计要求前，不得拆除临时固定的斜拉杆、角码等。在施工过程中，斜拉杆上应设置警示标志，并设专人监控巡视。

（3）运输道路应加固，且应满足构件车的行驶和转弯半径；PC 构件堆场应位于车库顶板或硬化后的回填土上。

（4）其他免外架结构体系中的屋顶挑檐等浇筑支模方式需要专项设计。

任务完成后，学生完成"自我评价"，教师完成"教师评价"，并整理课堂练习，完成任务评价表（表10-9）。

表10-9 任务评价表

| 序号 | 评价内容 | 分值分配 | 学生自评 | 小组互评 | 教师评价 |
|---|---|---|---|---|---|
| 1 | 能提前进行课前预习、熟悉任务内容 | 10 | | | |
| 2 | 能熟练、多渠道地查找参考资料 | 10 | | | |
| 3 | 能认真听讲，勤于思考 | 20 | | | |
| 4 | 能正确回答问题和课堂练习 | 40 | | | |
| 5 | 能在规定时间内完成教师布置的各项任务 | 20 | | | |
| 6 | 合计 | 100 | | | |

# 任务五 验收要求

### 任务描述

验收工作一般由建设单位组织设计单位、施工单位、监理单位及构件厂等单位进行。验收的内容一般包括构件尺寸、平整度、粗糙面、预埋件、预留钢筋、预留孔洞等控制项，还包含原材料检验报告、构配件型式检验报告、产品性能检验及隐蔽工程资料等，具体检验内容按照国家相关规范及标准执行。预制构件首件验收合格后方可大批量生产，经出厂检验合格后按施工组织计划将构件运送到施工现场。

### 任务思考

1. 装配式建筑施工的验收程序包括哪些环节？
2. 装配式建筑施工关键工序质量验收标准主要包括哪些内容？
3. 装配式建筑施工验收过程中常见的问题有哪些？

### 应知应会

#### 一、验收程序

工程每道工序的验收是保证整个工程质量的关键环节之一，在本工程的施工全过程中坚持所有工序验收制度，验收流程如图10-9所示。

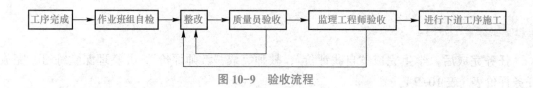

图 10-9　验收流程

## 二、关键工序质量验收标准

1. 安装标准

（1）叠合板吊点数量，吊点位置及安装方向与深化设计图纸一致。

（2）叠合板支撑架体布置方案，架体顶托标高高低差，确保架体受力均匀。

（3）顶托上木方尺寸（100 mm×100 mm）不应翘曲，与叠合板接触面应平整光滑，木方铺设完成面应与叠合板支承的梁面平齐或略高 0 ~ 3 mm。

（4）叠合板伸出钢筋方向支承在梁、剪力墙上 15 mm。

（5）叠合板拼缝宽度、板底拼缝高低差小于 3 mm。

2. 装配整体式结构工程质量验收

（1）预制构件质量检验：预制构件应具有出厂合格证及相关质量证明文件，预制构件的质量符合地方及国家相关标准的规定和设计要求。

（2）预制构件外观质量：预制构件的外观质量不应有严重缺陷，且不应有影响结构性能和安装、使用功能的尺寸偏差。预制构件外观质量缺陷见表 10-10。

表 10-10　预制构件外观质量缺陷

| 名称 | 现象 | 严重缺陷 | 一般缺陷 |
|---|---|---|---|
| 露筋 | 构件内钢筋未被混凝土包裹而外露 | 纵向受力钢筋有露筋 | 其他钢筋有少量露筋 |
| 蜂窝 | 混凝土表面缺少水泥砂浆而形成石子外露 | 构件主要受力部位有蜂窝 | 其他部位由少量蜂窝 |
| 孔洞 | 混凝土中孔穴深度和长度均超过保护层厚度 | 构件主要受力部位有孔洞 | 其他部位有少量孔洞 |
| 夹渣 | 混凝土中夹有杂物且深度超过保护层厚度 | 构件主要受力部位有夹渣 | 其他部位有少量夹渣 |
| 疏松 | 混凝土中局部不密实 | 构件主要受力部位有疏松 | 其他部位有少量疏松 |
| 裂缝 | 裂缝从混凝土表面延伸至混凝土内部 | 构件主要受力部位有影响结构性能或使用功能的裂缝 | 其他部位有少量不影响结构性能或使用功能的裂缝 |
| 连接部位缺陷 | 构件连接处混凝土有缺陷或连接钢筋、连接件松动，灌浆套筒堵塞、偏位，灌浆孔洞堵塞、偏位、破损 | 连接部位有影响结构传力性能的缺陷 | 连接部位有基本不影响结构传力性能的缺陷 |
| 外形缺陷 | 缺棱掉角、棱角不直、翘曲不平、飞边凸肋等，装饰面砖粘贴不牢固、表面不平整、砖缝不顺直等 | 清水混凝土构件有影响使用功能或装饰效果的外形缺陷 | 其他混凝土构件有不影响使用功能的外形缺陷 |
| 外表缺陷 | 构件表面麻面、掉皮、起砂、污染等 | 具有重要装饰效果的清水混凝土构件有外表缺陷 | 其他混凝土构件有不影响使用功能的外表缺陷 |

（3）预制构件上的预埋件、预留插筋、预埋管线等的规格和数量，以及预留孔、预留洞的数量应符合设计要求。

（4）预制混凝土叠合板构件尺寸允许偏差及检验方法见表10-11。

表10-11　预制混凝土叠合板构件尺寸允许偏差及检验方法

| 项目 | 允许偏差/mm | 检验方法 |
| --- | --- | --- |
| 长度 | ±5 | 尺量检查 |
| 宽度 | ±5 | 尺量一端及中部、取其中偏差绝对值较大处 |
| 厚度 | ±5 | 尺量一端及中部、取其中偏差绝对值较大处 |
| 表面平整度 | 5 | 2 m靠尺和塞尺量测 |
| 侧向弯曲 | $L/750$ 且≤ 20 | 拉线、直尺量测最大侧向弯曲处 |
| 翘曲 | $L/750$ | 调平尺在两端量测 |
| 对角线差 | 10 | 尺量两个对角线 |
| 预留孔中线位置 | 5 | 尺量检查 |
| 预留孔尺寸 | ±5 | 尺量检查 |

（5）混凝土试块留设。预制构件连接部位及叠合构件后浇混凝土的强度应符合设计要求。每工作班同一配合比的混凝土取样不得少于1次，每次取样应至少留置1组标准养护试块，同条件养护试块留置应满足《混凝土结构工程施工质量验收规范》（GB 50204—2015）的要求。

（6）装配整体式结构中预制构件连接部位及叠合构件后浇混凝土模板安装偏差见表10-12。

表10-12　装配整体式结构中预制构件连接部位及叠合构件后浇混凝土模板安装偏差

| 项目 | | 允许偏差/mm | 检验方法 |
| --- | --- | --- | --- |
| 轴线位置 | | 5 | 钢尺检查 |
| 底模上表面标高 | | ±5 | 水准仪或拉线、钢尺检查 |
| 截面内部尺寸 | 柱、梁 | +4，-5 | 钢尺检查 |
| | 墙板 | +2，-3 | 钢尺检查 |
| 柱、墙板垂直度 | 层高≤ 5 m | 6 | 经纬仪或吊线、钢尺检查 |
| | 层高> 5 m | 8 | 经纬仪或吊线、钢尺检查 |
| 相邻模板表面高差 | | 2 | 钢尺检查 |
| 表面平整度 | | 5 | 2 m靠尺和塞尺检查 |

（7）叠合楼板预制构件安装尺寸允许偏差及检验方法见表10-13。

表10-13　叠合楼板预制构件安装尺寸允许偏差及检验方法

| 项目 | 允许偏差/mm | 检验方法 |
| --- | --- | --- |
| 构件轴线位置 | 5 | 经纬仪及尺量 |
| 标高 | ±5 | 水准仪或拉线、尺量 |
| 相邻构件平整度 | 3 | 2 m靠尺和塞尺量测 |

| 项目 | 允许偏差 /mm | 检验方法 |
|---|---|---|
| 构件搁置长度 | ±10 | 尺量 |
| 支座、支垫中心位置 | 10 | 尺量 |
| 接缝宽度 | ±5 | 尺量 |

## 三、验收人员

构件验收以项目负责人为首进行验收，验收人员名单见表 10-14。

表 10-14　验收人员名单

| 项目负责人 | ××× | 项目技术负责人 | ××× |
|---|---|---|---|
| 专职质量员 | ×××、××× | 技术员 | ××× |
| 专职安全员 | ××、×××、××× | 施工员 | ××× |
| 建设单位负责人 | ××× | 监理单位负责人 | ×××、×××、××× |

## 四、验收常见问题分析及防治措施

验收常见问题分析及防治措施见二维码。

验收常见问题分析及防治措施

1. 如何防止《混凝土结构工程施工质量验收规范》（GB 50204—2015）中对装配式混凝土结构子分部工程验收规定不全，资料整理时无统一标准的问题？

2. 如何防止参建各方对预制钢筋桁架叠合板、叠合梁进场验收时是否要做结构性能检测意见不统一，造成工程备案资料滞后的问题？

育人园地　　　　构件验收时常出现的缺陷

预制构件出厂前应按照产品的出厂质量管理流程和产品的检查标准进行检验，记录存档，构件验收时应重点查验相关记录和验收合格单，构件出厂时应在明显部位标识生产单位、构件型号、生产日期和质量合格标志，尺寸偏差应符合相关要求，外观质量不应有对构件受力性能或安装性能产生决定性影响的严重缺陷，对于已经出现的严重缺陷，应按技术处理方案进行处理，并重新检查验收。缺乏相关试验报告的应补充。

任务完成后，学生完成"自我评价"，教师完成"教师评价"，并整理课堂练习，完成任务评价表（表10-15）。

表10-15 任务评价表

| 序号 | 评价内容 | 分值分配 | 学生自评 | 小组互评 | 教师评价 |
|------|----------|----------|----------|----------|----------|
| 1 | 能提前进行课前预习、熟悉任务内容 | 10 | | | |
| 2 | 能熟练、多渠道地查找参考资料 | 10 | | | |
| 3 | 能认真听讲，勤于思考 | 20 | | | |
| 4 | 能正确回答问题和课堂练习 | 40 | | | |
| 5 | 能在规定时间内完成教师布置的各项任务 | 20 | | | |
| 6 | 合计 | 100 | | | |

## 小 结

本项目根据装配式混凝土建筑的实际工程施工案例，主要从项目概况、专项安装施工依据、施工工艺技术、施工安全保证措施、施工组织管理、人员配制、验收要求等方面介绍了施工安装过程中需要注意的一些要点，并分析了常见的一些工程问题，主要表现在项目管理、构件生产运输、施工安装等方面。项目管理常见问题主要由于装配式建筑项目建设流程仍然按传统现浇项目实施，前期未策划好各单位的时间与分工，导致各专业、各配合单位之间矛盾频出，造成项目反复调整，建筑方案设计阶段装配式设计团队未介入，导致后期装配式方案难以实施等。构件生产运输常见问题集中在深化设计过程没有结合生产工艺、运输方式进行构件拆分或深化。施工安装常见问题集中在吊装定位及安装钢筋支撑冲突，现场预埋预留问题。通过案例引入，学生加深了对于装配式建筑的进一步了解。

### 知识拓展

本项目叠合板采用轮扣式满堂红脚手架进行支撑，吊装采用自制吊装梁进行吊装。具体计算书扫描二维码。

计算书

**一、单选题**

1. 关于预制剪力墙、柱的校正叙述，下列不正确的是（　　）。

　　A. 吊装工根据已弹好的预制剪力墙、柱的安装控制线和标高线，用2m长靠尺吊坠检查预制剪力墙、柱的平整度

　　B. 通过可调斜支撑微调预制剪力墙的垂直度

　　C. 预力墙、柱安装施工时应边安装边校正

　　D. 通过可调斜支撑微调预制柱的垂直度

2. 关于预制构件吊装安全的说法，下列不正确的是（　　）。

　　A. 建筑施工楼层围挡高度不低于1.6m，施工顺序采用线连接结构板梁或剪力墙，超过安全操作高度，作业人员必须佩戴穿芯自锁保险带

　　B. 吊装前必须检查吊具、钢梁、葫芦、钢丝绳其中用品的性能是否完好，如有出现变形或损害，必须及时更换

　　C. 预制构件在安装吊具过程中，严禁拆除预制构件与存放架的安全固定装置，待起吊时方可将其拆除，避免构件由于自身重力或振动引起的构件倾斜和翻转

　　D. 预制构件吊运时，起重机械回转半径范围内，应设置警示带，严禁非作业人员进入吊装区域，以防止坠物伤人

3. 安装施工前，应编制专项施工方案，并按设计要求对各工况进行施工验算和（　　）。

　　A. 塔式起重机布置　　　　　　　B. 施工技术交底

　　C. 生产技术交底　　　　　　　　D. 施工场地勘察

4. 吊装设备进场组装调试时其安全性必须符合（　　）要求。

　　A. 监理　　　　B. 设计　　　　C. 施工　　　　D. 质检

5. 安装预制墙板、预制柱等竖向构件时，应采用可调（　　）临时固定；支撑的位置应避免与模板支架、相邻支撑冲突。

　　A. 横支撑　　　　B. 竖支撑　　　　C. 斜支撑　　　　D. 剪刀撑

**二、多选题**

1. 预制构件吊点位置及数量选择不合理，影响吊装安全的主要原因有（　　）。

　　A. 吊点位置选择不对

　　B. 吊装构件少挂起吊点

　　C. 吊点受力不均衡

　　D. 当预制构件上只有两个吊点时必须穿保护绳

　　E. 根据构件外形尺寸选择合理的吊点

2. PC构件安装偏位的原因有（　　）。

　　A. 外墙板落位超出控制边线或断线未校正

　　B. 构件校正后斜支撑未锁定松动，安装垂直度偏差大

　　C. 受后续构件吊装碰撞或后续施工工序影响，墙板位移超出控制线

D．构件不规正，校准后仍偏位

E．受后续构件吊装碰撞或后续施工工序影响，安装墙板偏位拼角不规正

3．自攻螺钉滑丝导致连接件安装不稳定的原因有（　　　）。

A．自攻螺钉周转次数过多

B．楼面引孔过小，孔内未清理，螺钉丝杆磨损严重

C．外墙连墙件安装不到位，严重处甚至未安装

D．应选择合适的钻花引孔，清理孔内灰层

E．PC构件安装不少于两个限位与楼板面固定

4．叠合板支撑搭设不合理问题表现及原因分析有（　　　）。

A．I形木布置方向需与叠合板预应力筋（桁架钢筋）垂直，I形木长端距墙边不小于300 mm，侧边距墙边不大于700 mm

B．立杆间距太小，材料使用浪费，架体空间小

C．立杆间距太大，支撑架体稳定性差，叠合楼板受力变形或开裂

D．叠合板三角独立支撑体系搭设要求不合理

E．立杆离墙板柱边太近，模板安装拆除材料运输困难

5．预制装配式高层建筑外防护钢管架连墙安装困难问题表现及防治措施有（　　　）。

A．预制装配式建筑所有外围护结构都是工厂生产好的PC构件，外墙不能随意开预留连墙孔

B．针对预制装配式建筑，根据结构形式和楼层高度，低层或多层建筑可在楼层操作面设置夹具式防护，以满足现场操作人员安全防护要求

C．对于高层建筑、外墙立面较规整的建筑，可采用外挂架外墙防护体系，该体系可不用开洞，适用于预制外墙类建筑

D．外墙板吊装后，传统钢管式防护架体连墙件无法设置，影响外防护架安全

E．支撑架体搭设功效低，架管密集，现场施工不方便

# 参 考 文 献

［1］中华人民共和国住房和城乡建设部，中华人民共和国国家质量监督检验检疫总局. GB/T 51231—2016 装配式混凝土建筑技术标准［S］. 北京：中国建筑工业出版社，2017.

［2］何超，刘佳，沈云峰，等. 装配式建筑 PC 构件智能产线运行与管理［M］. 重庆：重庆大学出版社，2023.

［3］肖明和，张蓓. 装配式建筑施工技术［M］. 北京：中国建筑工业出版社，2018.

［4］肖凯成，杨波，杨建林. 装配式混凝土建筑施工技术［M］. 北京：化学工业出版社，2019.

［5］李海洋，李钧，亓利晓. 项目施工组织与管理［M］. 延吉：延边大学出版社，2019.

［6］杨德磊，李振霞，傅鹏斌. 建筑施工组织设计［M］. 2 版. 北京：北京理工大学出版社，2013.

［7］郭学明. 装配式混凝土结构建筑的设计、制作与施工［M］. 北京：机械工业出版社，2017.

［8］王鑫，刘晓晨，李洪涛，等. 装配式混凝土建筑施工［M］. 4 版. 重庆：重庆大学出版社，2023.

［9］王鑫，王奇龙. 装配式建筑构件制作与安装［M］. 2 版. 重庆：重庆大学出版社，2023.

［10］肖明和，张成强，张蓓. 装配式混凝土结构构件生产与施工［M］. 北京：北京理工大学出版社，2021.

［11］江苏省住房和城乡建设厅，江苏省住房和城乡建设厅科技发展中心. 装配式混凝土建筑构件预制与安装技术［M］. 南京：东南大学出版社，2021.

［12］［日］社团法人预制建筑协会. 预制建筑总论（第一册）［M］. 朱邦范，译. 北京：中国建筑工业出版社，2012.

［13］张波. 装配式混凝土结构工程［M］. 北京：北京理工大学出版社，2016.

［14］陈坤，郑委，刘国政. 装配整体式建筑技术指导［M］. 哈尔滨：哈尔滨工程大学出版社，2021.

［15］李建国，吴晓明，吴海涛. 装配式建筑技术与绿色建筑设计研究［M］. 成都：四川大学出版社，2018.

［16］孟建民. 建筑工程设计常见问题汇编装配式建筑分册［M］. 北京：中国建筑工业出版社，2021.

［17］周慧敏，代婧. 装配式建筑 100 问［M］. 北京：中国建筑工业出版社，2021.

［18］中国建设教育协会，远大住宅工业集团股份有限公司. 预制装配式建筑施工常见问题与防治 200 例［M］. 北京：中国建筑工业出版社，2018.

［19］王欣，郑娟，窦如忠. 装配式混凝土结构［M］. 北京：北京理工大学出版社，2021.